机械工业出版社高职高专
土建类“十二五”规划教材

建筑材料

第 2 版

主　编　依巴丹　李国新
副主编　夏文杰　刘冰梅　王文仲
参　编（以姓氏笔画为序）
李艳萍　李建平　阿扎旦　陈　畅
周　云　曾建华
主　审　宋岩丽

机械工业出版社

本书分为12章，内容包括：绪论，建筑材料的基本性质，气硬性无机胶凝材料，水硬性无机胶凝材料，骨料，混凝土外加剂，混凝土，建筑砂浆，墙体材料，建筑钢材，防水防腐工程材料，装饰工程材料，建筑节能材料简介。

本书采用了最新的标准和规范，介绍了新型材料的开发和利用、新技术的推广和应用。

本书可作为高职高专土建类专业及其他成人高校相应专业的教材，也可作为相关专业工程技术人员的参考用书。

图书在版编目（CIP）数据

建筑材料/依巴丹，李国新主编．—2版．—北京：机械工业出版社，2014.3（2018.1重印）

机械工业出版社高职高专土建类“十二五”规划教材

ISBN 978－7－111－45751－0

Ⅰ.①建…　Ⅱ.①依…②李…　Ⅲ.①建筑材料－高等职业教育－教材　Ⅳ.①TU5

中国版本图书馆CIP数据核字（2014）第024499号

机械工业出版社（北京市百万庄大街22号　邮政编码100037）

策划编辑：张荣荣　责任编辑：张荣荣　时　颂

版式设计：常天培　责任校对：张莉娟

封面设计：张　静　责任印制：常天培

北京京丰印刷厂印刷

2018年1月第2版·第6次印刷

184mm×260mm·13.5印张·328千字

标准书号：ISBN 978－7－111－45751－0

定价：30.00元

凡购本书，如有缺页、倒页、脱页，由本社发行部调换

电话服务　网络服务

服务咨询热线：010－88379833　机工官网：www.cmpbook.com

读者购书热线：010－88379649　机工官博：weibo.com/cmp1952

教育服务网：www.cmpedu.com

封面无防伪标均为盗版　金书网：www.golden-book.com

第 2 版 序

近年来，随着国家经济建设的迅速发展，建设工程的发展规模不断扩大，建设速度不断加快，对建筑类具备高等职业技能的人才需求也随之不断加大。2008 年，我们通过深入调查，组织了全国三十余所高职高专院校的一批优秀教师，编写出版了本套教材。

本套教材以《高等职业教育土建类专业教育标准和培养方案》为纲，编写中注重培养学生的实践能力，基础理论贯彻“实用为主、必需和够用为度”的原则，基本知识采用广而不深、点到为止的编写方法，基本技能贯穿教学的始终。在教材的编写过程中，力求文字叙述简明扼要、通俗易懂。本套教材结合了专业建设、课程建设和教学改革成果，在广泛的调查和研讨的基础上进行规划和编写，在编写中紧密结合职业要求，力争能满足高职高专教学需要并推动高职高专土建类专业的教材建设。

本套教材出版后，经过四年的教学实践和行业的迅速发展，吸收了广大师生、读者的反馈意见，并按照国家最新颁布的标准、规范进行了修订。第 2 版教材强调理论与实践的紧密结合，突出职业特色，实用性、实操性强，重点突出，通俗易懂，配备了教学课件，适用于高职高专院校、成人高校及二级职业技术院校、继续教育学院和民办高校的土建类专业使用，也可作为相关从业人员的培训教材。

由于时间仓促，也限于我们的水平，书中疏漏甚至错误之处在所难免，殷切希望能得到专家和广大读者的指正，以便修改和完善。

本教材编审委员会

第2版前言

《建筑材料》是高职院校土建类专业的一门专业基础课程，本课程主要讲授建筑工程所用各类建筑材料的组成、性能、生产配制、应用、技术标准及检测等。通过学习本课程，使学生能具备一定的建筑材料理论基础知识，并掌握较强的建筑材料试验操作技能。

本教材严格按照高职院校土建类专业教学指导委员会制定的培养方案，以学生职业能力培养为目标来进行编写。在编写过程中，编者力求使教材内容与人才培养目标一致，教材内容与建筑施工过程的材料性能指标检测一致，教材内容与行业新技术发展动态一致。

本教材共有12章，分别为：绪论，建筑材料的基本性质，气硬性无机胶凝材料，水硬性无机胶凝材料，骨料，混凝土外加剂，混凝土，建筑砂浆，墙体材料，建筑钢材；防水防腐工程材料，装饰工程材料，建筑节能材料简介。

本教材由新疆建设职业技术学院依巴丹和西安建筑科技大学李国新担任主编并统稿。具体编写分工如下：依巴丹编写第1、9、11、12章，李国新编写第6、7、8章，南京交通职业技术学院刘冰梅、李艳萍编写第2章，湖南工程职业技术学院曾建华、周云编写第3章，天津城市建设学院王文仲编写第4章，济南工程职业技术学院夏文杰编写第5章，西安建筑科技大学陈畅编写第10章，新疆建设职业技术学院李建平和阿扎旦编写了所有章节的试验检测内容。

山西建筑职业技术学院宋岩丽教授主审了全书并提出了许多宝贵的意见和建议，在此深表感谢。

尽管我们在教材建设的特色方面做出了许多努力，但由于编者水平有限，不妥之处在所难免，恳请各教学单位和读者在使用本教材时批评指正，以便下次修订时改进。

编　者

目　录

绪　论

学 习 要 求

了解建筑材料的定义，掌握化学成分上的分类方法，能识别常用的建筑材料，并能对常用建筑材料进行分类。

0.1 《建筑材料》课程的内容和任务

建筑材料是指在建筑工程中所使用的各种材料及其制品的总称。如水泥、混凝土、建筑钢材以及各种墙体材料、防水材料、绝热材料、节能材料等。建筑材料应用于建筑领域的各个方面，其质量不仅直接关系到工程的使用功能和耐用年限，而且也制约着工程设计与施工方法。

本课程主要介绍常用建筑材料的品种、基本组成、规格、技术性能、质量标准、试验检测方法和在工程中的应用等内容。

本课程的任务是验证建筑材料的基本理论，学习材料技术性能测试方法，培养学生动手操作能力，了解试验条件对试验结果的影响，并能对试验结果作出正确的计算、分析和判断。

0.2 建筑材料的分类

建筑材料的品种繁多，用途不一，按其基本成分（主要是化学成分）可分为无机材料、有机材料和复合材料。常用建筑材料的具体分类如表0-1。

表 0-1　常用建筑材料按基本成分的分类

<table>
<tr><td rowspan="7">无机材料</td><td rowspan="2">金属材料</td><td>黑色金属</td><td colspan="2">钢、铁及其合金钢</td></tr>
<tr><td>有色金属</td><td colspan="2">铜、锌、铝等及其合金等</td></tr>
<tr><td rowspan="5">非金属材料</td><td>天然石材</td><td colspan="2">砂、石子及各种石材制品等</td></tr>
<tr><td>烧土及熔融制品</td><td colspan="2">烧结砖、烧结瓦、陶瓷、玻璃等</td></tr>
<tr><td rowspan="2">胶凝材料</td><td>气硬性胶凝材料</td><td>石灰、石膏、苛性菱苦土、水玻璃等</td></tr>
<tr><td>水硬性胶凝材料</td><td>各种水泥</td></tr>
<tr><td>无机人造石材</td><td colspan="2">混凝土、砂浆、硅酸盐建筑制品等</td></tr>
<tr><td colspan="2">有机材料</td><td colspan="3">木材、沥青、合成高分子材料、涂料、塑料制品等</td></tr>
<tr><td colspan="2" rowspan="3">复合材料</td><td>金属-无机非金属材料</td><td colspan="2">钢纤维混凝土、钢筋混凝土、钢丝网水泥板</td></tr>
<tr><td>有机-无机非金属材料</td><td colspan="2">聚合物混凝土、沥青混凝土、玻璃纤维增强塑料</td></tr>
<tr><td>有机-金属材料</td><td colspan="2">有机涂层铝合金板、PVC 钢板等</td></tr>
</table>

0.3 建筑材料的技术标准

建筑材料的技术标准是生产和使用单位检验、确认产品质量是否合格的技术文件。为了保证材料的质量，必须对材料产品的技术要求制定统一的执行标准。其内容主要包括：产品规格、分类、技术要求、检验方法、检验规则、标准，以及运输和储存注意事项等方面，涉及的主要是产品标准和方法标准。

按标准的约束性可分为：强制性标准和推荐性标准。涉及工程建设的质量、安全、卫生标准及国家需要控制的其他工程建设标准、产品及产品生产、储运的标准等均为强制执行的强制性标准。强制性标准以外的标准为推荐性标准。

1. 标准的分级

根据标准的适应领域和有效范围，我国将标准分为四级：国家标准、行业标准、地方标准和企业标准。

（1）国家标准。国家标准是由国家标准化主管机构批准、发布，是全国范围内统一的标准。国家标准由各专业标准化技术委员会或国务院有关主管部门提出草案，报国家标准化主管部门或由其委托的部门审批、发布。

（2）行业标准。行业标准是由行业标准化主管部门或行业标准化组织批准、发布，在某行业内的统一标准。

（3）地方标准。地方标准是由省、自治区、直辖市标准化主管部门发布，在当地范围内统一的标准。制定和实施地方标准，主要因为各地具有不同的特色和条件，如自然和生态环境、资源情况、科学技术和生产水平、地方产品特色以及民族和地方习俗等。

（4）企业标准。企业标准是由企业批准发布的标准，主要用作组织生产的依据。当有同一产品的高一级标准时，企业标准技术指标应高于高一级标准（如国家标准）的相应技术指标。

2. 标准的代号和编号

（1）国家标准的代号、编号。国家标准的代号由汉语拼音大写字母构成。强制性国家标准的代号为 GB；推荐性国家标准的代号为 GB/T。国家标准的编号由国家标准的代号、标准发布顺序号和标准发布年代号组成。

工程建设方面国家标准代号为 GBJ。

（2）行业标准的代号、编号。行业标准代号由汉语拼音大写字母组成。国务院各有关行政主管部门提出各自所管理的行业标准范围的申请报告，国务院标准化行政主管部门审查确定，并公布该行业的行业标准代号，如：JC 为国家建材行业标准代号，JGJ 为建筑行业标准代号等。行业标准的编号组成形式同国家标准。

（3）地方标准的代号、编号。地方标准的代号由“DB”加上省、自治区、直辖市行政区划代码的前两位数字组成（推荐性标准加“T”）。

（4）企业标准的代号、编号。企业标准的代号以“Q”为分子，分母为企业代号，可用汉语拼音大写字母或阿拉伯数字或两者兼用所组成。

0.4 《建筑材料》课程的学习方法

《建筑材料》课程的内容庞杂，许多内容是定性的描述或经验的总结，因此，在学习过程中应注意学习方法。学习过程中要在领会材料个性的同时，注意总结其共性，提高对材料技术性能的认识，以便有所比较、有所鉴别地合理选择和应用材料。本课程本身属于应用技术，实践性很强，学习中应注意理论联系实际工程，获取感性知识。通过学习材料检测试验方法，获得有关材料性能测试与评定的基本技能训练，这对培养学习与工作能力十分有利。

思考题与习题

1. 简述建筑材料的定义和分类方法。
2. 建筑材料的技术标准有哪些？我国常用的标准有哪几类？

第1章　建筑材料的基本性质

学习要求

掌握建筑材料基本性质的定义、计算公式，了解材料性能对建筑结构质量的影响作用，为进一步学习各种材料的性能，掌握和理解材料检测试验内容，熟悉试验仪器、试验原理、试验步骤奠定基础。

1.1　建筑材料的基本物理性质

1.1.1　材料的基本状态参数

1. 密度

材料的密度是指材料在绝对密实状态下，单位体积的质量，按式（1-1）计算：

$$\rho = \frac{m}{V} \tag{1-1}$$

式中　ρ——材料的密度（g/cm^3）；

m——材料在干燥状态下的质量（g）；

V——材料在绝对密实状态下的体积（cm^3）。

材料在绝对密实状态下的体积，是指不包含材料内部孔隙的实体积。除了钢材、玻璃等少数材料外，绝大多数材料内部都有一些孔隙。在测定有孔隙材料（如砖、石等）的密度时，应把材料磨成细粉，烘干至恒重，用李氏瓶测定其绝对密实体积，用式（1-1）计算得到密度值。材料磨得越细，测得的密实体积数值就越精确，计算得到的密度值也就越精确。

密度是材料的基本物理性质之一，与材料的其他性质关系密切。

2. 表观密度

材料的表观密度是指材料在自然状态下，单位体积的质量，按式（1-2）计算：

$$\rho_0 = \frac{m}{V_0} \tag{1-2}$$

式中　ρ_0——材料的表观密度（kg/m^3 或 g/cm^3）；

m——材料在干燥状态下的质量（kg 或 g）；

V_0——材料在自然状态下的体积，或称表观体积（m^3 或 cm^3）。

材料在自然状态下的体积，是指包括材料实体积和孔隙体积在内的体积。对于外形规则的材料，如烧结砖、砌块等，其体积可用量具测量、计算求得，所以量积法测得的密度称为体积密度。

对于形状不规则的材料，可用蜡封法封闭孔隙，然后再用排液法测量体积。对于混凝土用的砂石材料，直接用排液法测量体积，此时的体积是实体积与闭口孔隙体积之和。由于砂石比较密实，孔隙很少，开口孔隙体积更少，所以排液法测得的密度称为表观密度。

材料的含水状态变化时，其质量和体积均发生变化。通常表观密度是指材料在干燥状态下的表观密度，其他含水情况应注明。

3. 堆积密度

材料的堆积密度是指散粒状材料在自然堆积状态下，单位体积的质量，按式（1-3）计算：

$$\rho_1 = \frac{m}{V_l} \tag{1-3}$$

式中 ρ_1——材料的堆积密度（kg/m^3）；

m——材料在干燥状态下的质量（kg）；

V_l——材料的堆积体积（m^3）。

散粒材料自然堆积状态下的外观体积包括材料实体积、孔隙体积和颗粒间的空隙体积。堆积密度是指材料在气干状态下的堆积密度，其他含水情况应注明。材料的堆积密度反映散粒结构材料堆积的紧密程度及材料可能的堆放空间。

4. 孔隙率与密实度

孔隙率是指材料体积内孔隙体积占总体积的百分率，用 P 来表示，按式（1-4）计算：

$$P = \frac{V_0 - V}{V_0} \times 100\% = \left(1 - \frac{V}{V_0}\right) \times 100\% = \left(1 - \frac{\rho_0}{\rho}\right) \times 100\% \tag{1-4}$$

密实度是指材料体积内被固体物质充实的程度，也就是固体体积占总体积的比例，用 D 表示，按式（1-5）计算：

$$D = \frac{V}{V_0} \times 100\% = \frac{\rho_0}{\rho} \times 100\% \tag{1-5}$$

孔隙率与密实度的关系，可用下式表示：$P + D = 1$。

孔隙率与密实度均反映了材料的致密程度。孔隙率的大小及孔隙特征对材料的性质影响很大。孔隙特征是指孔隙的种类（开口孔与闭口孔）、孔径的大小及孔的分布情况等。

5. 空隙率与填充率

空隙率是指散粒材料在堆积体积中，颗粒之间的空隙体积占堆积体积的百分率，用 P' 表示，按式（1-6）计算：

$$P' = \frac{V_1 - V_0}{V_1} \times 100\% = \left(1 - \frac{\rho_1}{\rho_0}\right) \times 100\% \tag{1-6}$$

填充率是指散粒材料在其堆积体积中，被其颗粒填充的程度，以 D' 表示，按式（1-7）计算：

$$D' = \frac{V_0}{V_1} \times 100\% = \frac{\rho_1}{\rho_0} \times 100\% \tag{1-7}$$

空隙率与填充率的关系，可用下式表示：$P' + D' = 1$。

空隙率和填充率是从不同侧面反映散粒材料的颗粒互相填充的疏密程度。空隙率可以作为控制混凝土骨料级配及计算砂率的依据。

在建筑工程中，常常要用到材料的密度、表观密度等数据来进行材料用量的计算。常用建筑材料的有关数据见表 1-1。

表 1-1 常用建筑材料的密度、表观密度、堆积密度、孔隙率和空隙率

材料	密度 /（g/cm³）	表观密度 /（kg/m³）	堆积密度 /（kg/m³）	孔隙率（%）	空隙率（%）
花岗岩	2.80	2500～2700	—	0.5～3.0	—
石灰岩碎石	2.60	—	1400～1700	—	35～45
砂子	2.60	—	1450～1650	—	37～55
水泥	3.10	—	1200～1300	5～20	55～60
普通混凝土	—	2100～2600	—	—	—
普通粘土砖	2.50	1600～1800	—	20～40	—
钢材	7.85	7850	—	0	—
木材	1.55	400～800	—	55～75	—

1.1.2 材料与水有关的性质

1. 亲水性与憎水性

材料在空气中与水接触时，根据其能否被水润湿，可将材料分为亲水性材料和憎水性材料两大类。

润湿是水在材料表面上被吸附的过程，它与材料本身的性质有关。如材料分子之间的相互作用力大于水分子之间的作用力，则材料表面被水润湿。此时，在材料、水和空气三相的交点处，沿水滴表面的切线与水和固体接触面所成的夹角——湿润角 $\theta \leq 90°$（如图 1-1a 所示），这种材料属于亲水性材料。润湿角 θ 角越小，说明浸润性越好，亲水性越强。如材料表面不能被水润湿，此时，湿润角 $\theta > 90°$，这种材料属于憎水性材料（如图 1-1b 所示）。

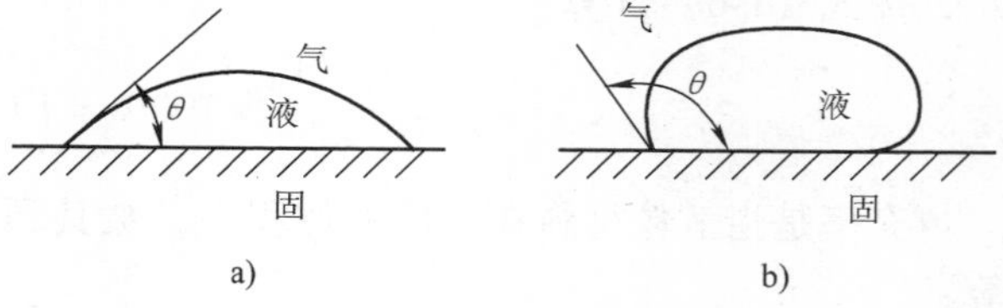

图 1-1 材料的润湿角
a）亲水性材料 b）憎水性材料

材料亲水的原因是材料分子与水分子间的吸引力大于水分子之间的内聚力，因此能被水湿润。如木材、砖、混凝土等。材料憎水的原因是材料分子与水分子间的吸引力小于水分子之间的内聚力，因此不能被水湿润，如沥青、石蜡等。

亲水性材料表面均能被水湿润，且能通过毛细管作用将水吸入材料的毛细管内部；憎水性材料表面不能被水湿润，且能阻止水分渗入材料的毛细管中，因而能降低材料的吸水性。憎水性材料不仅可用作防水材料，而且还可用于亲水材料的表面处理，以降低其吸水性。

2. 吸水性与吸湿性

吸水性是指材料在浸水状态下吸收水分的能力。吸水能力的大小用吸水率表示，吸水率有质量吸水率和体积吸水率两种表示方法。

质量吸水率是指材料在吸水饱和状态下，所吸水的质量占材料干质量的百分率，可按式（1-8）计算：

$$W_{质} = \frac{m_{饱} - m_{干}}{m_{干}} \times 100\% \tag{1-8}$$

式中 $W_{质}$——材料的质量吸水率（%）；

$m_{饱}$——材料吸水饱和时的质量（g）；

$m_{干}$——材料在干燥状态下的质量（g）。

体积吸水率是指材料在吸水饱和状态下，所吸收水分的体积占干燥材料自然体积的百分率，可按式（1-9）计算：

$$W_{体} = \frac{V_{水}}{V_0} \times 100\% = \frac{m_{饱} - m_{干}}{V_0} \times \frac{1}{\rho_{水}} \times 100\% \tag{1-9}$$

式中 $W_{体}$——材料的体积吸水率（%）；

$V_{水}$——材料吸水饱和时，所吸水的体积（cm^3）；

V_0——干燥材料在自然状态下的体积（cm^3）；

$\rho_{水}$——水的密度（g/cm^3）。

材料的吸水性不仅取决于材料是亲水性还是憎水性，还取决于其孔隙率的大小和孔隙特征。一般来讲，材料的孔隙率越大，吸水性越强。开口而且连通的细小孔隙越多，吸水性越强。闭口孔隙，水分不容易进入；开口的粗大孔隙，水分容易进入，但不能留存，故吸水性较小。各种材料的吸水性差别很大，如花岗岩等致密岩石的吸水率仅为0.2%～0.7%，普通混凝土为2%～3%，粘土砖为8%～20%，木材或其他轻质材料吸水率可达100%以上。

材料的吸水性会对其性质产生不良影响。如材料吸水后，自重增加，体积膨胀，强度下降，保温性能下降，耐久性下降。

吸湿性是指材料在潮湿空气中吸收空气中水分的性质。吸湿性的大小用含水率表示。含水率指材料所含水的质量占干燥材料质量的百分率，按式（1-10）计算：

$$W_{含} = \frac{m_{湿} - m_{干}}{m_{干}} \times 100\% \tag{1-10}$$

式中 $W_{含}$——材料的含水率（%）；

$m_{湿}$——材料含水时的湿质量（g）；

$m_{干}$——材料在干燥状态下的质量（g）。

材料含水率的大小，与周围环境的温度、湿度有关。气温越低、相对湿度越大，材料的含水率也就越大。材料中的湿度与空气中的湿度达到平衡时的含水率，称为平衡含水率。影响材料吸湿性的原因很多，除了上述环境温度与湿度影响外，材料的亲水性、孔隙率与孔隙特征等都对吸湿性有影响。亲水性材料比憎水性材料有更强的吸湿性，材料中孔隙对吸湿性的影响与其对吸水性的影响相似。

3. 耐水性

材料的耐水性是指材料长期在饱和水的作用下不破坏，而且强度也不显著降低的性质。材料的耐水性用软化系数表示，按式（1-11）计算：

$$K_{软} = \frac{f_{饱}}{f_{干}} \tag{1-11}$$

式中　$K_{软}$——材料的软化系数；

$f_{饱}$——材料在吸水饱和状态下的抗压强度（MPa）；

$f_{干}$——材料在干燥状态下的抗压强度（MPa）。

软化系数的大小，表明材料浸水后强度降低的程度。软化系数越小，说明材料吸水饱和后强度降低得越多，材料耐水性差。材料的软化系数范围波动在 0～1 之间。工程中通常将软化系数大于 0.85 的材料看作是耐水材料。长期处于水中或潮湿环境的重要结构，所用材料必须保证软化系数大于 0.85，用于受潮较轻或次要结构的材料，其值也不宜小于 0.75。

4. 抗冻性

抗冻性是指材料在多次冻融循环作用下不被破坏，强度也不显著降低的性质。

材料在吸水饱和后，从 -15℃冷冻到 20℃融化的过程称作经受一次冻融循环作用。材料在多次冻融循环作用后，表面将出现开裂、剥落等现象，材料将有质量损失，与此同时其强度也将会有所下降。这是由于材料内部孔隙中的水分在负温下结冰时体积增大约 9%，对孔壁产生很大的压力，冰融化时压力又突然消失所致。无论是冻结还是融化都会在材料冻融交界层产生明显的压力差，并作用于孔壁使之破坏。所以在严寒地区选用材料，尤其是在冬季气温低于 -15℃的地区，一定要对所有材料进行抗冻试验。

材料的抗冻性常用抗冻等级 Fn 表示，即以规定的试件，在规定的试验条件下，测得其强度损失和质量损失不超过一定限度时所能承受的最多的冻融循环次数来表示，其中 n 为最大冻融循环次数。如 F25、F50、F100 等，分别表示材料经受 25、50、100 次冻融循环后，强度及质量损失不超过国家规定标准值时，所对应的最大冻融循环次数。

材料的抗冻性与其强度、孔隙率大小及特征、吸水饱和程度及抵抗冰胀应力的能力等因素有关。材料强度越高，其抗冻性越好；材料具有细小的开口孔隙，孔隙率大且处于饱水状态下，材料容易受冻破坏。若材料孔隙中虽然含水，但未达到饱和，则即使受冻也不致产生破坏；另外，若材料具有粗大的开口孔隙，因水分不易存留，很难达到吸水饱和程度，所以抗冻性也较强。一般来说，密实的材料、具有闭口孔隙且强度较高的材料，具有较强的抗冻能力。

5. 抗渗性

抗渗性是指材料抵抗压力水渗透的性质。渗透是指水在压力作用下，通过材料内部毛细孔的迁移过程。材料的抗渗性常用渗透系数或抗渗等级来表示。渗透系数按式（1-12）计算：

$$K = \frac{Qd}{AtH} \tag{1-12}$$

式中　K——材料的渗透系数（cm/h）；

Q——渗水量（cm^3）；

d——试件厚度（cm）；

A——渗水面积（cm^2）；

t——渗水时间（h）；

H——静水压力水头（cm）。

渗透系数反映了材料在单位时间内，在单位压力水头作用下通过单位面积及厚度的渗透水量。K 值越大，材料的抗渗性越差。

另外，用于混凝土和砂浆等材料的抗渗等级，是指在规定试验条件下，材料所能承受的最大水压力。抗渗等级用 PN 来表达，其中 N 表示试件所能承受的最大水压的 10 倍，如 P4、P6、P8、P10 和 P12，分别表示材料能承受 0.4MPa、0.6MPa、0.8MPa、1.0MPa 和 1.2MPa 的水压而不透水。

材料的抗渗性与材料的孔隙率和孔隙特征关系密切，材料越密实、闭口孔越多，孔径越小，越难渗水；具有较大孔隙率，并且孔连通、孔径较大的材料抗渗性较差。

对于地下建筑、屋面、外墙及水工构筑物等，因常受到水的作用，所以要求材料具有一定的抗渗性。对于专门用于防水的材料，则要求具有较高的抗渗性。

1.1.3 材料的热工性质

1. 导热性与导热系数

当材料的两侧存在温度差时，热量将从温度高的一侧通过材料传递至温度低的一侧，材料的这种传导热量的性质，称为材料的导热性。导热性大小用导热系数来表示，导热系数按式（1-13）计算：

$$\lambda = \frac{Qd}{(T_1 - T_2)At} \tag{1-13}$$

式中 λ——材料的导热系数［W/（m·K）］；

Q——传导的热量（J）；

d——材料的厚度（m）；

A——材料传热面积（m^2）；

t——传热时间（s）；

$T_1 - T_2$——材料两侧温度差（K）。

材料的导热性表示单位厚度的材料，当两侧温度差为 1K 时，在单位时间内通过单位面积的热量。导热系数是评定材料保温隔热性能的重要指标，导热系数越小，材料的保温隔热性能越好。

导热系数与材料内部孔隙构造有密切关系。材料的孔隙率较大，则其导热系数较小，但如果孔隙粗大而且贯通，由于对流作用的影响，材料的导热系数反而会增大；材料受潮或受冻后，其导热系数会大大提高。

2. 热容量与比热

材料的热容量指材料在温度升高时吸收热量，冷却时放出热量的性质。热容的大小用比热来表示。材料吸收或放出的热量及比热，按式（1-14）、式（1-15）计算：

$$Q = mc(T_1 - T_2) \tag{1-14}$$

$$c = \frac{Q}{m(T_1 - T_2)} \tag{1-15}$$

式中　Q——材料的热容量（kJ）；

m——材料的质量（kg）；

c——材料的比热［kJ/（kg・K）］；

$T_1 - T_2$——材料受热或冷却前后的温度差（K）。

材料的比热是指1kg重的材料，在温度每改变1K时所吸收或放出的热量。材料的比热对于保持建筑物内部温度稳定有很大意义，比热大的材料，能在热流变动或采暖、空调设备工作不均衡时，缓和室内的温度波动。表1-2列出了一些常用材料的热工性质指标。

表1-2　常用材料的热工性质指标

材料	钢材	花岗岩	混凝土	松木	粘土砖	空气	水	冰
导热系数/[(W/(m・K)]	58.00	2.90	1.80	0.15	0.55	0.025	0.60	2.20
比热/[J/(g・K)]	0.46	0.80	0.88	1.63	0.84	4.19	4.186	2.09

3. 热阻与传热系数

热阻是指材料层（墙体或其他围护结构）抵抗热流通过的性质。热阻按式（1-16）计算：

$$R = \frac{d}{\lambda} \tag{1-16}$$

式中　R——材料层热阻（m^2・K/W）；

d——材料层的厚度（m）；

λ——材料的导热系数［（W/（m・K）］。

热阻的倒数$1/R$称为材料层（墙体或其他围护结构）的传热系数。传热系数是指材料两面温度差为1K时，在单位时间内通过单位面积的热量。

热阻和传热系数都是评定建筑材料保温隔热性能的重要指标。人们习惯于把防止室内热量的散失称为保温，把防止外部热量的进入称为隔热，将保温隔热统称为绝热。材料的传热系数越小，其热阻越大，则材料的导热性能越差，其保温隔热性能越好。

1.2　建筑材料的基本力学性质

1.2.1　强度

1. 材料的强度

材料在外力（荷载）作用下抵抗破坏的能力称作材料的强度。当材料受到外力作用时，单位面积上产生的内力叫做应力。随着外力的逐渐增加，应力也相应增大，直至材料内部的质点间的作用力不能再抵抗这种应力时，材料便被破坏，此时的极限应力值就是材料的强度。

材料在使用过程中所受的外力主要有拉力、压力、剪力以及弯力等，根据外力作用方式的不同，材料强度有抗拉、抗压、抗剪和抗折（抗弯）强度等。材料的这些强度是按照标准方法通过静力试验来测定的。

材料的受力状态如图 1-2 所示。

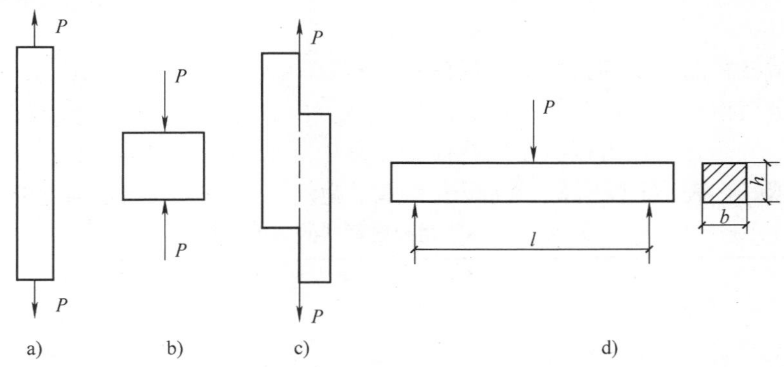

图 1-2 材料受力示意图

a）抗拉 b）抗压 c）抗剪 d）抗弯

材料的抗压、抗拉、抗剪强度可按式（1-17）计算：

$$f=\frac{P}{A} \tag{1-17}$$

式中 f——材料的强度（MPa）；

P——试件破坏时的最大荷载（N）；

A——试件受力面积（mm^2）。

材料的抗折（抗弯）强度与材料的受力情况、截面形状等有关。对于矩形截面的条形试件，在两端支承，中间作用一集中荷载时，其抗折强度可按式（1-18）计算：

$$f=\frac{3Pl}{2bh^2} \tag{1-18}$$

式中 f——材料的抗折（弯）强度（MPa）；

P——试件破坏时的最大荷载（N）；

l——试件两支点间的距离（mm）；

b——试件截面的宽度（mm）；

h——试件截面的高度（mm）。

材料的强度与其组成及构造有关。不同的材料由于组成和构造不同，其强度不同；同一种材料，即使其组成相同，但构造不同，材料的强度也有很大差异。材料的孔隙率越大，则强度越小。材料的强度还与试验条件有关，如试件的形状、尺寸和表面状态、试件的含水率、加载速度、试验温度、试验设备的精确度以及试验操作人员的技术水平等。为了使试验结果比较准确，而且具有可对比性，国家规定了各种材料强度的标准试验方法。在测定材料强度时必须严格按照规定的标准方法进行。

2. 强度等级

大多数建筑材料按其极限强度的大小，划分为若干不同的等级，称为材料的强度等级。对于脆性材料，主要根据其抗压强度大小来划分强度等级，如烧结普通砖、砂浆、混凝土等；对于塑性和韧性材料，主要根据其抗拉强度大小来划分强度等级，如钢材等。强度值与强度等级不能混淆，强度值是表示材料力学性质的指标，强度等级则是根据强度值划分的级别。划分材料强度等级，对掌握材料性能和正确选用材料具有重要意义。

3. 比强度

比强度是指材料的强度与其表观密度的比值，它是衡量材料轻质高强的一个主要指标。选用优质的建筑结构材料应具有较高的比强度，一方面可以节省空间，采用尽可能小的截面满足强度要求；另一方面也可以减小结构体的自重、降低工程造价等。比强度越大，则材料轻质高强性能越好。表 1-3 以钢材、混凝土和木材为例，进行强度和比强度的比较。

表 1-3　几种常用建筑材料的强度比较

材料	表观密度/（kg/m^3）	抗压强度/（MPa）	比强度
低碳钢	7850	360	0.046
普通混凝土	2400	40	0.017
松木（顺纹）	500	34.3	0.069

1.2.2　弹性与塑性

材料在外力作用下产生变形，当外力撤销后，材料变形即可消失，并且能完全恢复原来形状的性质，称为弹性。这种完全能恢复的变形，称为弹性变形。材料在弹性变性范围内，其应力与应变的比值是一个常数，这个比值称为材料的弹性模量，即 $E=\sigma/\varepsilon$。弹性模量 E 是衡量材料抵抗变形能力的一个指标，E 越大，则材料越不易变形。

材料在外力作用下产生变形，当外力撤销后，材料仍保持变形后的形状和尺寸，并且不产生裂缝的性质，称为塑性。这种不能消失的变形，称为塑性变形。

在建筑材料中，没有纯弹性材料。许多材料受力不大时，仅产生弹性变形；受力超过一定限度后，即产生塑性变形。如建筑钢材，当外力小于弹性极限时，仅产生弹性变形；若外力大于弹性极限后，则除了产生弹性变形外，还产生塑性变形。有的材料在受力时，弹性变形和塑性变形同时产生，如果撤销外力，则弹性变形可以消失，但塑性变形却并不能消失。

1.2.3　脆性与韧性

材料在外力作用下，当外力达到一定程度时，材料突然破坏而又无明显的塑性变形的性质，称为脆性。大部分无机非金属材料均属于脆性材料，如混凝土、砖、石等，脆性材料的特点是塑性变形很小，抵抗冲击、振动荷载的能力差，抗压强度高，抗拉强度低。

材料在冲击或动力荷载的作用下，能吸收较大能量并产生较大变形而不发生破坏的性质，称为韧性。建筑钢材、木材、橡胶等属于韧性材料。韧性材料的特点是塑性大，抗拉、抗压强度都较高。对于要求承受冲击和振动荷载作用的结构，如吊车梁、桥梁、路面等，应选用具有较高韧性的材料。

1.2.4　硬度与耐磨性

硬度是指材料表面抵抗其他物体压入或刻划的能力。不同材料的硬度采用不同的测定方法。钢材、木材和混凝土等材料的硬度常采用压入法测定，如布氏硬度（HB）是以单位面积压痕上所受到的压力来表示的。天然矿物的硬度常采用刻划法测定，矿物硬度分为 10 级，其硬度递增的顺序为：滑石1，石膏2，方解石3，萤石4，磷灰石5，正长石6，石英7，黄晶8，刚玉9，金刚石10。材料的硬度越大，则其耐磨性越好，加工越困难。

耐磨性是材料表面抵抗磨损的能力。材料的耐磨性与材料的组成、结构及强度、硬度有关。建筑中用于地面、踏步、台阶等处的材料，均应考虑其耐磨性。

1.3 建筑材料的耐久性

材料的耐久性是指材料在长期使用过程中，能抵抗周围各种介质的侵蚀而不破坏，保持其原有性能不变的性质。材料在使用过程中，除了受到各种外力作用，还受到物理、生物和化学等自然因素的破坏作用。

物理作用主要有材料的干湿交替、温度变化、冻融循环等。这些变化会使材料体积产生收缩或膨胀，长期反复作用会使材料产生破坏。

生物作用主要是指材料受到虫蛀或菌类的腐朽作用而产生的破坏。如木材及植物纤维材料的腐烂等。

化学作用主要指材料受到酸、碱、盐等物质的水溶液或有害气体的侵蚀作用，使材料的组成成分发生质的变化，而引起材料的破坏。如钢材的锈蚀、水泥石的化学腐蚀等。

耐久性是材料的一项综合性质，而且随材料的组成与结构不同，其耐久性的内容也不相同。例如：无机矿物材料（混凝土、石材等），主要是因冻融、风化、碳化、干湿变化等物理作用而破坏，当与水接触时，可能因化学作用而破坏；金属材料，主要是因化学腐蚀作用而破坏；木材主要考虑生物作用带来的损坏。

1.4 建筑材料基本性质检测

通过对固体材料密度、表观密度、堆积密度、吸水率检测方法的练习过程，使学生具备对主要性质指标测定和试验结果评定的能力，并利用所测得物理状态参数来计算材料的孔隙率及空隙率等状态参数的技术活动过程。这里以烧结（多孔）砖为例，说明密度、表观密度、吸水率的检测方法与步骤。

1.4.1 密度检测

烧结（多孔）砖的密度是指烧结多孔砖在绝对密实状态下单位体积（不包括开口与闭口孔隙体积）的质量。

1. 主要仪器设备

李氏瓶、筛子（孔径0.25mm）、量筒、烘箱、天平（1kg，感量0.01g）、温度计、恒温水槽、漏斗、小勺、粉磨设备等。

2. 试样制备

将烧结（多孔）砖试样研磨成粉末，使它完全通过筛孔为0.25mm的筛，再将粉末放入烘箱内，在105~110℃温度下烘干至恒重，然后在干燥器内冷却至室温待用。

3. 试验步骤

（1）在李氏瓶中注入与试样不起化学反应的液体（水、煤油、苯等）至突颈下部。并将李氏瓶放在盛水的玻璃容器中，使刻度部分完全侵入，并用支架夹住，容器中的水温应与李氏瓶刻度的标准温度（20℃ ±2℃）一致。待瓶内液体温度与水温相同后，读李氏瓶内液体凹面的刻度值为 V_1（精确至 0.1mL，以下同）。

（2）用天平称取 60 ~90g 试样（精确至 0.01g，以下同），记为 m_1，用小勺和漏斗小心地将试样送入李氏瓶中，直至液面上升至 20mL 刻度左右为止。

（3）用瓶内的液体将粘附在瓶颈和瓶壁的试样洗入瓶内液体中，转动李氏瓶，使液体中气泡排出，再将李氏瓶放入盛水的玻璃容器中，待液体温度与水温一致后，读液体凹面的刻度值为 V_2。

（4）称取未注入瓶内剩余试样的质量（m_2），计算出装入瓶中试样质量 m（两次称量值 m_1、m_2 之差）。

（5）将注入试样后的李氏瓶中液面读数减去未注前的读数，得出试样的绝对体积 V（即 $V = V_2 - V_1$）。

4. 试验结果计算

按式（1-1）计算出密度 ρ（精确至 0.01g/cm³）

$$\rho = \frac{m}{V}$$

式中　m——装入瓶中的质量（g）；

V——装入瓶中试样的绝对体积（cm³）。

按规定，密度检测用两个试样平行进行，以其计算结果的算术平均值作为最后结果，但两次结果之差不应大于 0.02g/cm³，否则重做。

1.4.2　表观密度（体积密度）检测

表观密度是指在自然状态下单位体积（包括开口与闭口孔隙体积）的质量。烧结（多孔）砖采用量积法测定其体积密度。

1. 主要仪器设备

游标卡尺（精度 0.1mm）、天平（感量 0.1g）、烘箱、干燥器等。

2. 试样制备

将有规则形状的烧结（多孔）砖样放入 105℃ ±5℃的烘箱内烘干至恒重，取出放入干燥器内，冷却至室温待用。

3. 试验步骤

（1）用游标卡尺量出试样尺寸（试件以每边测量上、中、下三个数值的算术平均值为准），并计算出其体积 V_0。

（2）用天平称量出试件的质量 m。

4. 试验结果计算

按式（1-2）计算出体积密度 ρ_0（精确至 10kg/m³ 或 0.01g/cm³）

$$\rho_0 = \frac{m}{V_0}$$

式中　m——试样的质量（g）；

V_0——试样在自然状态下的体积（包括开口孔隙、闭口孔隙体积和材料绝对密实体积）（cm^3）。

按规定，以三个砖样测定值的算术平均值作为检测结果。各个测定值之差不得大于 $20kg/m^3$ 或 $0.02g/cm^3$，否则重做。

1.4.3 孔隙率计算

材料孔隙率的大小与材料的强度、导热性和吸水性等性质有着密切的关系。将已经求出的同一烧结（多孔）砖的密度和体积密度（用同样的单位表示）代入式（1-4）计算得出该砖样的孔隙率 P。

$$P=\frac{V_{孔}}{V_0}=\frac{V_0-V}{V_0}=\left(1-\frac{\rho_0}{\rho}\right)\times 100\%$$

式中 ρ——材料的密度，（g/cm^3）；

ρ_0——材料的表观密度（体积密度）（g/cm^3）。

1.4.4 吸水率检测

通过测定吸水率可以推断烧结（多孔）砖的密实程度和孔隙情况，大致地判断其抗冻性（或抗渗性）和抗压强度。

1. 主要仪器设备

天平（称量 1kg，感量 0.1g）、水槽、烘箱、干燥器等。

2. 试样制备

将砖样置于 105℃ ±5℃的烘箱中，烘干至恒重，再放到干燥器中冷却到室温待用。

3. 试验步骤

（1）从干燥器中取出砖样，称其质量 m（g）。

（2）将砖样放置在金属盆中，加水至水面高出试样 20mm。

（3）浸水 24h 后取出砖样，用拧干的湿毛巾轻轻抹去表面水分，称其质量 m_1（g）。

（4）为检验试样是否吸水饱和，可将试样再浸入水中至高度 3/4 处，过 24h 重新称量，两次质量之差不得超过 1%。

4. 试验结果计算

代入式（1-8）、式（1-9）计算得出该砖样的质量吸水率和体积吸水率。

$$W_{质}=\frac{m_1-m}{m}\times 100\% \qquad W_{体}=\frac{m_1-m}{V_0}\times\frac{1}{\rho_{水}}\times 100\%$$

式中 $W_{质}$——质量吸水率（%）；

$W_{体}$——体积吸水率（用于高度多孔材料）（%）；

m——试样干燥质量（g）；

m_1——试样吸水饱和质量（g）。

按规定，以五个砖样测定值的算术平均值作为检测结果。

思考题与习题

1. 试述材料的密度、表观密度、堆积密度的定义，如何计算？

2. 何谓材料的密实度和孔隙率？如何计算？

3. 什么是材料的强度？根据外力作用方式不同，各种强度如何计算？

4. 什么是材料的弹性和塑性？

5. 什么是材料的脆性和韧性？

6. 亲水性材料和憎水性材料有什么区别？两者在建筑工程中有何实际意义？

7. 材料的吸湿性、吸水性、耐水性、抗冻性和抗渗性的定义和指标分别是什么？

8. 何谓材料的耐久性？包括哪些内容？

9. 材料的孔隙率及孔隙特征对材料的吸水性、保温隔热性、强度等性质有何影响？

10. 某堆石子质量15kg，正好装满体积为10L、质量为3.4kg的容量筒。现向筒内注入水，待石子吸水饱和，共注入水4.27kg。将上述吸水饱和的石子擦干表面后称其质量为15.2kg。求该石子的吸水率、表观密度、堆积密度和孔隙率。

第 2 章　气硬性无机胶凝材料

学习要求

掌握胶凝材料的定义和分类，了解建筑石灰、建筑石膏、水玻璃和镁质胶凝材料的原料、生产、凝结与硬化的技术要求，掌握其性质及应用。

在工程中，凡能将散粒材料或块状材料粘结成一个整体的材料称为胶凝材料。建筑上使用的胶凝材料按其化学组成可分为有机和无机两大类。

无机胶凝材料是以无机化合物为主要成分，掺入水或适量的盐类水溶液（或含少量的有机物的水溶液），经一定的物理化学变化过程产生强度和粘结力，可将松散的材料胶结成整体，也可将构件结合成整体。无机胶凝材料亦称矿物胶凝材料（例如，各种水泥、建筑石膏、建筑石灰等）。

有机胶凝材料是以天然或合成的高分子化合物（例如，沥青、树脂、橡胶等）为基本组分的胶凝材料。

无机胶凝材料可按硬化的条件不同分为气硬性胶凝材料和水硬性胶凝材料两类。气硬性胶凝材料是只能在空气中凝结、硬化、保持和发展强度的胶凝材料，如建筑石灰、建筑石膏、水玻璃等；水硬性胶凝材料是既能在空气中硬化，也能在水中凝结、硬化、保持并继续发展其强度的胶凝材料，如各种水泥。

2.1　建筑石灰

建筑石灰是人类在建筑工程中最早使用的气硬性胶凝材料之一。它实际上是不同化学成分和物理形态的生石灰、消石灰、水硬性石灰的统称。因其原料分布广泛，生产工艺简单，成本低廉，使用方便，所以至今仍被广泛应用。

2.1.1　建筑石灰的原料及生产

生产建筑石灰的主要原料是以碳酸钙（$CaCO_3$）为主要成分的天然岩石——石灰岩。除天然原料外，还可以利用化学工业的副产品，如用碳化钙（CaC_2）制取乙炔时所产生的电石渣，其主要成分是氢氧化钙，即消石灰（或称熟石灰）；或者用氨碱法制碱所得的残渣，其主要成分为碳酸钙。

将石灰岩进行煅烧，即可得到以氧化钙（CaO）为主要成分的生石灰，其分解反应如下：

$$CaCO_3 \xrightarrow{900℃} \underset{(\text{生石灰})}{CaO} + CO_2\uparrow \quad (2\text{-}1)$$

生石灰呈白色或灰色块状。由于石灰岩中常含有一些碳酸镁（$MgCO_3$），因而生石灰中还含有次要成分氧化镁（MgO）。根据 MgO 含量的多少，生石灰被分为钙质石灰（MgO 含量≤5%）和镁质石灰（MgO 含量 >5%），通常生石灰的质量好坏与其氧化钙（或氧化镁）的含量有很大关系。

另外，生石灰的质量还与煅烧条件（煅烧温度和煅烧时间）有直接关系，碳酸钙适宜的煅烧温度为 900℃，实际生产中，为加速分解过程，煅烧温度常提高到 1000 ~ 1100℃。煅烧过程对石灰质量的主要影响是：煅烧温度过低或煅烧时间不足，将使生石灰中残留有未分解的石灰岩核心，这部分石灰称为欠火石灰。欠火石灰降低了生石灰的有效成分含量，使质量等级降低。若煅烧温度过高或煅烧时间过久，将产生过火石灰。过火石灰的特征是质地密实，且表面常为粘土杂质融化形成的玻璃质薄膜所包覆，故熟化很慢。使用这种生石灰时，要注意正确的熟化方法，以免对建筑物造成危害。

碳酸镁分解温度较碳酸钙低（600 ~650℃），更易烧成致密不易熟化的氧化镁而使石灰活性降低，质量变差。故采用碳酸镁含量高的白云质石灰岩作原料时，须适当降低煅烧温度。

2.1.2 生石灰的熟化和石灰浆的硬化

1. 生石灰的熟化

块状生石灰加水后，即迅速水化，崩解成高度分散的消石灰细粒，并放出大量的热。这个过程称为生石灰的熟化。其反应式如下：

$$CaO + H_2O \rightarrow Ca(OH)_2 + 64.8kJ \tag{2-2}$$

上述过程有两个显著特点：

（1）放热量大。生石灰熟化时最初 1h 放出的热量是半水石膏水化 1h 放出热量的 10 倍，是普通硅酸盐水泥水化 1d 放出热量的 9 倍。因此，生石灰具有强烈的水化能力，其放热量、放热速度都比其他胶凝材料大得多。

（2）体积增大。成分较纯并煅烧适宜的生石灰，熟化成熟石灰后，体积可增大 1 ~2.5 倍。

生石灰熟化的方法有淋灰法和化灰法。淋灰法就是在生石灰中均匀加入 70% 左右的水（理论值为 31.2%）便得到颗粒细小、分散均匀的消石灰粉。工地上调制熟石灰粉时，每堆放 0.5m 高的生石灰块，就淋 60% ~80% 的水，再堆放再淋，使之成粉且不结块为止。目前，多用机械方法将生石灰熟化为熟石灰粉。化灰法是在生石灰中加入适量水（约为块灰质量的 2.5 ~3 倍），得到的浆体称为石灰乳，石灰乳沉淀后除去表层多余水分后得到的膏状物称为石灰膏。1kg 石灰块可熟化成表观密度为 1300 ~1400kg/m^3 的石灰膏 1.5 ~3L。调制石灰膏常在化灰池和储灰坑中进行，熟化时应控制温度，防止过高过低。熟化后的浆体和部分未熟化的细颗粒通过筛网流入储灰坑中，而大块的欠火石灰和过火石灰块则予以清除。为了进一步消除过火石灰在使用中造成的危害（因为过火石灰熟化很慢，若石灰已经硬化，过火石灰再开始熟化，使得原体积膨胀，引起隆起或开裂），石灰浆应在储灰坑中“陈伏”1 ~2 周。“陈伏”期间，石灰浆表面应保持一层水分，与空气隔绝，以免石灰浆表面碳化。

2. 石灰浆的硬化

石灰浆在空气中逐渐硬化，是由下面硬化过程来完成的。

（1）结晶硬化。石灰浆中的主要成分是 $Ca(OH)_2$ 和 H_2O，随着游离水的蒸发，氢氧化钙逐渐从饱和溶液中结晶出来。

（2）碳化硬化。结晶出来的氢氧化钙与空气中的二氧化碳化合生成碳酸钙晶体，释放出水分并被蒸发：

$$Ca(OH)_2 + CO_2 + nH_2O \rightarrow CaCO_3 + (n+1)H_2O \tag{2-3}$$

碳化过程实际是二氧化碳与水形成碳酸，然后与氢氧化钙反应生成碳酸钙硬壳。这个过程不但受空气中 CO_2 浓度影响，而且与材料含水多少有关。若材料处于干燥状态，则这种碳化反应几乎停止。其次，碳化作用发生后，由于形成的碳酸钙硬壳阻碍水分进一步向外蒸发及 CO_2 进一步向内渗透，所以，这种硬化过程十分缓慢。石灰浆体硬化后，表层为碳酸钙晶体，内部为氢氧化钙晶体，硬化后的石灰是由两种不同晶体组成的。

2.1.3 建筑石灰的技术要求

建筑石灰是以石灰中活性氧化钙和氧化镁含量多少作为主要指标来评价其质量优劣的。若将块状生石灰磨细，可得生石灰粉。根据建材行业标准《建筑生石灰》（JC/T 479—1992和 JC/T 480—1992）将建筑生石灰和建筑生石灰粉划分为三个等级，具体指标见表 2-1、2-2。

表 2-1　建筑生石灰技术指标（JC/T 479—1992）

项　目	钙质生石灰			镁质生石灰		
	优等品	一等品	合格品	优等品	一等品	合格品
CaO + MgO 含量(%)≥	90	85	80	85	80	75
CO_2 含量(%)≤	5	7	9	6	8	10
未消化残渣含量(5mm 圆孔筛余)(%)≤	5	10	15	5	10	15
产浆量(L/kg)≥	2.8	2.3	2.0	2.8	2.3	2.0

表 2-2　建筑生石灰粉技术指标（JC/T 480—1992）

项　目		钙质生石灰粉			镁质生石灰粉		
		优等品	一等品	合格品	优等品	一等品	合格品
CaO + MgO 含量(%)≥		85	80	75	80	75	70
CO_2 含量(%)≤		7	9	11	8	10	12
细度	0.90mm 筛的筛余(%)≤	0.2	0.5	1.5	0.2	0.5	1.5
	0.125mm 筛的筛余(%)≤	7.0	12.0	18.0	7.0	12.0	18.0

根据我国建材行业标准《建筑消石灰粉》（JC/T 481—1992）的规定，将消石灰粉分为钙质消石灰粉（MgO 含量 <4%）、镁质消石灰粉（MgO 含量 4% ~24%）和白云石消石灰粉（MgO 含量24% ~30%）三类，并按它们的技术指标分为优等品、一等品、合格品三个

等级，主要技术指标见表2-3。通常优等品、一等品适用于饰面层和中间涂层；合格品仅用于砌筑。

表2-3　建筑消石灰粉的技术指标（JC/T 481—1992）

项目		钙质消石灰粉			镁质消石灰粉			白云石消石灰粉		
		优等品	一等品	合格品	优等品	一等品	合格品	优等品	一等品	合格品
CaO + MgO 含量(%)≥		70	65	60	65	60	55	65	60	55
游离水(%)		0.4~2								
体积安定性		合格	合格	—	合格	合格	—	合格	合格	—
细度	0.9mm筛筛余(%)≤	0	0	0.5	0	0	0.5	0	0	0.5
	0.125mm筛筛余(%)≤	3	10	15	3	10	15	3	10	15

2.1.4　建筑石灰的技术性质

1. 可塑性好

生石灰熟化为石灰浆时，能形成颗粒极细（直径约为1μm）的呈胶体分散状态的氢氧化钙粒子，表面吸附一层厚的水膜，使其可塑性明显改善。利用这一性质，在水泥砂浆中掺入一定量的石灰膏，可使砂浆的可塑性显著提高。

2. 凝结硬化慢、强度低

从石灰浆体的硬化过程中可以看出，由于空气中二氧化碳稀薄（一般达0.03%），所以碳化甚为缓慢。同时，硬化后硬度也不高，1∶3的石灰砂浆28d抗压强度通常只有0.2~0.5MPa。

3. 耐水性差

若石灰浆体尚未硬化就处于潮湿环境中，由于石灰浆中的水分不能蒸发，则其硬化停止；若已硬化的石灰长期受潮或受水浸泡，则由于$Ca(OH)_2$易溶于水，甚至会使已硬化的石灰溃散。因此石灰不宜用于潮湿环境及易受水浸泡的部位。

4. 收缩大

石灰浆体硬化过程中要蒸发大量水分而引起显著收缩，所以除调成石灰乳作薄层涂刷外，不宜单独使用。工程应用时，常在石灰中掺入砂、麻刀、纸筋等材料，以减少收缩并增加抗拉强度。

5. 吸湿性强

生石灰吸湿性强，保水性好，是传统的干燥剂。

6. 化学稳定性差

建筑石灰是碱性材料，与酸性物质接触时，容易发生化学反应，生成新物质。因此，石灰及含石灰的材料长期处在潮湿空气中，容易与二氧化碳作用生成碳酸钙，这种作用称为“碳化”。石灰材料还容易遭受酸性介质的腐蚀。

2.1.5　建筑石灰的应用

1. 拌制灰土或三合土

所谓灰土是将消石灰粉和粘土按一定比例拌合均匀、夯实而成。石灰常用比例为灰土体积比的10%~30%，即一九灰土、二八灰土及三七灰土。石灰用量过高，往往导致强度和耐水性的降低。若将消石灰粉、粘土和集料（砂、碎砖块、炉渣等）按一定比例混合均匀并夯实，即为三合土。灰土和三合土广泛用作建筑物的基础、路面或地面的垫层，它的强度和耐水性远远高出石灰或粘土。其原因可能是粘土颗粒表面的少量活性氧化硅、氧化铝与石灰之间产生了化学反应，生成了水化硅酸钙和水化铝酸钙等水硬性矿物的缘故。石灰改善了粘土的可塑性，在强力夯打之下，紧密度提高也是其强度和耐水性改善的原因之一。

2. 配制水泥石灰混合砂浆、石灰砂浆等

用熟化并“陈伏”好的石灰膏和水泥、砂配制而成的混合砂浆是目前用量最大、用途最广的砌筑砂浆；用石灰膏和砂或麻刀或纸筋配制成的石灰砂浆、麻刀灰、纸筋灰被广泛用作内墙、天棚的抹面砂浆。此外，石灰膏还可稀释成石灰乳（掺或不掺颜料），用作内墙和天棚的粉刷涂料。

3. 生产硅酸盐制品

以石灰和硅质材料（如石英砂、粉煤灰、矿渣等）为原料，加水拌合，经成型、蒸压处理等工序而成的建筑材料统称为蒸压硅酸盐制品。随着墙体材料改革的不断推进，硅酸盐砖、硅酸盐混凝土砌块及其他硅酸盐制品在墙体砌筑材料中应用逐渐增加。

2.1.6　建筑石灰的储存和运输

块状生石灰放置太久，会吸收空气中水分，自动熟化成石灰粉，再与空气中二氧化碳作用形成碳酸钙而失去胶凝能力。所以储存生石灰，不但要防止受潮，而且不宜久存，最好运到后即熟化成石灰浆，变储存期为“陈伏”期。另外，生石灰受潮熟化要放出大量的热，且体积膨胀，所以，储存和运输生石灰时，应注意安全。

2.2　建筑石膏

建筑石膏作为胶凝材料有着悠久的历史。建筑石膏是以天然石膏或工业副产石膏经脱水处理制得的，以 $CaSO_4 \cdot 1/2H_2O$（β 型）为主要成分，不预加任何外加剂或添加物的粉状胶凝材料。由它形成的石膏制品（如石膏板等）具有质轻、强度较高、绝热、防火、美观、易于加工等优良性质，因此受到了普遍重视并得到迅速发展。

2.2.1　建筑石膏的原料及生产

1. 建筑石膏的原料

生产建筑石膏胶凝材料的原料有天然二水石膏、天然无水石膏和化工石膏等。

（1）天然二水石膏。天然二水石膏（即天然石膏矿）的主要成分为含两个结晶水的硫酸钙（$CaSO_4 \cdot 2H_2O$），其中 CaO 占 32.56%，SO_3 占 46.51%，H_2O 占 20.93%。

（2）天然无水石膏。天然无水石膏是以无水硫酸钙（$CaSO_4$）为主要成分的沉积岩。它结晶紧密，质地较硬，仅用于生产无水石膏水泥。

（3）化工石膏。除天然原料外，一些含有 $CaSO_4 \cdot 2H_2O$ 或 $CaSO_4 \cdot 2H_2O$ 与 $CaSO_4$ 的混合物的化工副产品及废渣（称为化工石膏）也可作为石膏原料。如磷石膏是制造磷酸的废渣；氟石膏是制造氟化氢的废渣。此外，还有硼石膏、钛石膏等。利用化工石膏时，应注意对其中含有酸性成分的废渣应加石灰中和后才能使用。使用化工石膏作为建筑石膏的原料，可扩大石膏的来源，变废为宝，达到综合利用的目的。

2. 不同品种石膏的生产

石膏胶凝材料的生产，通常是将二水石膏在不同压力和温度下煅烧，再经磨细制得的。同一原料，煅烧条件不同，得到的石膏品种不同，其结构、性质也不同。

（1）建筑石膏和模型石膏。建筑石膏是将二水石膏（生石膏）加热至110～170℃时，部分结晶水脱出后得到半水石膏（熟石膏），再经磨细得到粉状的建筑中常用的石膏品种，故称“建筑石膏”。反应式如下：

$$CaSO_4 \cdot 2H_2O \rightarrow CaSO_4 \cdot 1/2H_2O(\beta\text{型}) + 3/2H_2O \tag{2-4}$$

将这种常压下的建筑石膏称为β型半水石膏。若在上述条件下煅烧一等或二等的半水石膏，然后磨得更细些，这种β型半水石膏称为模型石膏，是建筑装饰制品的主要原料。

（2）高强度石膏。将二水石膏在0.13MPa、124℃的压蒸锅内蒸炼，则生成比β型半水石膏晶体粗大的α型半水石膏，称为高强度石膏。由于高强度石膏晶体粗大，比表面小，调成可塑性浆体时需水量（35%～45%）只是建筑石膏需求量的一半，因此硬化后具有较高的密实度和强度。高强度石膏可用于室内抹灰，制作装饰制品和石膏板。若掺入防水剂可制成高强度抗水石膏，在潮湿环境中使用。

2.2.2 建筑石膏的水化、硬化

建筑石膏加适量水混合后，起初形成可塑性的石膏浆体，但紧接着石膏浆体失去塑性成为坚硬的固体。这是因为半水石膏遇水后，将重新水化成二水石膏，放出热量并逐渐凝结硬化的缘故。反应式如下：

$$CaSO_4 \cdot 1/2H_2O + 3/2H_2O \rightarrow CaSO_4 \cdot 2H_2O \tag{2-5}$$

2.2.3 建筑石膏的技术要求

纯净的建筑石膏为白色粉末，密度为2.60～2.75g/cm^3，堆积密度为800～1000kg/m^3。《建筑石膏》（GB 9776—2008）规定：建筑石膏组成中半水硫酸钙的含量（质量分数）不应小于60.0%；按照其强度、细度、凝结时间分为三个等级，见表2-4。

表2-4 建筑石膏物理力学性能（GB 9776—2008）

等级	细度(0.2mm方孔筛筛余)/%	凝结时间/min		2h强度/MPa	
		初凝	终凝	抗折	抗压
3.0	≤10	≥3	≤30	≥3.0	≥6.0
2.0				≥2.0	≥4.0
1.6				≥1.5	≥3.0

注：指标中有一项不合格者，应予降级或报废。

2.2.4 建筑石膏的性质

1. 凝结硬化快

建筑石膏加水拌合后的数分钟内，便开始失去可塑性，这对成型带来一定的困难。如要

降低它的凝结硬化速度，可掺入缓凝剂，使半水石膏溶解度降低，或者降低其溶解速度，使水化过程延长。常用的缓凝剂是硼砂、柠檬酸、亚硫酸盐纸浆废液、动物胶等（骨胶、皮胶），其中硼砂缓凝剂效果较好，用量为石膏重量的0.1～0.5%。

2. 微膨胀性

建筑石膏浆体在凝结硬化初期体积产生微膨胀（膨胀量约为0.5%～1%），这一性质使石膏胶凝材料在使用中不会产生裂纹。因此，建筑石膏装饰制品形体饱满密实、表面光滑细腻。

3. 多孔性

建筑石膏水化时理论需水量为石膏重量的18.6%，为了使石膏浆体具有必要的可塑性，往往要加入60%～80%的水，这些多余的自由水蒸发后留下许多孔隙（约占总体积的50%～60%），因此，石膏制品具有表观密度小、绝热性好、吸声性强等优点。但它的强度较低，吸水率较大，抗渗性差。

4. 防火性好

建筑石膏硬化后的主要成分是 $CaSO_4 \cdot 2H_2O$，它含有21%左右的结晶水。当受到高温作用时，结晶水开始脱出，并在表面上产生一层水蒸气幕，可以阻止火势蔓延，起到防火作用。

5. 耐水性、抗冻性差

建筑石膏硬化后具有很强的吸湿性，在潮湿条件下，晶体粒子间的粘结力减弱，强度显著降低；遇水则因二水石膏晶体溶解而引起破坏；吸水受冻后，将因孔隙中水分结冰而崩裂。所以建筑石膏的耐水性、抗冻性都较差。

2.2.5 建筑石膏的应用

建筑石膏在建筑工程中可用作室内抹灰、粉刷、制造各种建筑制品以及水泥原料中的缓凝剂和激发剂。

1. 石膏砂浆及粉刷石膏

以建筑石膏为基料加水、砂拌合成的石膏砂浆，用于室内抹灰时，因其热容量大、吸湿性大，能够调节室内温、湿度，使之经常保持均衡，给人以舒适感。

随着我国建筑业的日益发展，建筑工程对室内抹灰质量及功能的要求越来越高。利用石膏独特性质，开发新型内墙抹灰材料的研究已取得新的进展，粉刷石膏就是在石膏中掺加可优化抹灰性能的辅助材料及外加剂等配制而成的一种新型内墙抹灰材料。这种新型抹灰材料既具有建筑石膏快硬早强、粘结力强、体积稳定性好、吸湿、吸声、防火、光滑、洁白美观的优点，又从根本上克服了水泥砂浆易产生的裂缝、空鼓现象，不仅可在水泥砂浆和混合砂浆上罩面，也可在混凝土墙、板、天棚等光滑基底上罩面，具有质密细腻、省工、省时、工效高、洁白美观的优点。

2. 建筑石膏制品

建筑石膏除了作抹灰材料外，更重要的用途是可制作石膏制品，如石膏板、石膏砌块，它们有着广阔的应用前景。

2.3 水玻璃

水玻璃俗称泡花碱，是由碱金属氧化物和二氧化硅结合而成的一种能溶于水的硅酸盐物质，是一种气硬性胶凝材料。其化学式为 $R_2O \cdot nSiO_2$，式中 R_2O 为碱金属氧化物，n 为二氧化硅和 R_2O 分子的比值（即 $n = SiO_2/R_2O$），也称为水玻璃模数。

根据碱金属氧化物种类不同，水玻璃的主要品种有硅酸钠水玻璃（简称钠水玻璃，$Na_2O \cdot nSiO_2$）、硅酸钾水玻璃（简称钾水玻璃，$K_2O \cdot nSiO_2$）、硅酸锂水玻璃（简称锂水玻璃，$Li_2O \cdot nSiO_2$）等，最常用的是硅酸钠水玻璃。

根据水玻璃模数的不同，又分为“碱性”水玻璃（$n<3$）和“中性”水玻璃（$n \geqslant 3$）。实际上中性水玻璃和碱性水玻璃的溶液都呈明显的碱性反应。

2.3.1 水玻璃的生产

生产水玻璃的方法分为湿法和干法两种。

湿法生产硅酸钠水玻璃是将石英砂和苛性钠溶液在压蒸锅内用蒸汽加热，直接反应而成。

干法生产硅酸钠水玻璃是将石英砂和碳酸钠磨细拌匀，在熔炉内于1300～1400℃温度下熔化而生成的，其反应式为：

$$Na_2CO_3 + nSiO_2 \rightarrow Na_2O \cdot nSiO_2 + CO_2 \uparrow \tag{2-6}$$

按水玻璃的状态不同可分为：

（1）固体水玻璃。固体水玻璃是由熔炉中排出的熔融态硅酸钠冷却而得。

（2）液体水玻璃。液体水玻璃是由固体水玻璃溶解于水而得。固体水玻璃在水中溶解的难易随模数而定。$n=1$ 时，能溶解于常温的水中；n 增大，则只能在热水中溶解；当 $n>3$ 时，要在0.4MPa大气压以上的蒸汽中才能溶解。常见水玻璃模数为1.5～3.7。

液体水玻璃因所含杂质的不同，而呈青灰色、黄绿色，以无色透明的液体为佳。

水玻璃在水溶液中的含量（或称浓度），可用密度表示，它与水玻璃的粘结力呈现以下规律：同一模数的液体水玻璃，其浓度越稠，密度越大，则粘性越大，粘结力越强；不同模数的液体水玻璃，模数高的，其胶体组分（SiO_2）相对增多，粘结力随之增加。

2.3.2 水玻璃的硬化

液体水玻璃在空气中吸收二氧化碳，形成无定形硅酸凝胶，加之水分的蒸发，无定形硅酸凝胶脱水成氧化硅，并逐渐干燥硬化。反应式为：

$$Na_2O \cdot nSiO_2 + mH_2O + CO_2 \rightarrow Na_2CO_3 + nSiO_2 \cdot mH_2O \tag{2-7}$$

由于空气中 CO_2 浓度较低，这个过程进行得很慢，为了加速硬化，常加入氟硅酸钠（Na_2SiF_6）作为促硬剂，促使硅酸凝胶加速析出，其反应式为：

$$2[Na_2O \cdot nSiO_2] + mH_2O + Na_2SiF_6 \rightarrow (2n+1)SiO_2 \cdot mH_2O + 6NaF \tag{2-8}$$

硅酸凝胶（$SiO_2 \cdot mH_2O$）脱水变成固体氧化硅。反应式为：

$$SiO_2 \cdot mH_2O \rightarrow SiO_2 + mH_2O \tag{2-9}$$

氟硅酸钠的适宜用量为水玻璃重量的12%～15%，如果用量小于12%，不但硬化速度缓慢，强度降低，而且未经反应的水玻璃易溶于水，因而耐水性差。但如用量超过15%，又会引起凝结过速，造成施工困难。

2.3.3 水玻璃的技术性质

1. 粘结力强

水玻璃硬化后具有较高的粘结强度，抗拉强度和抗压强度，如水玻璃胶泥，其抗拉强度大于2.5MPa；水玻璃砂浆和水玻璃混凝土的抗压强度不小于15MPa和20MPa。另外，水玻璃硬化析出的硅酸凝胶还有堵塞毛细孔隙而防止水分渗透的作用。

2. 耐酸性好

硬化后的水玻璃，其主要成分是SiO_2，所以它能抵抗大多数无机酸和有机酸的侵蚀，尤其是在强氧化性酸中仍有较高的化学稳定性。但其不耐碱性介质侵蚀。

3. 耐热性好

水玻璃硬化后形成SiO_2空间网状骨架，高温下强度并不降低，甚至有所增加。因此具有优异的耐热性。若以铸石粉为填料，配制的水玻璃胶泥，耐热度可达900～1100℃，利用这一性质，选择不同的耐热集料，可配制不同耐热度的水玻璃耐热混凝土。

2.3.4 水玻璃的应用

水玻璃在建筑工程中有多种用途。

1. 涂刷材料表面

直接将液体水玻璃涂刷在建筑物表面，不仅可提高建筑物的抗风化能力，而且可提高建筑物的耐久性。如用密度为1.35左右的液体水玻璃浸渍或涂刷粘土砖、硅酸盐制品、水泥混凝土等多孔材料，可使材料的密实度、强度、抗渗性、耐水性均得到提高。这是因为水玻璃与材料中的$Ca(OH)_2$作用生成硅酸钙胶体、填充了制品的孔隙，从而使制品致密，反应式为：

$$Na_2O \cdot nSiO_2 + Ca(OH)_2 \rightarrow Na_2O(n-1)SiO_2 + CaO \cdot SiO_2 + H_2O \quad (2\text{-}10)$$

同时，硅酸钠本身硬化所析出的硅酸凝胶也有利于保护材料。

但需注意，不能用它涂刷或浸渍石膏制品，因为硅酸钠与硫酸钙发生反应可生成Na_2SO_4，并在制品孔隙中结晶膨胀，导致制品破坏。

2. 加固土壤

将模数为2.5～3的液体水玻璃和氯化钙溶液通过金属管交替向地层压入，两种溶液发生化学反应，反应式为：

$$Na_2O \cdot nSiO_2 + CaCl_2 + xH_2O \rightarrow 2NaCl + nSiO_2 \cdot (x-1)H_2O + Ca(OH)_2 \quad (2\text{-}11)$$

析出的硅酸胶体，将土壤颗粒包裹并填充其空隙。硅酸胶体作为一种吸水膨胀的冻状凝胶，因吸收地下水而经常处于膨胀状态，阻止水分渗透并使土壤固结。用这种方法加固的砂土，抗压强度可达3～6MPa。

3. 配制防水剂

以水玻璃为基料，加入两种、三种或四种矾可配制不同防水剂，称为二矾、三矾或四矾防水剂。例如：四矾防水剂是以蓝矾（硫酸铜）、明矾（钾铝矾）、红矾（重铬酸钾）和紫矾（铬矾）各1份，溶于60份的沸水中，降温至50℃，投入400份水玻璃溶液中，搅拌均匀而成的。这种防水剂凝结迅速，一般不超过1min，适用于堵塞漏洞、缝隙等局部抢修。由于凝结过速，不宜调配水泥防水砂浆用作屋面或地面的刚性防水层。

4. 配制水玻璃矿渣砂浆

将液体水玻璃、粒化高炉矿渣粉、砂和氟硅酸钠按一定比例配合成砂浆，直接压入砖墙裂缝，可起到粘结和增强的作用。掺入的矿渣粉不仅起填充和减少砂浆收缩的作用，还能与水玻璃起化学反应，增加砂浆强度。使用时，先将砂和矿渣粉拌和均匀，再将促硬剂加入温水（水温60℃）化成糊状，然后倒入液体水玻璃中拌合。氟硅酸钠促硬剂有毒，操作时应做好安全防护。

5. 配制耐酸砂浆、耐酸混凝土

用水玻璃作为胶凝材料，选择耐酸集料，可配制满足耐酸工程要求的耐酸砂浆、耐酸混凝土。水玻璃还可作为多种建筑涂料的原料，可与耐火填料配制成防火涂料，涂于木材表面，抵抗瞬间火焰。

2.4 镁质胶凝材料

镁质胶凝材料是以 MgO 为主要成分的气硬性胶凝材料，主要产品有菱苦土（主要化学成分是 MgO）和苛性白云石（主要成分是 MgO 和 $CaCO_3$）等。

2.4.1 原料及生产

1. 原料

菱苦土的主要原料是天然菱镁矿。主要成分是 $MgCO_3$，常含一些粘土、氧化硅等杂质。

苛性白云石的主要原料是天然白云石，同样，也含有一些铁、硅、铝、锰等氧化物杂质。我国菱镁矿蕴藏量丰富，白云石矿较之菱镁矿储量更大、分布更广，是发展镁质胶凝材料的重要资源。

除上述两种主要原料外，还有蛇纹石（主要成分是 $3MgO \cdot 2SiO_2 \cdot 2H_2O$）；也可利用冶炼轻质镁合金的熔渣制造菱苦土。

2. 生产

镁质胶凝材料一般是将菱镁矿或天然白云石经煅烧、磨细而制成的，其细度为4900孔/cm^2的筛余量不大于25%。

碳酸镁一般在400℃开始分解，600～650℃时分解反应剧烈，实际生产时，煅烧温度约为800～850℃。反应式为：

$$MgCO_3 \xrightarrow{800\sim850^\circ C} \underset{(\text{菱苦土})}{MgO} + CO_2 \uparrow \tag{2-12}$$

在生产苛性白云石时，应使白云石矿中的 $MgCO_3$ 充分分解而又要避免其中的 $CaCO_3$ 分解，所以，一般煅烧温度以控制在650～750℃为宜。这时所得的镁质胶凝材料主要在活性 MgO 和惰性 $CaCO_3$。在上述温度范围内，白云石的分解分两步进行，首先是复盐分解，接着是碳酸镁的分解。反应式为

$$CaMg(CO_3)_2 \rightarrow MgCO_3 + CaCO_3$$
$$\rightarrow MgO + CO_2 \uparrow \tag{2-13}$$

上述煅烧过程中，要避免温度过高，否则，分解出的 CaO 对镁质胶凝材料的性能将产生不良影响。

煅烧适当的菱苦土经磨细是白色或浅黄色粉末，苛性白云石为白色粉末。其密度为 3.1 ~3.4g/cm^3，堆积密度为 800 ~900kg/m^3。

镁质胶凝材料中的 MgO 的水化速度与煅烧温度有关。煅烧温度低时，MgO 的晶格大、晶粒间空隙大、内比表面积大、水化反应迅速，但水化最终形成结构强度却很低。若煅烧温度高时，则晶粒之间密实，水化速度也显著降低。

产生这种情况的原因是与 MgO 溶液的过饱和度有关。实验证明，在一般煅烧温度（600 ~860℃）下所得的 MgO，在常温下水化时，其最大溶解度为 0.8 ~1.0g/L 溶液。而水化产物 $Mg(OH)_2$ 在常温下的平衡溶解度为 0.01g/L 溶液左右，所以其相对饱和度为 80 ~100。这个数值与其他胶凝材料比是相当大的。由于过大的过饱和度会产生较大的结晶应力，使形成的结晶结构网受到破坏，因此虽然比表面积大、水化快，但最终强度却降低了。但如果通过提高煅烧温度、延长水化时间来获得较高的强度，显然对生产是不利的。为找到既能提高水化速度又能获得较高强度的途径，应设法加速 MgO 溶解，降低体系过饱和度。主要措施是将镁质胶凝材料改用氯化镁水溶液拌合。

2.4.2 菱苦土的水化、硬化

试验证明，以氯化镁水溶液来调制 MgO 时，可以加速其水化反应，并且能形成新的水化产物。这种新的水化产物平衡溶解度比 $Mg(OH)_2$ 高，因此其过饱和度也相应降低，硬化后的强度较高（40 ~60MPa）。

水化反应如下：

$$xMgO + yMgCl_2 \cdot zH_2O \rightarrow xMgO \cdot yMgCl_2 \cdot zH_2O \tag{2-14}$$

$$MgO + H_2O \rightarrow Mg(OH)_2 \tag{2-15}$$

水化产物中 x、y、z 的大小与煅烧温度、$MgCl_2$ 溶液用量、初始配比、养护条件有关。水化产物呈针状结晶，彼此机械咬合，并相互连生、长大，形成致密的结构，使浆体凝结硬化。

2.4.3 镁质胶凝材料的应用

1. 菱苦土的应用

菱苦土与植物纤维粘结性好，而且其碱性较弱，不会腐蚀有机纤维。因此常与木丝、木屑等木质纤维混合应用，制成菱苦土木屑地板、木丝、木屑板等制品。

为了提高制品的强度及耐磨性，除在菱苦土中加入木屑、木丝外，还加入滑石粉、石棉、细石英砂、砖粉等填充材料，应用大理石或中等硬度的岩石碎屑为骨料，可制成菱苦土地板。菱苦土地板具有保温、无尘土、耐磨、防火、表面光滑和弹性好等特性，若掺加耐碱矿物颜料，可将地面着色，是良好的地面材料，宜用于纺织车间、办公室、教室、住宅等地面。

菱苦土材料的缺点是硬化后易吸湿、表明泛霜（即返卤）、耐水性差，其原因是硬化产物具有较高的溶解度，遇水会溶解。为提高耐水性，可采用外加剂，或改用硫酸镁作为拌合水溶液，降低吸湿性，改进耐水性。利用活性 SiO_2、Al_2O_3 能与 $Mg(OH)_2$ 作用，生成水化硅酸镁，也可提高耐水性。

菱苦土在使用过程中，常用氯化镁溶液调制，其氯离子对钢筋有腐蚀作用，故其制品中不宜配置钢筋。

2. 苛性白云石的应用

苛性白云石的性质及用途与菱苦土相似，但质量稍差。

2.4.4 镁质胶凝材料的运输与储存

由于菱苦土在空气中的水汽作用下会失去活性，在储藏和运输的过程中应注意防潮。

思考题与习题

1. 何谓气硬性胶凝材料和水硬性胶凝材料？如何正确使用这两类胶凝材料？
2. 石灰石、生石灰、熟石灰、硬化后石灰的化学成分各是什么？
3. 过火石灰、欠火石灰对石灰的性能有什么影响？如何消除？
4. 生石灰熟化时，在贮灰坑中进行“陈伏”的目的是什么？磨细生石灰是否可不经“陈伏”直接使用？为什么？
5. 石灰浆体在空气中的硬化过程是怎样的？为使硬化加快，使硬化环境中的湿度增大，有利于 CO_2 与 H_2O 形成碳酸，从而促进碳化过程，这种说法是否正确？
6. 生石灰储存过久，从成分到性能上会发生什么变化？
7. 为什么石灰本身不耐水，但用石灰配制的灰土和三合土却有较高的强度和耐水性？
8. 从建筑石膏的凝结过程及硬化产物分析石膏属于气硬性胶凝材料的原因。
9. 石灰与石膏相比，技术性质有何异同？石灰在土木工程中都有哪些用途？
10. 水玻璃的化学组成是什么？何谓水玻璃的模数？水玻璃的模数和密度对水玻璃的粘性有何影响？
11. 硬化后水玻璃具有哪些性质？在工程中有何用途？
12. 菱苦土硬化有哪些特殊性？如何改善菱苦土耐水性差的缺点？

第3章　水硬性无机胶凝材料

学 习 要 求

掌握硅酸盐水泥熟料矿物的组成及其特性，硅酸盐水泥的水化产物及其特性，以及硅酸盐水泥的性质及应用；熟悉硅酸盐水泥的凝结硬化过程及技术要求。在此基础上掌握掺混合材料的硅酸盐水泥的特点。学会水泥各种主要技术性能指标的检测方法。一般了解其他品种的水泥。

3.1　通用硅酸盐水泥

根据《通用硅酸盐水泥》（GB175—2007），以硅酸盐水泥熟料和适量石膏、规定的混合材料制成的水硬性胶凝材料，称为通用硅酸盐水泥。通用硅酸盐水泥按混合材料品种和数量分为硅酸盐水泥、普通硅酸盐水泥、矿渣硅酸盐水泥、火山灰硅酸盐水泥、粉煤灰硅酸盐水泥和复合硅酸盐水泥。

凡由硅酸盐水泥熟料、0～5%石灰石或粒化高炉矿渣、适量石膏磨细制成的水硬性胶凝材料，称为硅酸盐水泥。硅酸盐水泥分为两种类型：不掺加混合材料的称Ⅰ型硅酸盐水泥，代号P·Ⅰ；在粉磨硅酸盐水泥时，掺加不超过水泥质量5%的石灰石或粒化高炉矿渣混合材料的称Ⅱ型硅酸盐水泥，代号P·Ⅱ。

所谓硅酸盐水泥熟料，是指由主要含有CaO、SiO_2、Al_2O_3、Fe_2O_3的原料，按适当比例磨细成细粉，烧至部分熔融所得到的以硅酸钙为主要矿物成分的水硬性胶凝材料。其中硅酸钙含量不少于66%，氧化钙和氧化硅质量比不小于2.0。

3.1.1　硅酸盐水泥的原料及生产

1. 原料

生产硅酸盐水泥的原料，主要是石灰质原料和粘土质原料两类。石灰质原料主要提供CaO，它可以采用石灰石、白垩、泥灰岩等。粘土质原料主要提供SiO_2和Al_2O_3以及少量的Fe_2O_3，它可以采用粘土、粘土质页岩、黄土等。如原料中SiO_2或Fe_2O_3含量不足，可掺加适量的铁矿粉或硅藻土等加以弥补。

2. 生产

目前硅酸盐水泥的生产工艺概括起来，称为“两磨一烧”，即生料的磨细、熟料的煅烧和水泥的粉磨，具体操作如下：

（1）把原料配制成符合成分要求的生料，并加以磨细。

（2）将生料煅烧，使之部分熔融，并经充分反应形成熟料。

（3）将熟料与适量石膏磨细成为硅酸盐水泥。

其主要工艺流程如图3-1所示。

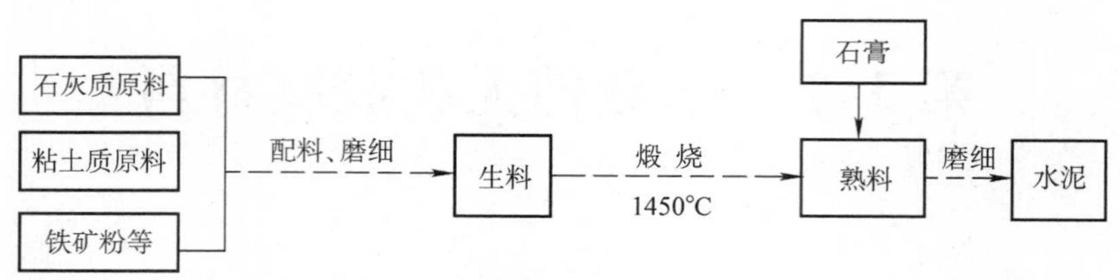

图 3-1 硅酸盐水泥生产工艺流程

3.1.2 硅酸盐水泥熟料的矿物组成及水化

1. 硅酸盐水泥熟料的矿物组成

硅酸盐水泥熟料矿物的主要组成是：硅酸三钙（$3CaO \cdot SiO_2$，简写为 C_3S）、硅酸二钙（$2CaO \cdot SiO_2$，简写为 C_2S）、铝酸三钙（$3CaO \cdot Al_2O_3$，简写为 C_3A）、铁铝酸四钙（$4CaO \cdot Al_2O_3 \cdot Fe_2O_3$，简写为 C_4AF）。上述四种矿物中硅酸钙（包括 C_3S、C_2S）是最主要的，其含量达到 70% 以上。硅酸盐水泥熟料矿物的特性见表 3-1。

表 3-1 硅酸盐水泥熟料矿物的特性

矿物名称	简写	含量（%）	强度	水化速度	水化放热量
$3CaO \cdot SiO_2$	C_3S	37 ~ 60	高	快	大
$2CaO \cdot SiO_2$	C_2S	15 ~ 37	早期低、后期高	慢	小
$3CaO \cdot Al_2O_3$	C_3A	7 ~ 15	低	最快	最大
$4CaO \cdot Al_2O_3 \cdot Fe_2O_3$	C_4AF	10 ~ 18	低	快	中

除上述四种主要矿物组成外，熟料中还含有少量的游离氧化钙（*f*-CaO）、游离氧化镁（*f*-MgO）、三氧化硫（SO_3）和碱（K_2O、Na_2O）等，这些成分均为有害成分，在国家标准中严格限制。

2. 硅酸盐水泥中矿物成分的水化

硅酸盐水泥熟料加水拌合后，在常温下，四种主要熟料矿物与水反应如下：

（1）硅酸三钙（C_3S）的水化

$$2(3CaO \cdot SiO_2) + 6H_2O = 3CaO \cdot 2SiO_2 \cdot 3H_2O + 3Ca(OH)_2 \tag{3-1}$$

C_3S 与水作用后，反应速度较快，主要产物为水化硅酸钙（$3CaO \cdot 2SiO_2 \cdot 3H_2O$）和氢氧化钙（$Ca(OH)_2$）。

（2）硅酸二钙（C_2S）的水化

$$2(2CaO \cdot SiO_2) + 4H_2O = 3CaO \cdot 2SiO_2 \cdot 3H_2O + Ca(OH)_2 \tag{3-2}$$

C_2S 的水化产物与 C_3S 相同，但水化速度较慢。

（3）铝酸三钙（C_3A）的水化

$$3CaO \cdot Al_2O_3 + 6H_2O = 3CaO \cdot Al_2O_3 \cdot 6H_2O \tag{3-3}$$

C_3A 水化迅速、放热快，快速生成水化铝酸钙（$3CaO \cdot Al_2O_3 \cdot 6H_2O$），并接着与石膏按下式反应：

$$3CaO \cdot Al_2O_3 \cdot 6H_2O + 3(CaSO_4 \cdot 2H_2O) + 19H_2O = 3CaO \cdot Al_2O_3 \cdot 3CaSO_4 \cdot 31H_2O \quad (3\text{-}4)$$

其水化产物通常为三硫型水化硫铝酸钙（$3CaO \cdot Al_2O_3 \cdot 3CaSO_4 \cdot 31H_2O$），简称为钙矾石。

（4）铁铝酸四钙（C_4AF）的水化

$$4CaO \cdot Al_2O_3 \cdot Fe_2O_3 + 7H_2O = 3CaO \cdot Al_2O_3 \cdot 6H_2O + CaO \cdot Fe_2O_3 \cdot H_2O \quad (3\text{-}5)$$

C_4AF 与水反应较快，生成的产物为水化铝酸钙（$3CaO \cdot Al_2O_3 \cdot 6H_2O$）和水化铁酸钙（$CaO \cdot Fe_2O_3 \cdot H_2O$）。

3.1.3 硅酸盐水泥的凝结与硬化

水泥加水拌和后，成为可塑性的水泥浆体，水泥浆逐渐变稠而失去塑性，但尚不具有强度的过程，称为水泥的“凝结”。随后产生明显的强度并逐渐变成坚硬的人造石——水泥石，这一过程称为水泥的硬化。凝结和硬化是人为划分的，实际上是一个连续而复杂的物理化学变化过程。

影响水泥凝结硬化的因素很多，主要有以下几个。

1. 矿物组成

水泥的矿物组成是影响水泥凝结硬化的最重要的内在因素。不同矿物成分单独与水反应时所表现出来的特点是不相同的。因此，改变水泥的矿物组成，其凝结硬化情况将发生显著变化。

2. 水泥细度

水泥颗粒越细，与水起反应的表面积越大，水化作用的发展就越迅速而充分，使凝结硬化的速度加快。

3. 石膏掺量

由于 C_3A 水化反应很快，将导致水泥的不正常凝结（闪凝）。当掺入石膏时，石膏能很快与 C_3A 石膏作用生成钙矾石，不溶于水的钙矾石沉淀在水泥颗粒表面形成保护膜，阻止了 C_3A 的进一步快速水化，从而改变了硅酸盐水泥的凝结硬化过程。

但石膏的掺入量应严格控制，一般为水泥重量的3% ~5%，掺入过多将导致水泥石的膨胀破坏（详见本章“体积安定性”）。

4. 水泥浆的水灰比

拌合水泥浆时，水与水泥的质量比称为水灰比（W/C）。为使水泥浆体具有一定塑性和流动性，所以加入的水量通常要大大超过水泥充分水化时所需的水量，多余的水在硬化的水泥石内形成毛细孔隙，W/C 越大，硬化水泥石的毛细孔隙率越大，水泥石的强度随其增加而呈直线下降。

5. 温度与湿度

温度升高，水泥的硬化速度和强度增长快；负温下水结成冰时，水泥的水化将停止。水是水泥水化硬化的必要条件，在干燥环境中，水分蒸发快，水泥浆易失水而使水化不能正常进行，影响水泥石强度的正常增长。因此用水泥拌制的砂浆和混凝土，在浇筑后应注意保水养护。

6. 养护龄期

水泥的水化、硬化是一个较长时期不断进行的过程，随着时间的延长，水泥的水化程度提高，凝胶体不断增多，毛细孔减少，水泥石强度不断增加。

3.1.4 水泥石的腐蚀

水泥石在外界侵蚀性介质（软水，含酸、盐水溶液等）作用下，结构受到破坏、强度降低的现象称为水泥石的腐蚀。其腐蚀作用主要有以下三种类型：

1. 软水侵蚀（溶出性侵蚀）

软水是指重碳酸盐含量较小的水，如工业冷凝水、雪水、蒸馏水、冰川水、河水等。当水泥石长期与这些水分接触时，由于水的浸析作用，水泥的水化产物将按照溶解度的大小，依次逐渐被水溶解，产生溶出性侵蚀，最终导致水泥石的破坏。

在各种水化产物中，氢氧化钙的溶解度最大，首先被溶解。在有限的静水或无水压的水中，由于水泥石中的水被已溶解的氢氧化钙所饱和而使水泥石的溶出逐渐停止，在此情况下，软水的侵蚀作用仅限于表面，影响不大。但是，在流动的水中，特别是有压力的水中，溶出的氢氧化钙不断被冲走，会引起水化产物的分解，直至形成一些没有胶结能力的硅酸凝胶及氢氧化铝的产物，使水泥石强度降低或遭破坏。

2. 溶解性化学腐蚀

溶解于水中的酸类和盐类可以与水泥石中的氢氧化钙起置换反应，生成易溶性盐或无胶结能力的物质，使水泥石结构破坏。最常见的是碳酸、盐酸及镁盐的侵蚀。

（1）碳酸水的腐蚀。工业污水、地下水中常溶解有较多的二氧化碳。水中的二氧化碳与水泥石中的氢氧化钙反应，所生成的碳酸钙如继续与含碳酸的水作用，则变成易溶于水的碳酸氢钙［$Ca(HCO_3)_2$］，由于碳酸氢钙的溶失以及水泥石中其他产物的分解，而使水泥石破坏。其反应如下：

$$Ca(OH)_2 + CO_2 + H_2O \rightarrow CaCO_3 + 2H_2O \tag{3-6}$$

$$CaCO_3 + CO_2 + H_2O \rightarrow Ca(HCO_3)_2 \tag{3-7}$$

（2）盐酸等一般酸的腐蚀。工业废水、地下水中常含有无机酸和有机酸。各种酸类对水泥石也有不同程度的腐蚀作用。它们与水泥石中的氢氧化钙作用后生成易溶于水的化合物。

例如，盐酸与水泥石中氢氧化钙作用：

$$HCl + Ca(OH)_2 = CaCl_2 + 2H_2O \tag{3-8}$$

生成的氯化钙易溶于水而导致溶解性化学腐蚀。

（3）镁盐的腐蚀。在海水、地下水中常含有大量镁盐，主要是硫酸镁和氯化镁。它们与水泥石中的氢氧化钙反应生成易溶于水的新化合物。其反应如下：

$$MgSO_4 + Ca(OH)_2 + 2H_2O = CaSO_4 \cdot 2H_2O + Mg(OH)_2 \tag{3-9}$$

$$MgCl_2 + Ca(OH)_2 = CaCl_2 + Mg(OH)_2 \tag{3-10}$$

反应产物氢氧化镁的溶解度极小，极易从溶液中析出而使反应不断向右进行，氯化钙和硫酸钙易溶于水，尤其硫酸钙会继续产生硫酸盐腐蚀。因此，硫酸镁对水泥石的破坏极大，起着双重腐蚀作用。

3. 膨胀性化学腐蚀

当水泥与含硫酸或硫酸盐的水接触时，可以产生膨胀性化学腐蚀。其反应式为：

$$H_2SO_4 + Ca(OH)_2 \rightarrow CaSO_4 \cdot 2H_2O \tag{3-11}$$

生成的石膏在水泥石孔隙中结晶产生膨胀，也可以和水泥石中的水化铝酸钙反应生成膨胀性更大的水化硫铝酸钙（钙矾石）。其反应式为：

$$3CaO \cdot Al_2O_3 \cdot 6H_2O + 3(CaSO_4 \cdot 2H_2O) + 19H_2O = 3CaO \cdot Al_2O_3 \cdot 3CaSO_4 \cdot 31H_2O \tag{3-12}$$

除上述三类主要的腐蚀类型外，当铝酸盐含量高的硅酸盐水泥遇到强碱作用时，也将被腐蚀。如氢氧化钠可与水泥石中未水化的铝酸钙作用，生成易溶的铝酸钠。其反应式为：

$$3CaO \cdot Al_2O_3 + 6NaOH \rightarrow 3Na_2O \cdot Al_2O_3 + 3Ca(OH)_2 \tag{3-13}$$

从以上水泥石腐蚀的类型和原理分析可以看出，水泥石被腐蚀的基本内因：一是水泥石中存在有易被腐蚀的组分，如 $Ca(OH)_2$ 与水化铝酸钙；二是水泥石本身不致密，有很多毛细通道，侵蚀性介质易于进入其内部。因此，针对具体情况可采取下列措施防止水泥石的腐蚀。

（1）根据工程所处的环境，合理选用水泥品种。如采用水化产物中 $Ca(OH)_2$ 含量较少的水泥，可提高对软水等侵蚀作用的抵抗能力；采用铝酸三钙含量低于5%的水泥，可有效抵抗硫酸盐的侵蚀。

（2）提高水泥石的密实度。水泥石（或混凝土）的孔隙率越小，抗渗能力越强，侵蚀性介质也越难进入，侵蚀作用越轻。在实际工程中，可通过正确设计混凝土配合比，降低水灰比，仔细选择骨料级配等措施，使混凝土密实。

（3）加做保护层。当侵蚀作用较强或上述措施不能满足要求时，可在水泥石表面覆盖耐腐蚀的石料、陶瓷、塑料、沥青等物质，防止水泥石与腐蚀性介质直接接触。

3.2 掺混合材料的硅酸盐水泥

3.2.1 水泥用混合材料

混合材料依其掺入水泥后的作用可分为活性混合材料和非活性混合材料两大类：

1. 活性混合材料

（1）粒化高炉矿渣。粒化高炉矿渣是冶炼生铁时的副产品。冶炼生铁时，浮在铁水上面的熔渣由排渣口排除后，经急冷处理成粒状颗粒。粒化高炉矿渣的主要化学成分是 CaO、Al_2O_3、SiO_2，一般占总量的90%以上。

（2）火山灰质混合材料。火山灰质混合材料是具有火山灰活性的天然或人工的以 CaO、Al_2O_3 为主要化学成分的矿物质材料。如天然的火山灰、凝灰岩、浮石、硅藻土等，属于人工的材料有烧粘土、煤渣、煤矸石等。

（3）粉煤灰。粉煤灰是从火力发电厂煤粉烟道中收集的粉末，以 SiO_2、Al_2O_3 为主要化学成分的矿物质材料，具有较高的活性。

这些活性混合材料的主要化学成分为活性氧化硅和活性氧化铝，它们本身难于产生水化反应，无胶凝性。但在氢氧化钙或石膏等溶液中，它们却能产生明显的水化反应，形成水化硅酸钙和水化铝酸钙。而水泥熟料水化反应会产生大量氢氧化钙，水泥中也含有石膏，因此具备使活性混合材料发挥活性的条件。常将氢氧化钙和石膏称为活性混合材料的“激发剂”。激发剂浓度越高，激发作用越大，混合材料活性发挥越充分。

2. 非活性混合材料

常用的有慢冷矿渣、磨细石英砂、石灰石及粘土等。

3.2.2 混合材料的作用机理

活性混合材料是在指具有火山灰活性或潜在的水硬性，或兼有火山灰活性和潜在的水硬性的矿物质材料。

火山灰活性是指磨细的矿物质材料单独不具有水硬性，但在常温下与石灰一起和水拌合后能形成具有水硬性化合物的性能，如火山灰、粉煤灰等。潜在的水硬性是指材料单独存在时基本无水硬性，但在某些激发剂的激发作用下，可生成具有水硬性的化合物，如高炉矿渣等。活性混合材中含有活性 SiO_2 与活性的 Al_2O_3，在氢氧化钙的作用下，生成的 $2CaO \cdot SiO_2 \cdot mH_2O$（含水硅酸二钙）与 $2CaO \cdot Al_2O_3 \cdot mH_2O$（含水铝酸二钙）是具有水硬性的化合物。其反应式如下：

$$2Ca(OH)_2 + SiO_2 + nH_2O = 2CaO \cdot SiO_2 \cdot mH_2O \tag{3-14}$$

$$2Ca(OH)_2 + Al_2O_3 + nH_2O = 2CaO \cdot Al_2O_3 \cdot mH_2O \tag{3-15}$$

非活性混合材料是指在水泥中主要起填充作用而又不损坏水泥性能的矿物质材料。非活性混合材料掺入水泥中主要起调节水泥强度、提高产量、降低成本、降低水化热等作用。

3.2.3 掺混合材硅酸盐水泥的品种和性能特点

1. 品种

（1）普通硅酸盐水泥。普通硅酸盐水泥简称普通水泥，其代号为 P·O，是由硅酸盐水泥熟料、>5% 且≤20% 混合材料和适量石膏磨细制成的水硬性胶凝材料。

（2）矿渣硅酸盐水泥。矿渣硅酸盐水泥简称矿渣水泥，其代号为 P·S，是由硅酸盐水泥熟料、粒化高炉矿渣和适量石膏磨细制成的水硬性胶凝材料。水泥中粒化高炉矿渣掺加量按质量百分比计为 >20% 且≤70%。并分为 A 型和 B 型。A 型矿渣掺量 >20% 且≤50%，代号为 P·S·A；B 型矿渣掺量 >20% 且≤70%，代号为 P·S·B。

（3）火山灰质硅酸盐水泥。火山灰质硅酸盐水泥简称火山灰酸盐水泥，其代号为 P·P，是由硅酸盐水泥熟料、火山灰质混合材料和适量石膏磨细制成的水硬性胶凝材料。水泥中火山灰质混合材料掺加量按质量百分比计为 >20% 且≤40%。

（4）粉煤灰硅酸盐水泥。粉煤灰硅酸盐水泥简称粉煤灰水泥，其代号为 P·F，是由硅酸盐水泥熟料、粉煤灰和适量石膏磨细制成的水硬性胶凝材料。水泥中粉煤灰掺加量按质量百分比计为 >20% 且≤40%。

（5）复合硅酸盐水泥。复合硅酸盐水泥，简称复合水泥，其代号为 P·C，是由硅酸盐水泥熟料、两种或两种以上规定的混合材料和适量石膏磨细制成的水硬性胶凝材料。水泥中混合材料的掺量按质量百分比计为 >20% 且≤50%。

2. 性能特点

（1）初期强度增长慢，后期强度增长快。由于矿渣硅酸盐水泥、火山灰质硅酸盐水泥、粉煤灰硅酸盐水泥和复合硅酸盐水泥中掺入大量的活性混合材，使水泥中的熟料数量降低，也即使快硬早强的硅酸三钙的含量相对减少，所以初期强度低于硅酸盐水泥，但后期由于活性混合材中的活性二氧化硅和活性氧化铝与析出的氢氧化钙反应甚至可超过同等级的硅酸盐水泥。

（2）抗软水及硫酸盐腐蚀性强。由于矿渣硅酸盐水泥、火山灰质硅酸盐水泥、粉煤灰硅酸盐水泥和复合硅酸盐水泥中掺入了大量的活性混合材，使水化生成的氢氧化钙量大幅度降低；且由于活性混合材料水化时消耗了一部分氢氧化钙，导致水泥石中氢氧化钙含量减少。因此矿渣硅酸盐水泥、火山灰质硅酸盐水泥、粉煤灰硅酸盐水泥和复合硅酸盐水泥的抗软水及硫酸盐腐蚀能力比硅酸盐水泥强。

（3）水化热低。由于掺入了大量的活性混合材，一方面使发热量大而快的铝酸三钙和硅酸三钙相对含量减少；另一方面，活性混合材中的活性二氧化硅和活性氧化铝与氢氧化钙反应时的放热量慢而且低。故掺混合材的硅酸盐水泥水化热低。

3.3 通用硅酸盐水泥的技术要求

通用硅酸盐水泥的技术要求包括化学指标、碱含量（选择性指标）、物理指标（凝结时间、体积安定性、强度、细度和水化热等）等。

1. 化学指标

通用硅酸盐水泥化学指标应符合表 3-2 的规定。

表 3-2 通用硅酸盐水泥化学指标要求

<table>
<tr><th>品种</th><th>代号</th><th>不溶物含量（%）</th><th>烧失量（%）</th><th>三氧化硫含量（%）</th><th>氧化镁含量（%）</th><th>氯离子含量（%）</th></tr>
<tr><td rowspan="2">硅酸盐水泥</td><td>P·Ⅰ</td><td>≤0.75</td><td>≤3.0</td><td rowspan="3">≤3.5</td><td rowspan="3">≤5.0①</td><td rowspan="8">≤0.06③</td></tr>
<tr><td>P·Ⅱ</td><td>≤1.50</td><td>≤3.5</td></tr>
<tr><td>普通硅酸盐水泥</td><td>P·O</td><td>—</td><td>—</td></tr>
<tr><td rowspan="2">矿渣硅酸盐水泥</td><td>P·S·A</td><td>—</td><td>—</td><td rowspan="2">≤4.0</td><td>≤6.0</td></tr>
<tr><td>P·S·B</td><td>—</td><td>—</td><td>—</td></tr>
<tr><td>火山灰质硅酸盐水泥</td><td>P·P</td><td>—</td><td>—</td><td rowspan="3">≤3.5</td><td rowspan="3">≤6.0②</td></tr>
<tr><td>粉煤灰硅酸盐水泥</td><td>P·F</td><td>—</td><td>—</td></tr>
<tr><td>复合硅酸盐水泥</td><td>P·C</td><td>—</td><td>—</td></tr>
</table>

① 如果水泥压蒸试验合格，则水泥中的氧化镁含量允许放宽至 6.0%。

② 如果水泥中氧化镁含量大于 6.0% 时，需进行水泥压蒸安定性试验并合格。

③ 当有更低要求时，该指标由买卖双方确定。

2. 碱含量（选择性指标）

为避免混凝土遭受碱-骨料反应破坏（详见第 6 章“混凝土的耐久性”），有时要求检测和限定水泥中的碱含量。

水泥中碱含量按 $Na_2O + 0.658K_2O$ 计算值表示。若使用活性骨料，用户要求提供低碱水泥时，水泥中的碱含量应≤0.6% 或由买卖双方协商确定。

3. 物理指标

（1）标准稠度需水量。在测定水泥的凝结时间、体积安定性等性能时，为使其测试结果具有准确的可比性，规定在试验时所使用的水泥净浆必须以标准方法测试所达到统一规定的浆体可塑性程度，称为水泥净浆的标准稠度。

水泥标准稠度需水量是指水泥净浆达到标准稠度所需的加水量与水泥质量的比值。硅酸盐水泥标准稠度需水量一般在21% ~28%之间。

（2）凝结时间。从水泥加水拌合时起到水泥浆体开始失去流动性所需的时间，称为凝结时间。水泥凝结时间分为初凝时间和终凝时间。

初凝时间是指水泥从加水到水泥浆开始失去可塑性所需的时间；终凝时间是指水泥从加水到水泥浆完全失去可塑性，并开始产生强度所需的时间。

水泥凝结时间对工程施工具有重要的意义。初凝时间不宜过短，以便施工时有足够的时间来完成混凝土的搅拌、运输和浇筑等操作。终凝时间不宜过长，以免降低施工速度与模板周转率。

硅酸盐水泥初凝时间不小于45min，终凝时间不大于390min。普通硅酸盐水泥、矿渣硅酸盐水泥、火山灰质硅酸盐水泥、粉煤灰硅酸盐水泥和复合硅酸盐水泥初凝时间不小于45min，终凝时间不大于600min。

（3）体积安定性。体积安定性是指水泥在硬化过程中体积变化是否均匀的性质。按国家标准规定的沸煮法检验，体积安定性必须合格。体积安定性不合格的水泥，会使结构物产生膨胀性裂缝，甚至崩塌等严重的事故。

引起体积安定性不合格的主要原因是熟料中有过量的游离氧化钙、游离氧化镁或掺入的石膏过多。在高温下煅烧而生成的游离氧化钙和游离氧化镁水化很慢，往往在水泥硬化后才开始水化，水化时其体积剧烈膨胀，使水泥石开裂。当石膏掺量过多时，在水泥硬化后，石膏与水化铝酸钙反应生成含水硫铝酸钙，使体积膨胀，也会引起水泥石开裂。

测试游离氧化钙导致的体积安定性不良，采用沸煮法；测试游离氧化镁导致的体积安定性不良，采用压蒸法；测试过量石膏导致的体积安定性不良，采用长期浸水法。

（4）强度。不同品种不同强度等级的通用硅酸盐水泥，其不同龄期的强度应符合表3-3的规定。

表3-3　通用硅酸盐水泥的强度要求　　（单位：MPa）

品　种	强度等级	抗压强度		抗折强度	
		3d	28d	3d	28d
硅酸盐水泥	42.5	≥17.0	≥42.5	≥3.5	≥6.5
	42.5R	≥22.0		≥4.0	
	52.5	≥23.0	≥52.5	≥4.0	≥7.0
	52.5R	≥27.0		≥5.0	
	62.5	≥28.0	≥62.5	≥5.0	≥8.0
	62.5R	≥32.0		≥5.5	
普通硅酸盐水泥	42.5	≥17.0	≥42.5	≥3.5	≥6.5
	42.5R	≥22.0		≥4.0	
	52.5	≥23.0	≥52.5	≥4.0	≥7.0
	52.5R	≥27.0		≥5.0	

（续）

品　　种	强度等级	抗压强度		抗折强度	
		3d	28d	3d	28d
矿渣硅酸盐水泥、火山灰质硅酸盐水泥、粉煤灰硅酸盐水泥、复合硅酸盐水泥	32.5	≥10.0	≥32.5	≥2.5	≥5.5
	32.5R	≥15.0		≥3.5	
	42.5	≥15.0	≥42.5	≥3.5	≥6.5
	42.5R	≥19.0		≥4.0	
	52.5	≥21.0	≥52.5	≥4.0	≥7.0
	52.5R	≥23.0		≥4.5	

（5）细度。细度是指水泥颗粒的粗细程度。具有同样矿物组成的水泥，当水泥颗粒越细时，与水接触的表面积越大，水化速度越快，水化越充分，早期强度增高。但颗粒过细，硬化时收缩较大，易产生裂缝。而且，颗粒过细粉磨过程中能耗大，会使水泥成本提高。因此，应合理控制水泥细度。

硅酸盐水泥和普通硅酸盐水泥的细度以比表面积表示，其比表面积不小于 $300m^2/kg$；矿渣硅酸盐水泥、火山灰质硅酸盐水泥、粉煤灰硅酸盐水泥和复合硅酸盐水泥的细度以筛余量表示，其 80μm 方孔筛筛余量不大于 10% 或 45μm 方孔筛筛余量不大于 30%。

（6）水化热。水泥和水之间发生化学反应放出的热量称为水化热，通常以 J/kg 表示。

水化热的大小与放出的速度，主要取决于水泥的矿物组成和细度。熟料矿物中铝酸三钙和硅酸三钙的含量越高、颗粒越细，则水化热越大，这对冬季混凝土施工是有利的，可在一定程度上防止冻害。但对于大体积混凝土工程，大量水化热聚集于内部，使混凝土内部与外表面有较大的温差，从而产生内应力使混凝土出现裂缝，降低混凝土的强度和耐久性。在大体积混凝土工程施工中，不宜采用硅酸盐水泥，而应采用低热水泥。

3.4　其他品种水泥

3.4.1　铝酸盐水泥

凡以铝酸钙为主，氧化铝含量约 50% 的熟料所磨制的水硬性胶凝材料，称为铝酸盐水泥（简称高铝水泥）。《铝酸盐水泥》（GB201—2000）中根据氧化铝含量的不同，将铝酸盐水泥分为 CA-50、CA-60、CA-70、CA-80 四类。

高铝水泥的最大特点是强度发展非常迅速。另一特点是在低温下（－5～－10℃）也能很好地硬化，而在高温下（>30℃）养护，则强度剧烈下降，这一特点与硅酸盐水泥完全相反。因此，高铝水泥的施工环境温度不得超过 30℃，更不宜采用蒸汽养护。

高铝水泥水化时放热量较大，且集中在水化初期，1d 内即可放出水化热总量的 70%～80%。此外，由于水化产物中没有 $Ca(OH)_2$，所以高铝水泥抗硫酸盐及抗海水腐蚀性能很强，但抗碱性极差。铝酸盐水泥的水化产物会随时间发生转变，并伴随有强度的不同程度降低。当受到高温作用时，可产生固相反应，以烧结结合代替水化结合，因而具有良好的耐高温性能。

根据铝酸盐水泥的特点，它适合用于紧急抢建、抢修工程和需要早期强度高的工程，如军事工程、桥梁、道路、机场跑道、码头、堤坝的紧急施工与抢修，也可以用于抗硫酸盐侵蚀和寒冷地区冬季施工工程，如采用耐火骨料，可配制出使用温度在1400℃以下的耐火混凝土。

3.4.2 硫铝酸盐水泥

依据《硫铝酸盐水泥》（GB 20472—2006），凡以适当成分的生料，经煅烧所得以无水硫铝酸钙和硅酸二钙为主要矿物成分的熟料，加入适量石膏磨细制成的早期强度高的水硬性胶凝材料，称为硫铝酸盐水泥。

快硬硫铝酸盐水泥具有早期强度高，碱度低和负温硬化特点。气温在－5℃以上时，不必采取任何措施，就可以正常施工。因而该水泥适用于配制早强、抗渗和抗硫酸盐腐蚀的混凝土，也可用于负温施工、地质固井、抢修、堵漏等工程和一般建筑工程。

3.4.3 白色硅酸盐水泥和彩色硅酸盐水泥

白色硅酸盐水泥和彩色硅酸盐水泥，简称为白水泥和彩色水泥，主要用于建筑装饰工程，可配制成彩色灰浆或制造各种彩色和白色混凝土，如水磨石、斩假石等。白水泥和彩色水泥与其他天然的和人造的装饰材料相比，具有价格较低廉、耐久性好等优点。

1. 白水泥

依据《白色硅酸盐水泥》（GB/T 2015—2005），凡以适当成分的生料烧至部分熔融，得到以硅酸钙为主要成分，且氧化铁含量少的熟料称为白色硅酸盐水泥熟料。在白色硅酸盐水泥熟料中加入适量石膏，磨细制成的水硬性胶凝材料，称为白色硅酸盐水泥（简称白水泥）。

2. 彩色水泥

彩色水泥的现行标准为《彩色硅酸盐水泥》（JC/T 870—2012）。彩色水泥按生产方法可分为两种。一种是用白水泥熟料、石膏和颜料共同粉磨而成。所用颜料要求对光和大气的耐久性好，不溶于水且分散性要好，既能耐碱也不会显著降低其强度，且不含有可溶盐类。常用的颜料有：氧化铁（红、黄、褐、黑色），二氧化锰（黑、褐色），氧化铬（绿色）等。另一种是在白水泥的生料中加入少量金属氧化物作为着色剂，直接煅烧成水泥熟料，然后再加石膏磨细而成。

3.4.4 道路硅酸盐水泥

依据《道路硅酸盐水泥》（GB 13693—2005），由道路硅酸盐水泥熟料、0～10%活性混合材料和适量石膏磨细制成的水硬性胶凝材料，称为道路硅酸盐水泥（简称道路水泥）。

由于水泥混凝土路面要经受高速车辆的摩擦、循环不已的负荷、载重车辆的震动和冲击、路面与路基的温度差及其产生的膨胀应力，还有冬季结冰的冻融、夏季高温和骤雨冷却，这些不利的因素都能使水泥混凝土路面的耐久性下降。水泥混凝土路面的特殊环境要求道路水泥必须具备耐磨性能好、收缩小、抗冻性好、抗冲击性能好、抗折强度高、弹性好等特点。道路水泥的这些特性，主要是依靠改变熟料的矿物组成、粉磨细度、石膏掺入量和掺外加剂来达到的。

道路水泥熟料的矿物组成，与普通水泥相比，一般适当提高 C_4AF 含量，C_4AF 含量不得小于16.0%；减少 C_3A 含量，C_3A 含量不得大于5.0%。

3.5 水泥在建筑工程中的应用

水泥在砂浆和混凝土中起胶结作用。正确选择水泥品种、严格质量验收、妥善运输与储存等是保证工程质量、杜绝质量事故的重要措施。

3.5.1 水泥品种的选择原则

不同品种水泥具有不同的性能特点和适用范围，深入理解这些特点是正确选择水泥品种的基础。常用水泥的特性及适用范围如表3-4所示。

表3-4 常用水泥的特性及适用范围

		硅酸盐水泥	普通水泥	矿渣水泥	火山灰水泥	粉煤灰水泥
特性	硬化速度	快	较快	慢	慢	慢
	早期强度	高	较高	低	低	低
	水化热	高	高	低	低	低
	抗冻性	好	较好	差	差	差
	耐热性	差	较差	好	较差	较差
	干缩性	较小	较小	较大	较大	较小
	抗渗性	较好	较好	差	较好	较好
	耐蚀性	差	较差	好	好	好
适用范围		快硬早强的工程、配制高强度等级混凝土	制造地上、地下及水中的混凝土、钢筋混凝土结构，包括受冻融循环的结构及早期强度要求较高的工程，配制建筑砂浆	1. 大体积工程 2. 配制耐热混凝土 3. 蒸汽养护的构件 4. 一般地上、地下及水中的混凝土与钢筋混凝土结构 5. 有抗硫酸盐侵蚀的工程 6. 配制建筑砂浆	1. 大体积工程 2. 有抗渗要求的混凝土 3. 蒸汽养护的构件 4. 一般混凝土及钢筋混凝土工程 5. 有抗硫酸盐侵蚀的工程 6. 配制建筑砂浆	1. 大体积工程 2. 蒸汽养护的构件 3. 抗裂性较高的工程 4. 一般混凝土及钢筋混凝土工程 5. 有抗硫酸盐侵蚀的工程 6. 配制建筑砂浆
不适用工程		1. 大体积混凝土工程 2. 受化学及海水侵蚀的工程 3. 有流动水及压力水作用的工程	同硅酸盐水泥	1. 早期强度要求较高的混凝土工程 2. 严寒地区并在水位升降范围内的混凝土工程	1. 早期强度要求较高的混凝土工程 2. 严寒地区并在水位升降范围内的混凝土工程 3. 干燥环境的混凝土工程 4. 有耐磨性要求的工程	1. 早期强度要求较高的混凝土工程 2. 严寒地区并在水位升降范围内的混凝土工程 3. 有抗碳化要求的工程

1. 按环境条件选择水泥品种

环境条件主要包括环境的温度以及所含侵蚀性介质的种类、数量等。如当混凝土所处环境具有较强的侵蚀性介质时，应优先选用矿渣水泥、火山灰水泥、粉煤灰水泥和复合水泥而不应使用硅酸盐水泥和普通水泥。若侵蚀性介质强烈时（如硫酸盐含量较高），可选用抗侵蚀性优良的特种水泥（如抗硫酸盐、硅酸盐水泥）。

2. 按工程特点选择水泥品种

大体积混凝土工程如大坝、大型设备基础等，应选用水化热少、放热速度慢的掺混合材料的硅酸盐水泥，或专用的中热硅酸盐水泥、低热矿渣硅酸盐水泥，不得使用硅酸盐水泥等。有早强要求的紧急工程、有抗冻要求的工程应选用硅酸盐水泥、普通硅酸盐水泥，而不应选用矿渣水泥、火山灰水泥及粉煤灰水泥等。

承受高温作用的混凝土工程（工业窑炉及基础等）不应使用硅酸盐水泥。这是因为，用硅酸盐水泥拌制的混凝土受热至250～300℃时，水化产物开始脱水（水化硅酸盐160℃时即开始脱水），水泥收缩，强度开始下降。当受热温度达400～600℃时，强度明显下降，700～1 000℃时强度严重下降，甚至完全破坏。水化产物氢氧化钙在547℃以上将脱水分解成氧化钙，如果受到潮湿和水的作用，又将引起氧化钙熟化生成氢氧化钙而膨胀，破坏水泥石结构。这类混凝土结构应选用矿渣水泥或铝酸盐水泥，若温度不高也可使用普通水泥等。

快速施工、紧急抢修等特殊工程可选用快硬硅酸盐水泥、快凝快硬硅酸盐水泥或快硬硫铝酸盐水泥。

修补、堵漏、防水及自应力钢筋混凝土压力管等应选用膨胀水泥或自应力水泥。

3. 按混凝土所处部位选择水泥品种

经常遭受水冲刷的混凝土、水位变化区的外部混凝土、构筑物的溢流面部位混凝土等，应优先选用硅酸盐水泥、普通硅酸盐水泥或中热硅酸盐水泥，避免采用火山灰水泥等。

位于水中和地下部位的混凝土、采取蒸汽养护等湿热处理的混凝土应优先采用矿渣硅酸盐水泥、火山灰质硅酸盐水泥或粉煤灰硅酸盐水泥等。

水泥强度等级的选择原则是：高强度等级水泥适用于要求高强度等级的混凝土或要求早强的混凝土；低强度等级水泥适宜于配制低强度等级的混凝土或砌筑砂浆。因为水泥强度等级越高，其强度增长越快，强度值也越高，抗冻性、耐磨性越强，所以土木工程中重要的钢筋混凝土结构、预应力结构均采用42.5级以上的水泥。

3.5.2 水泥的验收

水泥出厂前是按同品种、同强度等级编号的。每一编号为一个取样单位，取样应有代表性，可连续取，也可从20个以上不同部位取等量样品，总量至少12kg。所取水泥样应充分拌均后分为两等份，一份由水泥厂按国家标准测定其品质指标并填写水泥品质试验报告；另一份从水泥出厂日起密封保存3个月，以备水泥质量检验机关仲裁时使用。

水泥编号按水泥厂年产量规定，如年产量为120～200万t的，不超过2400t为一编号，产量越少，编号单位的水泥量越小。

水泥供货分散装和袋装两种。散装水泥用专用车辆运输，以“吨”为计量单位，袋装水泥以“吨”或“袋”为计量单位，每袋水泥质量应为50kg，且不少于标志质量的99%。

用户所订水泥到货后应认真验收。

（1）根据供货单位的发货明细表或入库通知单及质量合格证，分别核对水泥包装上所注明的工厂名称、水泥品质、名称、代号和强度等级、包装日期、产品编号等是否相符。

（2）数量验收。袋装水泥按袋计数验收，每垛重量一般采取抽样方法，即在每垛水泥每边取一迭计 10 袋，共 40 袋过磅，以平均重乘该垛的总袋数，即为该垛的总重量。

袋重是否合格，一般采取抽验方法，在每垛上抽出几包逐袋称重，如发现不符合规定要求，则记录并通知供货单位，进一步扩大抽验范围，直到全部称重。

（3）外观质量验收。外观质量验收主要检查受潮变质情况。

1）棚车到货的水泥，验收时应检查车内有无漏雨情况；敞车到货的水泥应检查有无受潮现象。受潮水泥应单独堆放并做好记录。

观察水泥受潮现象的方法，首先检查纸袋是否因受潮而变色、发霉，然后用手按压纸袋，凭手感判断袋内水泥是否结块。

包装袋破损者应记录情况并作妥善处理，如重包装等。

2）散装水泥到货，应先检查车、船的密封效果，以便判断是否受潮。

3）中转仓库应妥善保管水泥质量证明文件，以备用户查询。

3.5.3 水泥的运输与储存

水泥的运输和储存，主要是防止受潮，不同品种、强度等级和出厂日期的水泥应分别储运，不得混杂，避免错用并应考虑先存先用，不可储存过久。

水泥是水硬性胶凝材料，在储运过程中不可避免地要吸收空气中的水分而受潮结块，丧失胶凝活性，使强度大为降低。水泥强度等级越高，细度越细，吸湿受潮性严重，活性损失越快。在正常储存条件下，经 3 个月后，水泥强度约降低 10% ~25%；储存 6 个月降低 25% ~40%。

为此，储存水泥的库房必须干燥，库房地面应高出室外地面 30cm。若地面有良好的防潮层并以水泥砂浆抹面，可直接储存水泥；否则应用木料垫离地面 20cm。袋装水泥堆垛不宜过高，一般为 10 袋，如储存时间短，包装袋质量好可堆至 15 袋。袋装水泥垛一般应离开墙壁和窗户 30cm 以上。水泥垛应设立标示牌，注明生产工厂、品种、强度等级、出厂日期等。应尽量缩短水泥的储存期，通用水泥不宜超过 3 个月，铝酸盐水泥不宜超过 2 个月，快硬水泥不宜超过 1 个月，否则应重新测定强度，按实测强度使用。

露天临时储存袋装水泥，应选择地势高、排水良好的场地，并应认真上盖下垫，以防止水泥受潮。

散装水泥应按品种、强度等级及出厂日期分库存放，储存应密封良好、严格防潮。

3.5.4 水泥质量的仲裁

由于水泥品质不合格而导致工程事故的例子是屡见不鲜的，轻者加固修补，重者推倒重建，甚至造成重大生命财产损失。

根据国家标准，水泥的化学成分、凝结时间、安定性和强度均合格者为合格品；若上述四个指标中任一个不合格者，判定为不合格品。

检验报告内容应包括出厂检验项目、细度、混合材料品种、石膏和助磨剂的品种及掺加量、属旋窑或立窑生产及合同约定的其他技术要求。当用户需要时，水泥生产单位应在水泥发出7d内寄发除28d强度以外的试验报告，32d内补报28d强度的检验结果。

交货时水泥的质量验收可抽取实物试样以其检验结果为验收依据，也可以水泥厂同编号水泥的检验报告为验收依据。

当以抽取实物试样的检验结果为依据时，买卖双方应在发货前或交货地共同取样和签封。取样按规定方法进行，试样数量为20kg并缩分为二等份。一份由卖方保存40d，一份由买方按国家标准进行检验。在40d以内，买方检验认为产品质量不符合标准要求而卖方又有异议时，则双方应将卖方保存的另一份试样送省级或省级以上国家认可的水泥质量监督检验机构进行仲裁检验。

当以水泥厂同编号水泥的检验报告为验收依据时，在发货前或交货时买方在同编号水泥中抽取试样，双方共同签封后保存90d；或委托卖方在同编号水泥中抽取试样，签封后保存90d。在90d内，买方对水泥质量有疑问时，则买卖双方应将签封的试样送省级或省级以上国家认可的水泥质量监督检验机构进行仲裁检验。

3.6 水泥技术性能检测

3.6.1 细度检测（GB/T 1345—2005）

1. 主要仪器设备

（1）负压筛析仪。负压筛析仪由筛座、负压筛、负压源和收尘器组成。其中，筛座由转速30±2r/min的喷气嘴、负压表、控制板、微电机及壳体构成（图3-2）。

（2）天平。最大称量为100g，分度值不大于0.05g。

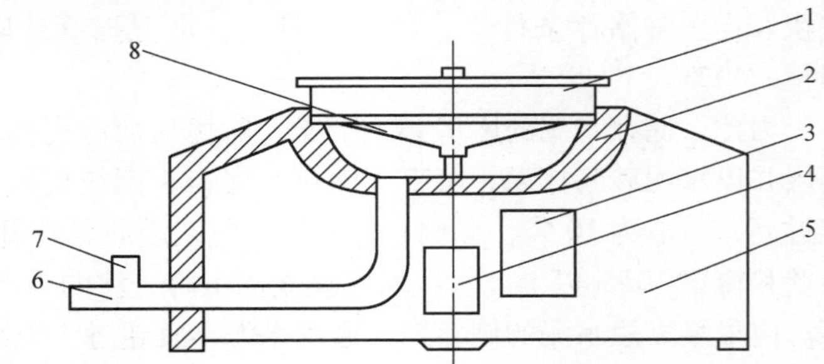

图3-2 负压筛析仪示意图

1—0.080mm方孔筛 2—橡胶垫圈 3—控制板 4—微电机 5—壳体 6—负压源及收尘器接口 7—负压表接口 8—喷气嘴

2. 试样及其制备

水泥样品应充分拌匀，通过0.9mm方孔筛，记录筛余物情况，要防止过筛时混进其他水泥。

3. 检测步骤（负压筛法）

（1）筛析实验前，应把负压筛放在筛座上，盖上筛盖，接通电源，检查控制系统，调节负压至4000～6000Pa范围内。

（2）称取试样25g（m），置于洁净的负压筛中，盖上筛盖，放在筛座上，开动筛析仪连续筛析2min，在此期间如有试样附着在筛盖上。可轻轻地敲击，使试样落下。筛毕，用天平称量筛余物质量R_s。

（3）当工作负压小于4000Pa时，应清理吸尘器内水泥，使负压筛恢复正常。

4. 检测结果处理

水泥试样筛余百分数按下式计算：

$$F=\frac{R_s}{m}\times 100 \tag{3-16}$$

式中　F——水泥试样的筛余百分率（%）；

R_s——水泥筛余物的质量（g）；

m——水泥试样的质量（g）。

结果计算至0.1%。当水泥筛余百分数$F \leqslant 10\%$时为合格，取两次筛余平均值为筛析结果。若两次筛余结果绝对误差大于0.5%时应再做一次检测，取两次相近结果的算术平均值，作为最终结果。

3.6.2　标准稠度需水量检测（标准法）（GB/T1346—2011）

1. 主要仪器设备

（1）水泥净浆搅拌机。

（2）标准法维卡仪（图3-3）。

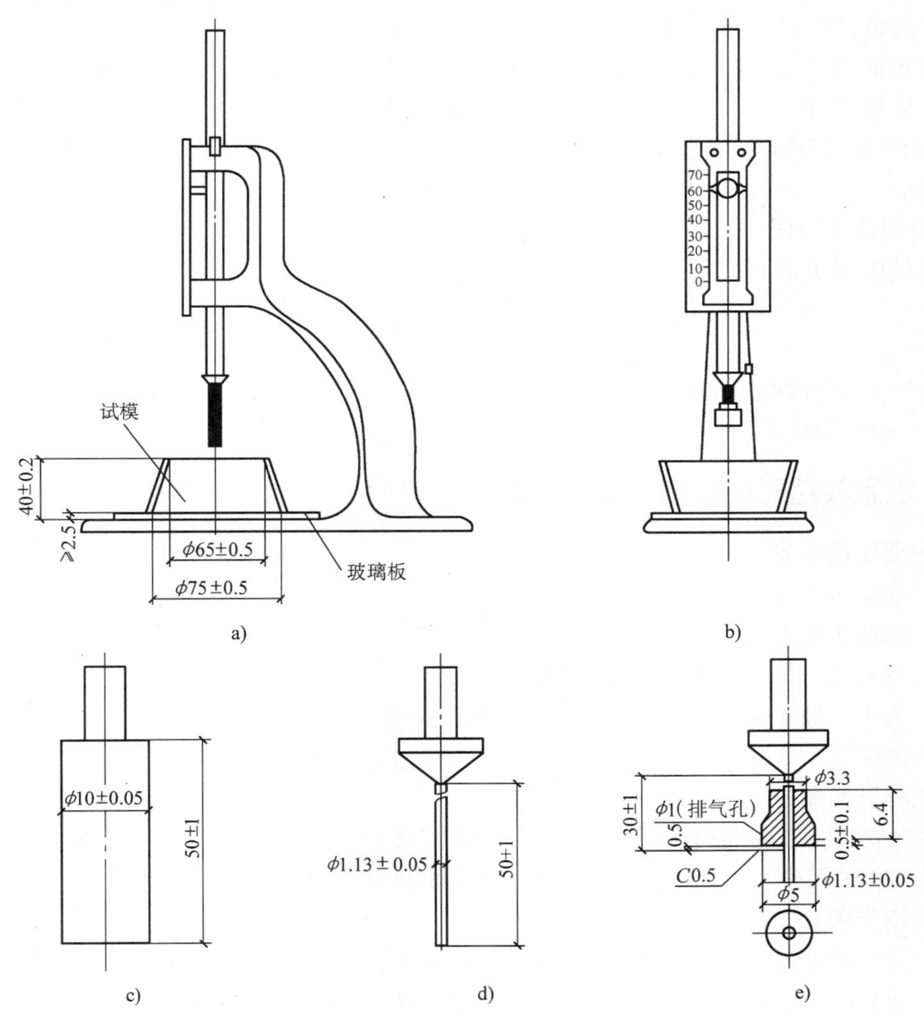

图3-3　检测水泥标准稠度和凝结时用的维卡仪

a）初凝时间测定用立式试模的侧视图　b）终凝时间测定用反转试模的前视图

c）标准稠度试杆　d）初凝用试针　e）终凝用试针

（3）量水器：最小刻度0.1ml，精度1%。

（4）天平：最大称量不小于1000g，分度值不大于1g。

（5）试模。

2. 试样及其制备

水泥净浆的制备：用水泥净浆搅拌机搅拌，搅拌锅和搅拌叶片先用湿布擦过，将拌和水倒入搅拌锅内，然后在5～10s内小心将称好的500g水泥加入水中，防止水和水泥溅出；拌和时，先将锅放在搅拌机的锅座上，升至搅拌位置，启动搅拌机，低速搅拌120s，停15s。同时将叶片和锅壁上的水泥浆刮入锅中间，接着高速搅拌120s停机。

3. 检测步骤

拌合结束后，立即将拌制好的水泥净浆装入已置于玻璃底板上的试模中，用小刀插捣，轻轻振动数次，刮去多余的净浆；抹平后迅速将试模和底板移到维卡仪上，并将其中心定在试杆下，降低试杆直至与水泥净浆表面接触，拧紧螺丝1～2s后，突然放松，使试杆垂直自由地沉入水泥净浆中。在试杆停止沉入或释放试杆30s时记录试杆距底板之间的距离，升起试杆后，立即擦净；整个操作应在搅拌后1.5min内完成。以试杆沉入净浆并距底板6±1mm的水泥净浆为标准稠度净浆。其拌和水量为该水泥的标准稠度用水量P，按水泥质量的百分比计。

4. 检测结果处理

标准稠度用水量P按下式计算：

$$P=\frac{m}{500}\times 100\% \tag{3-17}$$

式中　P——标准稠度用水量（%）；

　　　m——实验拌和用水量（g）。

3.6.3　水泥凝结时间检测（GB/T 1346—2011）

1. 主要仪器设备

（1）水泥净浆搅拌机。

（2）标准法维卡仪。

（3）量水器：最小刻度0.1ml，精度1%。

（4）天平：最大称量不小于1000g，分度值不大于1g。

（5）试模。

2. 试样及其制备

试件的制备：以标准稠度用水量制成的标准稠度净浆一次装满试模，振动数次刮平，立即放入湿气养护箱中。记录水泥全部加入水中的时间作为凝结时间的起始时间。

3. 检测步骤

（1）检测前准备工作。调整凝结时间测定仪的试针接触玻璃时，指针对准零点。

（2）初凝时间的检测。试件在湿气养护箱中养护至加水后30min时进行第一次测定。测定时，从湿气养护箱中取出试模放到试针下，降低试针与水泥净浆表面接触。拧紧螺丝1s～2s后，突然放松，试针垂直自由地沉入水泥净浆。观察试针停止下沉或释放试针30s时指针的读数。当试针沉至距底板（4±1）mm时，为水泥达到初凝状态；由水泥全部加入水中至初凝状态的时间为水泥的初凝时间，用“min”表示。

（3）终凝时间的检测。为了准确观测试针沉入的状况，在终凝针上安装了一个环形附件（图3-4）。在完成初凝时间测定后，立即将试模连同浆体以平移的方式从玻璃板取下，翻转180°，直径大端向上、小端向下放在玻璃板上，再放入湿气养护箱中继续养护，临近终凝时间时每隔15min测定一次。当试针沉入试体0.5mm时，即环形附件开始不能在试体上留下痕迹时，为水泥达到终凝状态，由水泥全部加入水中至终凝状态的时间为水泥的终凝时间，用“min”表示。

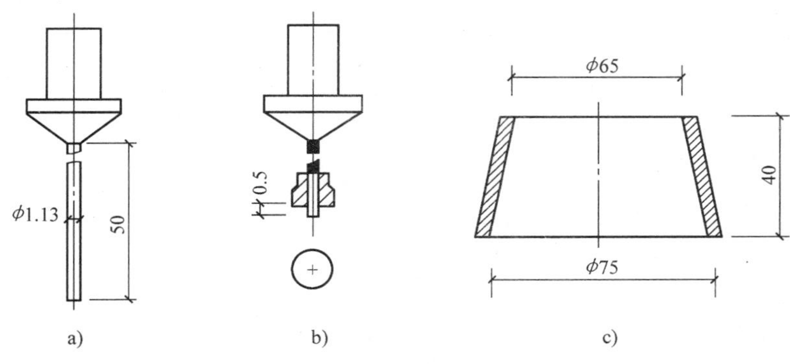

图3-4 维卡仪试针及圆模

a）初凝用试针 b）终凝用试针 c）圆模

测定时应注意，在最初测定的操作时应轻轻扶持金属柱，使其徐徐下降，以防试针撞弯，但结果以自由下落为准；在整个测试过程中试针沉入的位置至少要距试模内壁10mm。临近初凝时，每隔5min测定一次，临近终凝时每隔15min测定一次，到达初凝或终凝时应立即重复测一次，当两次结论相同时才能定为到达初凝或终凝状态。每次测定不能让试针落入原针孔，每次测试完毕须将试针擦净并将试模放回湿气养护箱内，整个检测过程要防止试模受振。

3.6.4 水泥安定性检测（GB/T 1346—2011）

1. 主要仪器设备

（1）雷氏夹（图3-5a）。

（2）沸煮箱。

（3）雷氏夹膨胀测定仪（图3-5b）。

2. 试样及其制备

（1）测定前的准备工作。检测前按图3-5d方法检查雷氏夹的质量是否符合要求。

每个试样需成型两个试件，每个雷氏夹需配备质量75～85g的玻璃板两块，凡与水泥净浆接触的玻璃板和雷氏夹内表面都要稍稍涂上一层油。

（2）雷氏夹试件的成型。将预先准备好的雷氏夹放在已稍擦油的玻璃板上，并立即将已制好的标准稠度净浆一次装满雷氏夹，装浆时一只手轻轻扶持雷氏夹，另一只手用宽约10mm的小刀插捣数次，然后抹平，盖上稍涂油的玻璃板，接着立即将试件移至养护箱内养护（24±2）h。

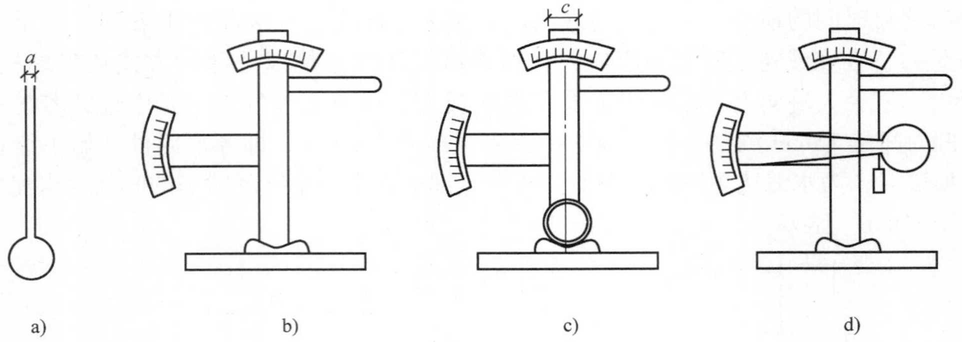

图 3-5 雷氏夹膨胀值测定

a）雷氏夹 b）雷氏夹膨胀测定仪 c）膨胀值测定 d）雷氏夹校准

3. 检测步骤

（1）沸煮：调整好沸煮箱内的水位，使能保证在整个沸煮过程中都超过试件，不需中途添补检测用水，同时又能保证在（30±5）min内升至沸腾。

（2）脱去玻璃板取下试件，先测量雷氏夹指针尖端间的距离（a），精确到0.5mm（图3-5a），接着将试件放入沸煮箱水中的试件架上，指针朝上，然后在（30±5）min内加热至沸并恒沸（180±5）min。

（3）沸煮结束后，立即放掉沸煮箱中的热水，打开箱盖，待箱体冷却至室温，取出试件进行判别。测量雷氏夹指针尖端的距离（c），准确至0.5mm（图3-5c）。

4. 检测结果处理

当两个试件煮后增加距离（$c-a$）的平均值不大于5.0mm时，即认为该水泥安定性合格，当两个试件的（$c-a$）值相差超过5.0mm时，应用同一样品立即重做一次检测。再如此，则认为该水泥为安定性不合格。

3.6.5 水泥胶砂强度检测（ISO法）（GB/T 17671—1999）

1. 主要仪器设备

（1）水泥胶砂搅拌机（图3-6）：一种工作时搅拌叶片既绕自身轴线自转又沿搅拌锅周边公转，运动轨迹似行星式的水泥胶砂搅拌机。

（2）试模（图3-7）：为可拆卸的三联模，由隔板、端板、底座等组成。模槽内腔尺寸为40mm×40mm×160mm，三边应互相垂直。

（3）胶砂振实台：由可以跳动的台盘和使其跳动的凸轮等组成。

（4）抗折、抗压实验机、抗压夹具。

2. 试样及其制备

（1）胶砂的制备：把（225±1）ml水加入搅拌锅里，再加入水泥（450±2）g，把锅放在固定架上，上升至固定位置。然后立即开动机器，低速搅拌30s后，在第二个30s开始的同时均匀地将砂子加入，再高速搅拌30s；停拌90s，再高速下继续搅拌60s。

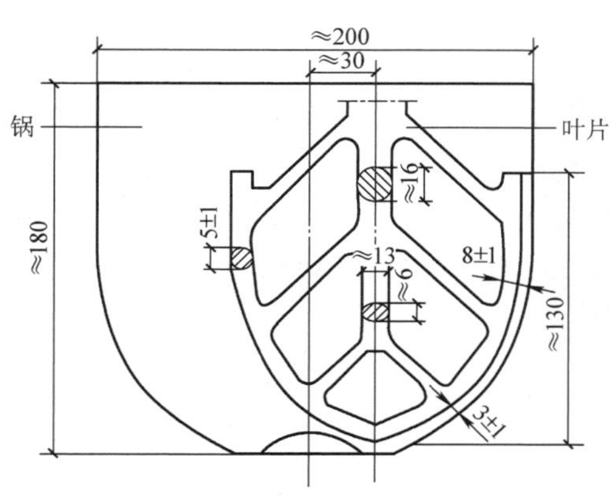

图 3-6 搅拌机（尺寸单位：mm）

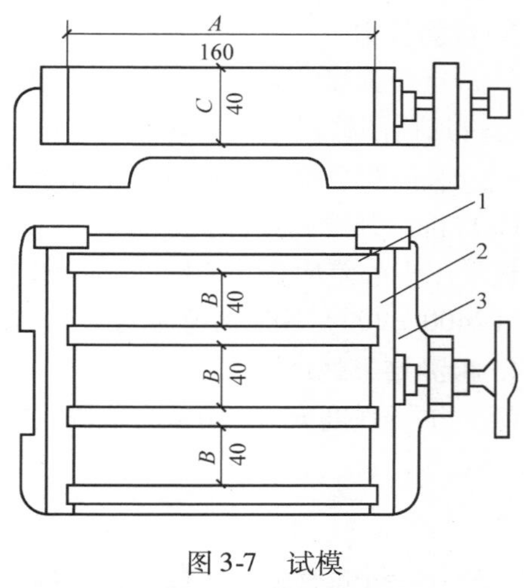

图 3-7 试模

1—隔板 2—端板 3—底座

（2）试件的制备：胶砂砂制备后立即进行成型。将空试模和模套固定在振实台上，用一个适当勺子直接从搅拌锅里将胶砂分两层装入试模，装第一层时，每个槽里约放 300g 胶砂，用大播料器垂直架在模套顶部沿每个模槽来回一次将料层播平，接着振实 60 次。再装入第二层胶砂，用小播料器播平，再振实 60 次。移走模套，从振实台上取下试模，用一金属直尺以近似 90°的角度架在试模模顶的一端，然后沿试模长度方向以横向锯割动作慢慢向另一端移动，一次将超过试模部分的胶砂刮去，并用同一直尺以近乎水平的情况下将试体表面抹平。

（3）试件的养护

1）脱模前的处理与养护：去掉留在模子四周的胶砂。立即将作好记号的试模放入雾室或湿箱的水平架子上养护，湿空气应能与试模各边接触。养护时不应将试模放在其他试模上。一直养护到规定的脱模时间取出脱模。脱模前，用防水墨汁或颜料笔对试体进行编号和做其他标记。两个龄期以上的试体，在编号时应将同一试模中的三条试体分在两个以上龄期内。

2）脱模：脱模应非常小心。对于 24h 龄期的，应在破型实验前 20min 内脱模。对于 24h 以上龄期的，应在成型后 20 ~ 24 h 之间脱模。已确定作为 24h 龄期实验（或其他不下水直接做检测）的已脱模试体，应用湿布覆盖至做检测时为止。

3）水中养护：将做好标记的试件立即水平或竖直放在（20 ± 1）℃水中养护，水平放置时刮平面应朝上。试件放在不易腐烂的篦子上，并彼此间保持一定间距，以让水与试件的六个面接触。养护期试件之间间隔或试体表面的水深不得小于 5mm。每个养护池只养护同类型的水泥试件。

4）强度检测试体的龄期：试体龄期是从水泥加水搅拌开始实验时算起。不同龄期强度实验在表 3-5 所列时间里进行。

表 3-5 水泥胶砂强度检测时间

龄期	24h	48h	72h	7d	>28d
实验时间	24h ± 15min	48h ± 30min	72h ± 45min	7d ± 2h	>28d ± 8h

3. 检测步骤

（1）抗折强度测定。将试体一个侧面放在实验机支撑圆柱上，试体长轴垂直于支撑圆柱，通过加荷圆柱以（50±10）N/s 的速率均匀地将荷载垂直地加在棱柱体相对侧面上，直至折断。保持两个半截棱柱体处于潮湿状态直至抗压检测。

（2）抗压强度测定。抗压强度检测在半截棱柱体的侧面进行。半截棱柱体中心与压力机压板受压中心差应在±0.5mm 内，棱柱体露在压板外的部分约有 10mm。在整个加荷过程中以（2400±200）N/s 的速率均匀地加荷直至破坏。

4. 检测结果处理

（1）抗折强度 R_f 以 MPa 为单位，按下式计算：

$$R_f = \frac{1.5F_f L}{b^3} \tag{3-18}$$

式中 F_f——折断时施加于棱柱体中部的荷载（N）；

L——支撑圆柱之间的距离（mm）；

b——棱柱体正方形截面的边长（mm）。

各试体的抗折强度记录至 0.1MPa，以一组三个棱柱体抗折结果的平均值作为检测结果，计算精确至 0.1MPa。当三个强度值中有超出平均值±10%时，剔除后再取平均值作为抗折强度检测结果。

（2）抗压强度 R_c 以 MPa 为单位，按下式计算：

$$R_c = \frac{F_c}{A} \tag{3-19}$$

式中 F_c——破坏时的最大荷载（N）；

A——受压部分面积（mm^2）。

各个半棱柱体得到的单个抗压强度结果计算至 0.1MPa，以一组三个棱柱体上得到的 6 个抗压强度测定值的算术平均值为检测结果。如 6 个测定值中有 1 个超出 6 个平均值的±10%时，就应剔除这个结果，而以剩下 5 个的平均数作为结果。如果 5 个测定值中再有超过它们平均数±10%的，则此组结果作废。

思考题与习题

1. 硅酸盐水泥的主要矿物组成是什么？它们单独与水作用时的特性如何？硅酸盐水泥的主要水化产物是什么？

2. 制造硅酸盐水泥时为什么必须掺入适量的石膏？石膏掺得太少或过多时，将产生什么情况？

3. 影响硅酸盐水泥凝结硬化的主要因素有哪些？怎样影响？

4. 为什么生产硅酸盐水泥时掺适量石膏对水泥石不起破坏作用，而硬化水泥石在有硫酸盐的环境介质中生成石膏时就有破坏作用？

5. 简述硅酸盐水泥腐蚀的原因及防止方法。

6. 水泥有哪些主要技术性质？采用什么方法进行检测？

7. 何谓水泥的初凝和终凝？凝结时间对建筑施工有何影响？

8. 什么是水泥的体积安定性？产生体积安定性不良的原因是什么？

9. 何谓活性混合材料和非活性混合材料？它们加入硅酸盐水泥中各起什么作用？硅酸盐水泥常掺入哪几种活性混合材料？

10. 某普通水泥，储存期已经超过3个月，检测其3d强度达到强度等级32.5MPa的要求。已知该水泥进行强度检测时，棱柱体试件正方形截面的边长为40mm，支撑圆柱之间的距离为100mm。现又测得其28d抗折破坏荷载、抗压破坏荷载见表3-6所示。

表3-6　28d抗折、抗压破坏荷载（kN）

试件编号	1		2		3	
抗折破坏荷载	2.9		2.6		2.8	
抗压破坏荷载	65	64	64	53	66	70

请计算后判断该水泥是否能按原强度等级使用。

第4章　骨　　料

学习要求

了解普通混凝土用砂石骨料的分类、检测规则、标志、运输和存储等，掌握砂石骨料的颗粒级配、有害杂质、坚固性等技术要求，掌握砂石骨料技术性能的检测方法，提高对建筑用砂石合格与否的判断能力。

均匀分布于胶凝材料之中，颗粒状的、起填充支撑或改性作用的材料为骨料，又称集料。骨料是混凝土的重要组成部分。

骨料的作用是多方面的：①胶凝材料特别是通用水泥在建筑工程中几乎无法单独使用，使用了骨料，混凝土才能实现大体积，而不因干缩开裂或高的水化热引发的温差导致收缩开裂；②可提高硬化胶凝体的弹性模量E，见图4-1；③可改善硬化混凝土的耐久性，如提高耐蚀性、抗冻性等；④均匀掺进骨料的混凝土拌合物才具有较好的保水性、流动性，方便施工；⑤利用贮藏广泛的天然石料，可节约水泥，既经济又节能，同时减少了对环境的污染。

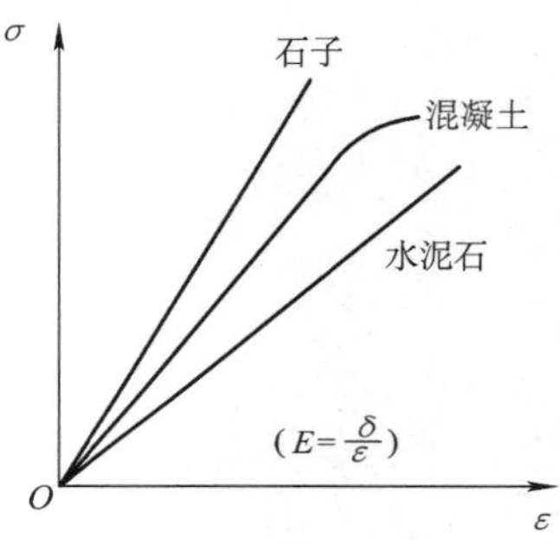

图4-1　水泥石、水泥混凝土与岩石骨料的弹性模量

关于砂石骨料的质量标准和检验方法，可参照规范《建筑用砂》（GB/T 14684—2011）和《建筑用卵石、碎石》（GB/T 14685—2011）。砂石骨料按技术要求分为Ⅰ类、Ⅱ类、Ⅲ类。Ⅰ类宜用于强度等级大于C60的混凝土；Ⅱ类宜用于强度等级C30～C60及抗冻、抗渗或其他要求的混凝土；Ⅲ类宜用于强度等级小于C30的混凝土和建筑砂浆。

4.1　细骨料

4.1.1　细骨料的分类

粒径小于4.75mm的骨料称为细骨料，俗称砂。砂按产源分为天然砂和人工砂两类。天然砂是由天然岩石长期风化、水流搬运等自然条件作用而形成的岩石颗粒。按产源，天然砂可分为河砂、湖砂、山砂和海砂。

人工砂是将天然岩石用机器破碎、筛分后制成的、符合细骨料尺寸规定的颗粒，其棱角多、片状颗粒多、石粉多，且成本较高。

4.1.2 细骨料的技术性质

1. 颗粒级配与细度模数

颗粒级配是指不同粒径骨料搭配的状况。粗细程度是指不同粒径的骨料混合物的平均粗细程度。在混凝土中，骨料间的空隙是由水泥浆所填充的，为达到节约水泥和提高混凝土强度的目的，应尽量减少骨料的总表面积和骨料间的空隙。骨料的总表面积通过骨料的粗细程度来控制，骨料间的空隙通过颗粒级配来控制。所以在配制混凝土时，必须同时考虑骨料的颗粒级配和粗细程度。当骨料的级配良好且颗粒较大，则使空隙及总表面积均较小，这样的骨料比较理想，不仅水泥浆用量较少，而且还可提高混凝土的密实性与强度。

细骨料（砂）的颗粒级配和粗细程度是用筛分析法来测定的。用级配区来表示砂的颗粒级配，用细度模数表示砂的粗细。具体而言，是采用一套孔径为 4.75mm、2.36mm、1.18mm、0.60mm、0.30mm 和 0.15mm 的方孔筛。将抽样后经缩分所得的 500g 干砂，由粗到细依次筛析，然后称得各筛筛余量的质量，并计算出各筛上的分计筛余百分率 a（各筛上的筛余量占砂样总质量的百分率）及累计筛余百分率 A（各筛及大于该号筛的所有筛的分计筛余百分率之和）。任意一组累计筛余则表示一个级配。

按国家标准《建筑用砂》（GB/T 14684—2011）的规定，砂的颗料级配应符合表 4-1 的规定。

表 4-1　砂的级配区规定

累计筛余（%）　级配区 / 方孔筛	Ⅰ	Ⅱ	Ⅲ
9.5mm	0	0	0
4.75mm	10～0	10～0	10～0
2.36mm	35～5	25～0	15～0
1.18mm	65～35	50～10	25～0
0.6mm	85～71	70～41	40～16
0.3mm	95～80	92～70	85～55
0.15mm	100～90	100～90	100～90

注：1. 砂的实际颗粒级配与表中所列数字相比，除 4.75mm 和 0.6mm 档筛外，可以略有超出，但超出总量应小于 5%。

2. Ⅰ区人工砂中 0.15mm 筛孔的累计筛余可以放宽到 100%～85%，Ⅱ区人工砂中 0.15mm 筛孔的累计筛余可以放宽到 100%～80%，Ⅲ区人工砂中 0.15mm 筛孔的累计筛余可以放宽到 100%～75%。

根据表 4-1，可绘制各级配区的筛分曲线，如图 4-2 所示。

砂的粗细程度用细度模数（M_x）表示，按式（4-1）计算：

$$M_x = \frac{(A_2 + A_3 + A_4 + A_5 + A_6) - 5A_1}{100 - A_1} \tag{4-1}$$

式中　M_x——细度模数；

A_1、A_2、A_3、A_4、A_5、A_6——4.75mm、2.36mm、1.18mm、0.60mm、0.30mm、0.150mm 筛的累计筛余。

细度模数越大，表示砂越粗。普通混凝土用砂的细度模数范围一般为3.7~1.6。其中M_x在3.7~3.1为粗砂，M_x在3.0~2.3为中砂，M_x在2.2~1.6为细砂，M_x在1.5~0.7为特细砂。配制混凝土时宜优先选用中砂，如必须采用特细砂，则配制混凝土时要特殊考虑。

砂的细度模数并不能反映其级配的优劣。细度模数相同的砂，级配可以很不相同，所以配制混凝土时必须同时考虑砂的颗粒级配和细度模数。

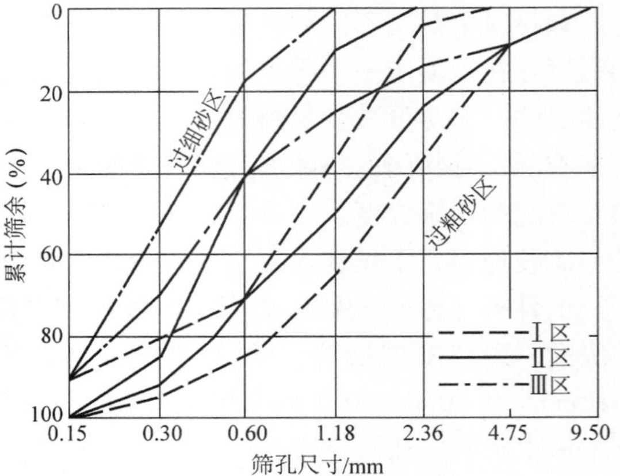

图4-2　砂的Ⅰ、Ⅱ、Ⅲ级配区曲线

2. 有害杂质

为保证混凝土的质量，必须对骨料中有害杂质严加限制。砂中常含泥块、土粉、有机物、碎云母片、硫化物、硫酸盐等有害杂质。

（1）含泥量和泥块含量。含泥量是指骨料中粒径小于0.075mm的尘屑、淤泥及粘土的总含量。细骨料中原粒径大于1.18mm，经水洗、手捏后变成小于0.60mm的颗粒含量称为细骨料的泥块含量。含泥量超过一定限度时，将影响混凝土强度等力学性能，增大干缩，降低抗冻性、耐磨性。所以，对于高强混凝土或有抗冻、抗渗、抗腐蚀方面要求时，对砂中含泥量，特别是块状粘土含量应严格限量。砂的含泥量是现场经常检验项目之一。

1）天然砂的含泥量和泥块含量应符合表4-2的规定。

表4-2　砂的含泥量和泥块含量规定

项　　目	指　　标		
	Ⅰ类	Ⅱ类	Ⅲ类
含泥量（按质量计）（%）	<1.0	<3.0	<5.0
泥块含量（按质量计）（%）	0	<1.0	<2.0

2）人工砂的石粉含量和泥块含量应符合表4-3的规定。

表4-3　砂的石粉含量规定

项　　目			指　　标		
			Ⅰ类	Ⅱ类	Ⅲ类
亚甲蓝试验	MB值<1.40或合格	MB值	≤0.5	≤1.0	≤1.4或合格
		石粉含量（按质量计）（%）	<10.0		
		泥块含量（按质量计）（%）	0	<1.0	<2.0
	MB值≥1.40或不合格	石粉含量（按质量计）（%）	<1.0	<3.0	<5.0
		泥块含量（按质量计）（%）	0	<1.0	<2.0

注：MB值为亚甲蓝值。

（2）云母、轻物质、氯盐及硫酸盐。云母是层状构造，层片断面是光滑平面。云母主要含于砂中，其颗粒粒径为0.15~4.75mm。云母的有害作用主要是使混凝土内部出现大量未能胶结的软弱面，呈不连通的“裂缝”面，降低混凝土胶结能力，尤其是抗拉强度的减小更显著。砂中云母含量超过2%时，混凝土的需水量几乎是呈直线增加的，致使抗冻性、抗渗性和耐磨性明显降低。对有抗冻、抗渗要求的，混凝土用砂的云母含量要从严控制。我国砂矿床中云母含量的地理分布，大致是西部高于东部，北部高于南部。

砂中轻物质，一般指密度小于2.0g/cm^{3}的物体，如煤粒、贝壳、软岩粒等。它们会引起钢筋腐蚀或使混凝土表面因膨胀而剥离破坏。

海砂中氯盐含量有专门规定，限值为水泥质量的2%。位于水上或水位变动区、潮湿、露天条件下使用的钢筋混凝土，Cl^-限量不大于0.06%，预应力混凝土结构严格控制Cl^-含量，不大于0.02%。我国东南沿海地区，有多年使用海砂的经验。海砂中氯盐含量因砂场不同而异，海滨砂距陆地越近含氯盐越少，挖取深度越大含氯盐量越高。

砂中硫酸盐含量大，易产生对混凝土中水泥石的膨胀性腐蚀。

表4-4为对砂中云母、轻物质、有机物、硫化物及硫酸盐、氯化物等有害杂质的限值。

表4-4　砂的有害物质含量规定

项　　目	指　　标		
	Ⅰ类	Ⅱ类	Ⅲ类
云母含量（按质量计），（%），<	1.0	2.0	2.0
轻物质含量（按质量计），（%），<	1.0	1.0	1.0
有机物含量（比色法）	合格	合格	合格
硫化物及硫酸盐含量（按SO_3质量计），（%），<	0.5	0.5	0.5
氯化物含量（以氯离子质量计），（%），<	0.01	0.02	0.06

3. 坚固性

坚固性是指骨料在自然风化和其他外界物理化学因素作用下抵抗破裂的能力。骨料在长期受到各种自然因素的综合作用下，其物理力学性能会逐渐下降。这些自然因素包括温度变化、干湿变化和冻融循环等。对天然砂采用硫酸钠溶液法进行试验，对人工砂采用压碎值指标法进行试验。

（1）天然砂采用硫酸钠溶液法进行试验，砂样经5次循环后其质量损失应符合国家标准规定：Ⅰ类、Ⅱ类砂质量损失均应小于8%；Ⅲ类砂质量损失应小于10%。

（2）人工砂采用压碎指标法进行试验，国家标准规定其单级最大压碎指标为：Ⅰ类砂应小于20%；Ⅱ类砂应小于25%；Ⅲ类砂应小于30%。

4. 表观密度、堆积密度、空隙率

砂的表观密度、堆积密度、空隙率应符合如下规定：表观密度大于2500kg/m^3；松散堆积密度大于1350 kg/m^3；空隙率小于47%。

5. 碱骨料反应

经碱骨料反应试验后，由砂制备的试件无裂缝、酥裂、胶体外溢等现象，在规定的试验龄期膨胀率应小于0.10%。

4.2 粗骨料

4.2.1 粗骨料的分类

粒径大于4.75mm的骨料称为粗骨料，俗称石。常用的粗骨料有碎石和卵石两种。碎石是天然岩石或卵石经机械破碎、筛分制成的，粒径大于4.75mm的岩石颗粒。卵石是由自然风化、水流搬运和分选、堆积而成的，粒径大于4.75mm的岩石颗粒。

4.2.2 粗骨料的技术性质

1. 最大粒径与颗粒级配

（1）最大粒径。石子中公称粒级的上限称为该粒级的最大粒径。在石子用量一定的情况下，随着粒径的增大，总表面积随之减小。由于结构尺寸和钢筋疏密的限制，在便于施工和保护公称质量的前提下，根据《混凝土结构工程施工质量验收规范》（GB 50204—2002）的规定，粗骨料的最大粒径不得超过结构截面最小尺寸的1/4，且不超过钢筋间最小净距的3/4。对于混凝土实心板，粗骨料最大粒径不宜超过板厚的1/3，且不得超过40mm。若采用泵送混凝土时，还可根据泵管直径加以选择。

（2）颗粒级配。粗骨料颗粒级配分为连续粒级（连续级配）和单粒级（间断级配）两种。连续粒级是从最大粒径开始，由大到小各级相连，其中每一级粗骨料都占有适当的比例，连续粒级在工程中应用较多。单粒级是各级粗骨料不连续，即省去中间的一、二级。单粒级能降低骨料的空隙率，可节省水泥，但易使混凝土拌和物产生离析，故工程中应用较少。

粗骨料颗粒级配也是通过筛分析检测确定的，其方孔筛筛孔孔径为2.36mm、4.75mm、9.50mm、16.0mm、19.0mm、26.5mm、31.5mm、37.5mm、53.0mm、63.0mm、75.0mm和90mm。可按需选用筛号进行筛分，其确定方法与细骨料相同。

粗骨料的颗粒级配应符合表4-5的规定。

表4-5 粗骨料的级配区规定

公称粒径/mm		方孔筛/mm											
		2.36	4.75	9.50	16.0	19.0	26.5	31.5	37.5	53.0	63.0	75.0	90.0
		累计筛余百分率（%）											
连续粒级	5~16	95~100	85~100	30~60	0~10	0							
	5~20	95~100	90~100	40~80	—	0~10	0						
	5~25	95~100	90~100	—	30~70	—	0~5	0					
	5~31.5	95~100	90~100	70~90	—	15~45	—	0~5	0				
	5~40	—	95~100	70~90	—	30~65	—	—	0~5	0			
单粒粒级	5~10	95~100	80~100	0~15	0								
	10~16		95~100	80~100	0~15								
	10~20		95~100	85~100		0~15	0						
	16~25			95~100	55~70	25~40	0~10						
	16~31.5		95~100		85~100			0~10	0				
	20~40			95~100		80~100			0~10	0			
	40~80					95~100			70~100		30~60	0~10	0

2. 有害杂质

粗骨料的有害杂质种类与细骨料相同。粗骨料中原粒径大于4.75mm，经水洗、手捏后变成小于2.36mm的颗粒含量称为粗骨料的泥块含量。粗骨料的含泥量和泥块含量应符合表4-6的规定，有机物、硫化物及硫酸盐等有害杂质含量限值见表4-7。

表4-6 粗骨料的含泥量和泥块含量规定

项 目	指 标		
	Ⅰ类	Ⅱ类	Ⅲ类
含泥量（按质量计）(%)	<0.5	<1.0	<1.5
泥块含量（按质量计）(%)	0	<0.2	<0.5

表4-7 粗骨料的有害物质含量规定

项 目	指 标		
	Ⅰ类	Ⅱ类	Ⅲ类
有机物含量	合格	合格	合格
硫化物及硫酸盐含量（按SO_3质量计）(%)，<	0.5	1.0	1.0

3. 骨料的形状和表面特征

细骨料因颗粒较小，一般较少考虑其外貌特征；粗骨料就必须考虑其形状及表面特征。石子中的卵石表面光滑、少棱角，空隙率与表面积都较小，故配制混凝土时和易性好，对混凝土的流动性有利，水泥用量较少；但是与水泥的粘结力较差，混凝土强度低。碎石表面粗糙，与水泥的粘结力强，混凝土强度高；但空隙率与总表面积较大，水泥用量较高，且配制的混凝土拌和物和易性也较差。

卵石和碎石颗粒的长度大于该颗粒所属相应粒级的平均粒径2.4倍者为针状颗粒；厚度小于平均粒径0.4倍者为片状颗粒（平均粒径指该粒级上、下限粒径的平均值）。粗骨料中不宜含有过多的针状和片状颗粒。针状、片状颗粒不仅本身容易折断，影响混凝土的强度；而且会增加骨料的空隙率，并影响拌和物的和易性。所以按国家标准《建筑用卵石、碎石》（GB/T 14685—2011）的规定，碎石、卵石的针状、片状颗粒含量应符合表4-8的规定。

表4-8 粗骨料的针状、片状颗粒含量规定

项 目	指 标		
	Ⅰ类	Ⅱ类	Ⅲ类
针状、片状颗粒含量（按质量计）(%)，≤	5	10	15

4. 坚固性

采用硫酸钠溶液法进行检测，卵石和碎石经5次循环后，其质量损失应符合国家标准规定。Ⅰ类石质量损失应小于5%，Ⅱ类石质量损失应小于8%，Ⅲ类石质量损失应小于12%。

5. 粗骨料的强度

粗骨料在水泥混凝土中起骨架作用，应具有一定的强度。粗骨料的强度可用抗压强度和压碎指示值两种方法表示。

为了保证混凝土的强度要求，粗骨料石子必须具有足够的强度。检验石子的强度，采用岩石立方体强度或粒状石子压碎值的方法。

（1）岩石抗压强度。用岩石立方体强度表示石子强度，是将原岩制成50mm×50mm×50mm立方体（或直径与高均为50mm的圆柱体）试件，在饱水状态下进行试压。在一般情况下，火成岩的抗压强度应不小于80MPa，变质岩的应不小于60MPa，水成岩的应不小于30MPa。

（2）压碎指标。粗骨料的压碎指标值应小于表4-9的规定。

表4-9　粗骨料的压碎指标规定

项目	指　　标		
	Ⅰ类	Ⅱ类	Ⅲ类
碎石压碎指标，% <	10%	20%	30%
卵石压碎指标，% <	12%	16%	16%

粗骨料的压碎指标值是骨料经风干后筛除大于19.0mm及小于9.50mm的颗粒，并去除针片状颗粒，在规定的条件下加荷施压后，用孔径2.36mm的筛筛除被压碎的细粒，称出留在筛上的试样质量，精确至1g。按式（4-2）计算：

$$Q = \frac{G_1 - G_2}{G_1} \times 100\% \tag{4-2}$$

式中　Q——压碎值指标；

G_1——试样的质量（g）；

G_2——压碎检测后筛余的试样质量（g）。

6. 表观密度、堆积密度、空隙率

石子的表观密度、堆积密度、空隙率应符合如下规定：表观密度大于2500kg/m^3，松散堆积密度大于1350kg/m^3，空隙率小于47%。

7. 碱骨料反应

经碱骨料反应试验后，由卵石、碎石制备的试件无裂缝、酥裂、胶体外溢等现象，在规定的试验龄期膨胀率应小于0.10%。

4.3　骨料的检测规则

4.3.1　细骨料的检测规则

1. 检测分类

细骨料的检测分为出厂检测和型式检测。天然砂的出厂检测项目为：颗粒级配、细度模数、松散堆积密度、含泥量、泥块含量、云母含量。人工砂的出厂检测项目为：颗粒级配、细度模数、松散堆积密度、石粉含量（含亚甲蓝试验）、泥块含量、坚固性。砂的型式检测项目为包含颗粒级配在内的所有技术要求，其中碱骨料反应根据需要进行。

2. 组批规则

细骨料按同分类、规格、适用等级及日产量每600t为一批，不足600t亦为一批，日产量超过2000t，按1000t为一批，不足1000t亦为一批。

3. 判定规则

检测（含复检）后，各项性能指标都符合标准《建筑用砂》（GB/T 14684—2011）的相应类别规定时，可判定为该产品合格。除碱骨料反应外，若有一项不符合标准要求时，则应从同一批产品中加倍取样，对不符合要求的项目进行复检。复检后，该项目指标符合标准要求时，可判定该类产品合格，仍然不符合标准要求时，则该批产品判为不合格。

4.3.2 粗骨料的检测规则

1. 检测分类

粗骨料的检测分为出厂检测和型式检测。卵石和碎石的出厂检测项目为：颗粒级配、含泥量、泥块含量、针片状含量。卵石和碎石的型式检测项目为包含颗粒级配在内的所有技术要求，其中碱骨料反应根据需要进行。

2. 组批规则

粗骨料按同品种、规格、适用等级及日产量每600t为一批，不足600t亦为一批，日产量超过2000t，按1000t为一批，不足1000t亦为一批。日产量超过5000t，按2000t为一批，不足2000t亦为一批。

3. 判定规则

检测（含复检）后，各项性能指标都符合标准《建筑用卵石、碎石》（GB/T 14685—2011）的相应类别规定时，可判定为该产品合格。除碱骨料反应外，若有一项不符合标准要求时，则应从同一批产品中加倍取样，对不符合要求的项目进行复检。复检后，该项目指标符合标准要求时，可判定该类产品合格，仍然不符合标准要求时，则该批产品判为不合格。

4.4 骨料的标志、运输和储存

粗细骨料出厂时，供需双方在厂内验收产品，生产厂提供产品质量合格证书；骨料应按类别、规格分别堆放和运输，防止人为碾压及污染产品；运输时，应认真清扫车船等输运设备并采取措施防止杂物混入和粉尘飞扬。

4.5 建筑用砂石技术性能检测

4.5.1 砂筛分析检测（GB/T 14684—2011）

1. 主要仪器设备

（1）实验筛：孔径为4.75mm、2.36mm、1.18mm、0.60mm、0.30mm和0.15mm的方孔筛，以及筛的底盘和盖各一只，筛框为300mm或200mm。其产品质量要求应符合现行的GB/T 6003.1、GB/T 6003.2的规定。

（2）天平：称量1000g，感量1g。

（3）摇筛机。

（4）鼓风干燥箱：能使温度控制在（105±5）℃。

（5）浅盘和硬、软毛刷等。

2. 试样及其制备

按四分法进行缩分，用于筛分析的试样，颗粒粒径不应大于9.50mm。检测前应先将来料通过9.50mm筛，并算出筛余百分率。然后称取每份不少于500g的试样两份，分别倒入两个浅盘中，在（105±5)℃的温度下烘干到恒重，冷却至室温备用。

3. 检测步骤

（1）准确称取烘干试样500g，置于按筛孔大小（大孔在上、小孔在下）顺序排列的套筛的最上一只筛（即4.75mm筛孔）上；将套筛装入摇筛机内固紧，筛分时间为10min左右；然后取出套筛，再按筛孔大小顺序，在清洁的浅盘上逐个进行手筛，直至每分钟的筛出量不超过试样总量的0.1%时为止，通过的颗粒并入下一个筛，并和下一个筛中试样一起过筛，按这样顺序进行，直至每个筛全部筛完为止。

（2）仲裁时，试样在各号筛上的筛余量均不得超过下式的量：

$$m_r = \frac{A\sqrt{d}}{300} \tag{4-3}$$

生产控制检验时不得超过下式的量：

$$m_r = \frac{A\sqrt{d}}{200} \tag{4-4}$$

式中 m_r——在一个筛上的剩余量（g）；

d——筛孔尺寸（mm）；

A——筛的面积（mm^2）。

否则应将该筛余试样分成两份，再次进行筛分，并以其筛余量之和作为筛余量。

（3）称取各筛筛余试样的质量（精确至1g），所有各筛的分计筛余量和底盘中剩余量的总和与筛分前的试样总量相比，其相差不得超过1%。

4. 检测结果处理

（1）计算分计筛余百分率（各筛上的筛余量除以试样总量的百分率），精确至0.1%。

（2）计算累计筛余百分率（该筛上的分计筛余百分率与大于该筛的各筛上的分计筛余百分率之总和）精确至0.1%。

（3）根据各筛的累计筛余百分率评定该试样的颗粒级配分布情况。

（4）按下式计算砂的细度模数（精确至0.01）

$$M_x = \frac{(A_2 + A_3 + A_4 + A_5 + A_6) - 5A_1}{100 - A_1} \tag{4-5}$$

式中 M_x——细度模数；

A_1、A_2、A_3、A_4、A_5、A_6——4.75mm，2.36mm，1.18mm，0.60mm，0.30mm，0.150mm筛的累计筛余。

（5）筛分检测应采用两个试样平行检测。累计筛余百分率取两次检测结果的算术平均值，精确至1%。细度模数以两次检测结果的算术平均值为测定值（精确至0.1）；如两次检测所得的细度模数之差大于0.20时，应重新取样进行检测。

4.5.2 砂表观密度检测（标准方法）

1. 主要仪器设备

（1）天平：称量1000g，感量1g。

（2）容量瓶：500ml。

（3）干燥器、浅盘、铝制料勺、温度计等。

（4）鼓风干燥箱：能使温度控制在（105±5）℃。

（5）烧杯：500ml。

2. 试样及其制备

将缩分至650g左右的试样，置于温度为（105±5）℃的烘箱中烘干至恒重，并在干燥器内冷却至室温。

3. 检测步骤

（1）称取烘干的试样300g（m_0），装入盛有半瓶冷开水的容量瓶中。

（2）摇转容量瓶，使试样在水中充分搅动以排除气泡，塞紧瓶塞。

（3）静置24h左右后，用滴管添水，使水面与瓶颈刻度线平齐，再塞紧瓶塞，擦干瓶外水分，称其质量m_1。

（4）倒出瓶内水和试样，将瓶的内外表面洗干净，再向瓶内注入与上项水温相差不超过2℃的冷开水至瓶颈刻度线。塞紧瓶塞，擦干瓶外水分，称其质量m_2。

注：在砂的表观密度检测过程中应测量并控制水的温度，检测的各项称量可以在15～25℃的温度范围内进行。从试样加水静置的最后2h起直至检测结束，其温度相差不应超过2℃。

4. 检测结果处理

砂表观密度ρ_0应按下式计算（精确至$10kg/m^3$）：

$$\rho_0 = \left[\frac{m_0}{m_0 + m_2 - m_1} - \alpha_t\right] \times 1000 \tag{4-6}$$

式中 m_0——试样的烘干质量（g）；

m_1——试样、水及容量瓶总质量（g）；

m_2——水及容量瓶总质量（g）；

α_t——考虑到称量时的水温对水相对密度影响的修正系数，见表4-10。

表4-10 不同水温下砂的表观密度温度修正系数

水温℃	15	16	17	18	19	20	21	22	23	24	25
α_t	0.002	0.003	0.003	0.004	0.004	0.005	0.005	0.006	0.006	0.007	0.008

4.5.3 砂堆积密度、空隙率检测

1. 主要仪器设备

（1）天平：称量500g，感量5g。

（2）容量筒：金属制、圆柱形，内径108mm，净高109mm，筒壁厚2mm，容积约为1L，筒底厚为5mm。

（3）漏斗或铝制料勺。

（4）鼓风干燥箱：能使温度控制在（105±5）℃。

（5）直尺、浅盘等。

2. 试样及其制备

用浅盘装样品约3L，在温度为（105±5）℃烘箱中烘至恒重，取出并冷却至室温，再用4.75mm孔径的筛子过筛，分成大致相等的两份备用。试样烘干后如有结块，应在检测前予以捏碎。

3. 检测步骤

（1）堆积密度。取试样一份，用漏斗或铝制料勺，将试样从容量筒口中心上方50mm处徐徐倒入，让试样以自由落体落下，当容量筒上部试样呈堆体，且容量筒四周溢满时，即停止加料。然后用直尺沿筒口中心线向两边刮平（检测过程中应防止触动容量筒），称出试样和容量筒总质量 m_2，精确至1g。

（2）紧密密度。取试样一份，分两层装入容量筒。装完一层后，在筒底放一根直径为10mm的圆钢，将筒按住，左右交替颠击地面各25次；然后再装入第二层，第二层装满后用同样的方法颠实（但筒底所垫钢筋的方向应与第一层放置方向垂直），二层装完并颠实后，加料直至试样超出容量筒筒口，然后用直尺沿筒口中心线向两边刮平，称出试样和容量筒总质量 m_2，精确至1g。

4. 检测结果处理

（1）松散或紧密堆积密度按下式计算（精确至10kg/m³）

$$\rho_1 = \frac{m_2 - m_1}{V} \tag{4-7}$$

式中 ρ_1——松散堆积密度或紧密堆积密度（kg/m³）；

m_1——容量筒的质量（g）；

m_2——容量筒和砂子总质量（g）；

V——容量筒容积（L）。

（2）砂空隙率按下式计算（精确至1%）

$$P' = \left(1 - \frac{\rho_1}{\rho_0}\right) \times 100\% \tag{4-8}$$

式中 P'——砂空隙率（%）；

ρ_1——砂的堆积密度（kg/m³）；

ρ_0——砂的表观密度（kg/m³）。

5. 容量筒容积的校正方法

将温度为（20±2）℃的饮用水装满容量筒，用一玻璃板沿筒口推移，使其紧贴水面。擦干筒外壁水分，然后称出其质量，精确至10g。容量筒容积按下式计算，精确至1mL：

$$V = (G_1 - G_2) \times \rho_{水} \tag{4-9}$$

式中 V——容量筒容积（mL）；

G_1——容量筒、玻璃板和水的总质量（g）；

G_2——容量筒和玻璃板质量（g）;

$\rho_{水}$——水的密度，$\rho_{水}=1g/mL$。

4.5.4 碎石或卵石筛分析检测（GB/T 14685—2011）

1. 主要仪器设备

（1）标准筛：孔径为 90mm、75.0mm、63.0mm、53.0mm、37.5mm、31.5mm、26.5mm、19.0mm、16.0mm、9.50mm、4.75mm、2.36mm 的方孔筛，以及筛的底盘和盖各一只，筛框内为 300mm。

（2）台秤：称量 10kg，感量 1g。

（3）摇筛机。

（4）鼓风干燥箱：能使温度控制在（105±5）℃。

（5）浅盘、毛刷等。

2. 试样及其制备

按规定取样，并将试样缩分至略大于表 4-11 规定的数量，烘干或风干后备用。

表 4-11 颗粒级配检测所需试样质量

最大粒径/mm	9.5	16.0	19.0	26.5	31.5	37.5	63.0	75.0
最少试样质量/kg	1.9	3.2	3.8	5.0	6.3	7.5	12.6	16.0

3. 检测步骤

（1）称取按表 4-11 规定质量的试样一份，精确到 1g。将试样倒入按孔径大小从上到下组合的套筛（附筛底）上，然后进行筛分。

（2）将套筛装入摇筛机内固紧，筛分时间为 10min 左右；然后取出套筛，再按筛孔大小顺序，在清洁的浅盘上逐个进行手筛，直至每分钟的筛出量不超过试样总量的 0.1% 时为止。通过的颗粒并入下一号筛中，并和下一号筛中试样一起过筛，这样顺序进行，直至各号筛全部筛完为止。

（3）称取各筛筛余试样的质量（精确至 1g），所有各筛的分计筛余量和底盘中剩余量的总和与筛分前的试样总量相比，其相差不得超过 1%，否则需重新检测。

4. 检测结果处理

（1）计算分计筛余百分率（各号筛的筛余量与试样总量之比），精确至 0.1%。

（2）计算累计筛余百分率（该号筛上的分计筛余百分率与大于该号筛的各筛上的分计筛余百分率之总和），精确至 1%。

（3）根据各号筛的累计筛余百分率，评定该试样的颗粒级配。

4.5.5 石子针、片状颗粒含量检测

1. 主要仪器设备

（1）针状规准仪与片状规准仪。

（2）台秤：称量 10kg，感量 1g。

（3）方孔筛：孔径为 4.75mm、9.50mm、16.0mm、19.0mm、26.5mm、31.5mm 及 37.5mm 的筛各一个。

2. 试样及其制备

检测前，将来样在室内风干至表面干燥，并用四分法缩分至略大于表4-12规定的数量。称量 G_1（g）。

表4-12 针片状颗粒含量检测所需试样质量

最大粒径/mm	9.5	16.0	19.0	26.5	31.5	37.5	63.0	75.0
最少试样质量/kg	0.3	1.0	2.0	3.0	5.0	10.0	10.0	10.0

3. 检测步骤

（1）称取按上表规定数量的试样一份 G_1（g），精确到1g。然后再按表4-13规定的粒级进行筛分。

表4-13 针、片状颗粒含量检测的粒级划分及其相应的规准仪孔宽或间距

（单位：mm）

石子粒级	4.75 ~ 9.50	9.50 ~ 16.0	16.0 ~ 19.0	19.0 ~ 26.5	26.5 ~ 31.5	31.5 ~ 37.5
片状规准仪相对应孔宽	2.8	5.1	7.0	9.1	11.6	13.8
针状规准仪相对应间距	17.1	30.6	42.0	54.6	69.6	82.8

（2）按表4-13规定的粒级分别用规准仪逐粒检测，凡颗粒长度大于针状规准仪上相应间距者，为针状颗粒；颗粒厚度小于片状规准仪相应间距者，为片状颗粒。称出其总质量 G_2（g），精确至1g。

4. 检测结果处理

碎石或卵石中针、片状颗粒含量 Q_c 应按下式计算（精确至1%）：

$$Q_c = \frac{G_2}{G_1} \times 100\% \tag{4-10}$$

式中 Q_c——针、片状颗粒含量（%）；

G_1——试样的质量（g）；

G_2——试样中所含针片状颗粒总含量（g）。

4.5.6 碎石或卵石表观密度检测（标准法）

1. 主要仪器设备

（1）天平：称量5kg，感量1g。

（2）吊篮：直径和高度均为150mm，由孔径为1 ~ 2mm的筛网或钻有2 ~ 3mm孔洞的耐锈蚀金属板制成。

（3）实验筛：孔径为5mm。

（4）鼓风干燥箱：能使温度控制在（105 ± 5）℃。

（5）盛水容器：有溢流孔。

（6）温度计：0 ~ 100℃。

（7）带盖容器、浅盘、刷子和毛巾等。

2. 试样及其制备

试样制备应符合下列规定：检测前，将样品筛去5mm以下的颗粒，并缩分至略大于表4-14所规定的数量，刷洗干净后分成两份备用。

表4-14　表观密度检测所需的试样最少用量

最大粒径/mm	<26.5	31.5	37.5	63.0	75.0
试样最少质量/kg	2.0	3.0	4.0	6.0	6.0

3. 检测步骤

（1）取试样一份装入吊篮，并浸入盛水的容器中，液面至少高出试样表面50mm。浸水24h后，移放到称量用的盛水容器中，并用上下升降吊篮的方法排除气泡（试样不得露出水面）。吊篮每升降一次约1s，升降高度为30～50mm。

（2）测定水温后（此时吊篮应全浸在水中），准确称出吊篮及试样在水中的质量，精确至5g。称量时盛水容器中水面的高度由容器的溢流孔控制。

（3）提起吊篮，将试样倒入浅盘，放在烘箱中于（105±5）℃下烘干至恒重，待冷却至室温后，称出其质量，精确至5g。

（4）称出吊篮在同样温度的水中的质量，精确至5g。称量时盛水容器的水面高度仍由溢流孔控制。

4. 检测结果处理

石子表观密度ρ_0应按下式计算（精确至10kg/m^3）

$$\rho_0 = \left(\frac{G_0}{G_0 + G_2 - G_1}\right) \times \rho_{水} \tag{4-11}$$

式中　ρ_0——表观密度（kg/m^3）；

G_0——烘干后试样的质量（g）；

G_1——吊篮及试样在水中的质量（g）；

G_2——吊篮在水中的质量（g）；

$\rho_{水}$——水的密度，1000kg/m^3。

4.5.7　碎石或卵石堆积密度检测

1. 主要仪器设备

（1）台秤：称量10kg，感量10g。

（2）秤：称量50kg或100kg，感量50g。

（3）容量筒：规格见表4-15。

表4-15　容量筒的规格要求

最大粒径/mm	容量筒容积/L	容量筒规格		
		内径/mm	净高/mm	壁厚/mm
9.5、16.0、19.0、26.5	10	208	294	2
31.5、37.5	20	294	294	3
53.0、63.0、75.0	30	360	294	4

（4）垫棒：直径16mm，长600mm的圆钢。

（5）直尺、小铲等。

2. 试样及其制备

用浅盘装样品约3L，在温度为（105±5）℃烘箱中烘至恒重，取出并冷却至室温，再用4.75mm孔径的筛子过筛，分成大致相等的两份备用。试样烘干后如有结块，应在检测前予以捏碎。

3. 检测步骤

（1）堆积密度：取试样一份，用小铲将试样从容量筒口中心上方50mm处徐徐倒入，让试样以自由落体落下，当容量筒上部试样呈堆体，且容量筒四周溢满时，即停止加料。除去凸出容量口表面的颗粒，并以合适的颗粒填入凹陷部分，使表面稍凸起部分和凹陷部分的体积大致相等（检测过程中应防止触动容量筒），称出试样和容量筒总质量 m_2，精确至10g。

（2）紧密密度：取试样一份，分3次装入容量筒。装完第一层后，在筒底垫放一根直径为16mm的圆钢，将筒按住，左右交替颠击地面各25次；再装入第二层，第二层装满后用同样的方法颠实（但筒底所垫钢筋的方向应与第一层放置方向垂直）；然后装入第三层，如法颠实。试样装填完毕，再加试样直至超过筒口，用钢尺沿筒口边缘刮去高出的试样，并用合适的颗粒填平凹处，使表面稍凸起部分和凹陷部分的体积大致相等。称出试样和容量筒总质量 m_2，精确至10g。

4. 检测结果处理

松散或紧密堆积密度按下式计算（精确至10kg/m³）

$$\rho_1 = \frac{m_2 - m_1}{V} \tag{4-12}$$

式中 ρ_1——松散堆积密度或紧密堆积密度（kg/m³）；

m_1——容量筒的质量（g）；

m_2——容量筒和石子总质量（g）；

V——容量筒容积（L）。

4.5.8 石子空隙率的计算

石子空隙率按下式计算（精确至1%）

$$P' = \left(1 - \frac{\rho_1}{\rho_0}\right) \times 100 \tag{4-13}$$

式中 P'——石空隙率（%）；

ρ_1——石子的堆积密度（kg/m³）；

ρ_0——石子的表观密度（kg/m³）。

思考题与习题

1. 细骨料的颗粒级配与细度模数有何差异？
2. 骨料的有害杂质有哪些？对混凝土的性能有何影响？

3. 在混凝土中，骨料的作用有哪些？

4. 为什么要限制混凝土用砂石中的氯盐、硫酸盐及硫化物的含量？

5. 砂、石中含有的粘土、石粉等粉状杂质及团块，对混凝土性能有何影响？

6. 什么是石子的针、片状颗粒？其含量超过规定时会对混凝土产生什么影响？

7. 某砂样500g经筛分析检测，各筛的筛余量见下表，试评定该砂的粗细程度及颗料级配情况。

筛孔尺寸/mm	4.75	2.36	1.18	0.60	0.30	0.15	<0.15
分计筛余量/g	40	60	80	120	100	90	10

8. 石子的强度如何表示？

9. 普通混凝土中使用卵石或碎石，对混凝土性能的影响有何差异？

第 5 章　混凝土外加剂

学 习 要 求

了解混凝土外加剂中的主要品种——减水剂、早强剂、缓凝剂、引气剂、防冻剂、泵送剂、膨胀剂以及矿物外加剂的定义、分类、作用机理、技术性质及工程应用，掌握各外加剂的作用机理和技术性质，了解它们在工程中应用时的相关问题。

近 20～30 年来，混凝土外加剂的研制开发和应用有了飞速的发展，外加剂已成为混凝土的重要组成部分。其用量虽小，但在改善混凝土的各项性能（如改善拌合物性能、提高硬化混凝土的强度和耐久性等）、提高经济效益等方面都发挥着重要的作用。

现在，各种外加剂除广泛应用于工业与民用建筑外，在高层建筑、水利工程、桥梁、道路、港口、井巷、硐室、深基础等重要工程中更是必不可少的材料。

5.1　混凝土外加剂的定义及分类

5.1.1　混凝土外加剂的定义

根据现行标准《混凝土外加剂定义、分类、命名与术语》（GB/T 8075—2005）规定，混凝土外加剂是一种在混凝土搅拌之前或拌制过程中加入的、用以改善新拌混凝土和（或）硬化混凝土性能的材料，以下简称为外加剂。

5.1.2　外加剂的分类

1. 外加剂按其功能分类

（1）改善混凝土拌合物流变性能的外加剂，包括各种减水剂和泵送剂等。

（2）调节混凝土凝结时间、硬化性能的外加剂，包括缓凝剂、促凝剂和速凝剂等。

（3）改善混凝土耐久性的外加剂，包括引气剂、防水剂、阻锈剂和矿物外加剂等。

（4）改善混凝土其他性能的外加剂，包括膨胀剂、防冻剂、着色剂等。

外加剂按主要功能分类，具有简明、适用的优点，也符合命名原则。当某种外加剂（主要是复合外加剂）具有一种以上的主要功能时，则按其一种以上功能命名。如某种外加剂具有减水作用和早强作用时，为早强减水剂；当某种外加剂具有减水和引气作用时，则称为引气减水剂等。

2. 按化学成分分类

（1）无机物外加剂。包括各种无机盐类、一些金属单质和少量氢氧化物等，如早强剂中的 $CaCl_2$ 和 Na_2SO_4、加气剂中的铝粉、防水剂中的氢氧化铝等。

（2）有机物外加剂。这类外加剂占混凝土外加剂的绝大部分，种类极多，其中大部分属于表面活性剂的范畴，有阴离子型、阳离子型、非离子型及高分子型表面活性剂等。如减水剂中的木质素磺酸盐、萘磺酸甲醛缩合物等。有一些有机外加剂本身并不具有表面活性作用，但却可用作为优质外加剂。

（3）复合外加剂。适当的无机物与有机物复合制成的外加剂，往往具有多种功能或使某项性能得到显著改善，这也是“杂交优势”在外加剂技术中的体现，是外加剂的发展方向之一。

5.2 混凝土减水剂

5.2.1 混凝土减水剂的定义及分类

1. 定义

在混凝土拌合物坍落度基本相同的条件下，能减少拌合用水量的外加剂称为混凝土减水剂。

减水剂还可和其他外加剂复合，形成早强减水剂、缓凝减水剂、引气减水剂等。这些外加剂一般同时具有两种主要功能，是应用很广的减水剂品种。

2. 分类

按减水率的大小混凝土减水剂可分为普通型减水剂（减水率≥8%）和高效型减水剂（减水率≥14%）。

（1）混凝土工程中可采用下列普通减水剂：木质素磺酸盐类包括木质素磺酸钙、木质素磺酸钠、木质素磺酸镁及丹宁等。

（2）混凝土工程中可采用下列高效减水剂：

1）多环芳香族磺酸盐类：萘和萘的同系磺化物与甲醛缩合的盐类、胺基磺酸盐等。

2）水溶性树脂磺酸盐类：磺化三聚氰胺树脂、磺化古马隆树脂等。

3）脂肪族类：聚羧酸盐类、聚丙烯酸盐类、脂肪族羟甲基磺酸盐高缩聚物等。

4）其他：改性木质素磺酸钙、改性丹宁等。

5.2.2 减水剂的作用机理

目前开发的混凝土减水剂均为具有较高相对分子质量(一般为1500~10000)的有机化合物,一般认为属于表面活性剂的范畴。凡能显著降低溶剂(通常指水)表面张力的物质称为表面活性剂。通常认为,当其含量达0.2%时,水的表面张力应降低到45×10^{-5}N/cm以下。

表面活性剂的分子具有两极构造，其一端为易溶于油而难溶于水的非极性亲油基团，如长链烷基原子团等；另一端为易溶于水而难溶于油的极性亲水基团，如羟基（-OH）、羧基（-COOH）、磺酸基（$-SO_3H$）等。表面活性剂分子结构示意如图5-1所示。

表面活性剂溶于水后，由于两极分子构造，很快从溶液中向界面富集并作定向排列，如图5-2所示，形成单分子吸附膜，从而显著降低溶液的表面张力，这种现象称为表面活性。表面活性剂在降低表面张力的同时，可起到分散、润湿、乳化、起泡、洗涤等多种作用。

随着表面活性剂浓度的不断增加，界面上富集的表面活性剂分子呈现出饱和状态，多余的表面活性剂分子开始形成亲水基向外、亲油基向里的胶束（图5-2），此时表面张力不再降低。

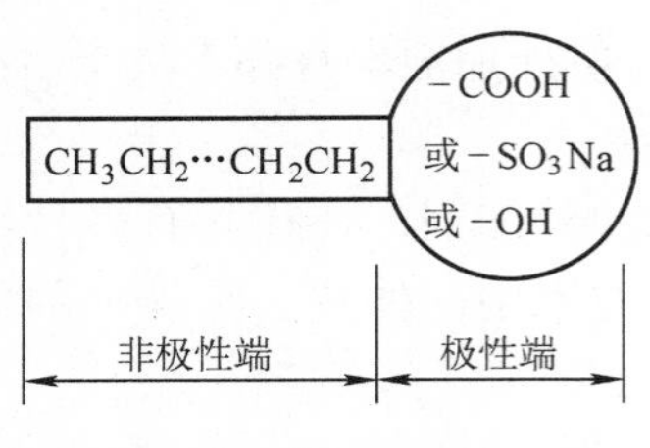

图 5-1　表面活性剂分子构造

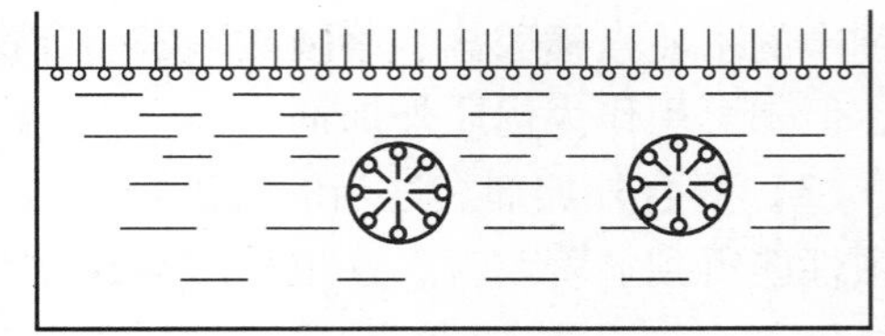

图 5-2　单分子吸附膜及胶束

1. 吸附-分散作用

水泥加水拌合后，由于水泥颗粒间分子引力的作用，而形成许多絮凝结构，使 10% ~ 30% 的水包裹其中（图 5-3），从而降低了混凝土拌合物的流动性。当加入适量减水剂后，减水剂分子定向吸附于水泥颗粒表面，亲水基团指向水溶液。由于亲水基团的离解，使水泥颗粒表面带上电性相同的电荷并随减水剂的浓度增大而增大，从而产生了静电斥力，导致水泥颗粒相互分散，絮凝结构解体，包裹其中的拌合水释放出来，从而有效地增大了混凝土拌合物的流动性（图 5-4）。

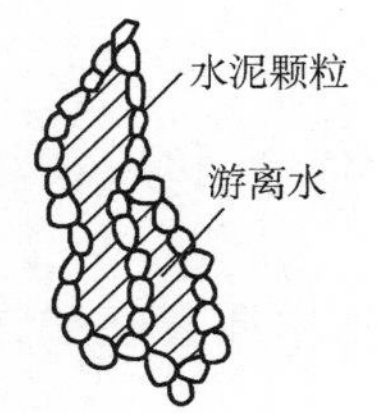

图 5-3　水泥浆的絮凝结构

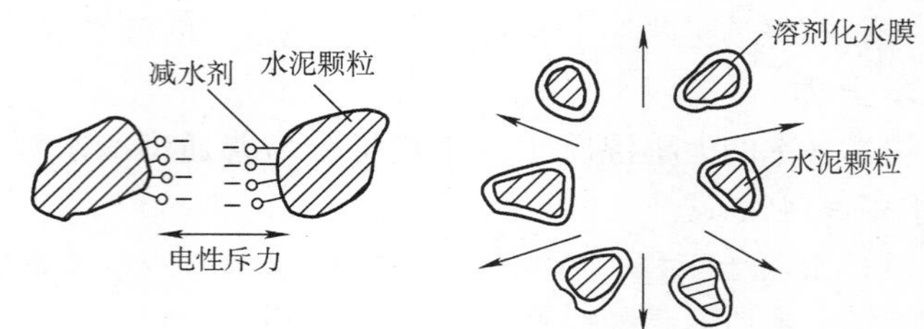

图 5-4　减水剂的分散作用示意

2. 润湿作用

由于减水剂分子在界面上定向排列，降低了表面张力，提高了水对水泥颗粒的润湿能力。所形成的单分子溶剂化水膜，一方面破坏了絮凝结构，使水泥颗粒充分分散，增大了水泥颗粒与水的接触表面积，另一方面具有一定的润湿作用。所以在宏观上表现为混凝土拌合物流动性增大，水泥强度增长迅速。

5.2.3　减水剂的技术性能

混凝土减水剂及其他外加剂的技术性能均按照《混凝土外加剂》（GB 8076—2008）和《混凝土外加剂均质性试验方法》（GB/T 8077—2012）规定的方法进行。掺加不同外加剂拌制的混凝土应通过试验满足表 5-1 的性能要求。

表 5-1　掺外加剂混凝土的性能指标（GB 8076—2008）

项　目	外加剂品种					
	高性能减水剂 HPWR			普通减水剂 WR		
	早强型 HPWR-A	标准型 HPWR-S	缓凝型 HPWR-R	早强型 WR-A	标准型 WR-S	缓凝型 WR-R
减水率(%)≥	25	25	25	8	8	8
泌水率比(%)≤	50	60	70	95	100	100
含气量(%)	≤6.0	≤6.0	≤6.0	≤4.0	≤4.0	≤5.5

（续）

项目		外加剂品种					
		高性能减水剂 HPWR			普通减水剂 WR		
		早强型 HPWR-A	标准型 HPWR-S	缓凝型 HPWR-R	早强型 WR-A	标准型 WR-S	缓凝型 WR-R
凝结时间之差/min	初凝	-90～+90	-90～+120	>+90	-90～+90	-90～+120	>+90
	终凝			—			—
1h 经时变化量	坍落度/mm	—	≤80	≤60	—	—	—
	含气量(%)	—	—	—			
抗压强度比(%)≥	1d	180	170	—	135	—	—
	3d	170	160	—	130	115	—
	7d	145	150	140	110	115	110
	28d	130	140	130	100	110	110
收缩率比(%)≤	28d	110	110	110	135	135	135
相对耐久性(200 次,%)≤		—	—	—	—	—	—

项目		外加剂品种						
		高效减水剂 HWR		引气减水剂 AEWR	泵送剂 PA	早强剂 Ac	缓凝剂 Re	引气剂 AE
		标准型 HWR-S	缓凝型 HWR-R					
减水率(%)≥		14	14	10	12	—	—	6
泌水率比(%)≤		90	100	70	70	100	100	70
含气量(%)		≤3.0	≤4.5	≥3.0	≤5.5	—	—	≥3.0
凝结时间之差/min	初凝	-90～+120	>+90	-90～+120	—	-90～+90	>+90	-90～+120
	终凝		—			—	—	
1h 经时变化量	坍落度/mm	—	—	—	≤80	—	—	—
	含气量(%)			-1.5～+1.5	—			-1.5～+1.5
抗压强度比(%)≥	1d	140	—	—	—	135	—	—
	3d	130	—	115	—	130	—	95
	7d	125	125	110	115	110	100	95
	28d	120	120	100	110	100	100	90
收缩率比(%)≤	28d	135	135	135	135	135	135	135
相对耐久性(200 次,%)≤		—	—	80	—	—	—	80

注：1. 表中抗压强度比、收缩率比、相对耐久性为强制性指标，其余为推荐性指标。

2. 除含气量和相对耐久性外，表中所列数据为掺外加剂混凝土与基准混凝土的差值或比值。

3. 凝结时间性能指标，“-”号表示提前，“+”号表示延缓。

4. 相对耐久性（200 次）性能指标中，“≥80”表示将 28d 龄期的掺外加剂混凝土试件冻融循环 200 次后，动弹性模量保留值≥80%。

5. 1h 含气量经时变化量指标中的“-”表示含气量增加，“+”表示减少。

6. 其他品种的外加剂是否需要测定相对耐久性指标，由供、需双方协商确定。

7. 当用户对泵送剂等产品有特殊要求时，需要进行的补充试验项目、试验方法及指标，由供、需双方协商确定。

5.2.4 减水剂在建筑工程中的应用

1. 减水剂的基本作用

结合减水剂的作用机理和混凝土强度经验公式（详见第 7 章）可以看到，不考虑具体种类差别的影响，任何减水剂都具有以下的基本作用：

（1）在不减少单位用水量的情况下，水灰比不变，混凝土强度不变，改善新拌混凝土的工作度，提高流动性。

（2）在保持一定的工作度下，减少用水量，水灰比减小，提高混凝土的强度。

（3）在保持一定强度的情况下，减少水泥用量，减少用水量，水灰比不变，节约水泥。

实际上，由于减水剂种类的差别，分子结构的不同，不同减水剂对混凝土的凝结硬化过程、各种技术性质都将产生不同的影响。

2. 减水剂品种的选用

减水剂种类比较多，如普通减水剂、高效减水剂、高性能减水剂、引气减水剂等，不同减水剂对混凝土各种性能的影响决定了其使用范围，可依据实际使用目的进行选取。实际工程中所选用减水剂必须满足以下基本性能的要求：

（1）能满足使用目的的要求，但不改变混凝土的其他性能。

（2）在运输和储存过程中能保持良好的均匀性和稳定性。

（3）在早期和后期对混凝土中的钢筋和其他预埋件没有危害。

（4）使用过程中不会对人体和环境造成危害。

当减水剂品种选定时，应采用实际工程用的原料进行混凝土试配试验，并掺用不同厂家的同种减水剂，根据试验结果确定技术经济效果最佳的产品。

3. 减水剂的掺量

减水剂的掺量以水泥用量（或胶凝材料总量）的百分比表示，其最佳掺量决定了所配制混凝土的技术经济效果。应根据减水剂的产品说明书通过试配确定。

减水剂的最佳掺量与许多因素有关，包括水泥品种、矿物组成、矿物掺合料、水泥缓凝石膏的品种、拌合物起始流动性、养护条件和环境温度等。

减水剂的掺量应适当，要避免掺量过大。普通减水剂掺量过大时，可能会造成严重的缓凝，导致混凝土后期强度损失过大；高效减水剂掺量过大时并不能明显增大混凝土的减水率，反而会造成离析、泌水和大坍落度损失；引气减水剂掺量过大会损失后期强度；早强减水剂超量掺加会使混凝土后期强度损失，并产生白霜盐析现象；缓凝减水剂超量则导致混凝土长期不凝结，水分散失后表面起砂，严重影响混凝土强度。

4. 减水剂对水泥的适应性

水泥品种、矿物组成、掺合料、石膏种类、水泥细度、碱含量的不同，都会导致减水剂最作掺量、掺加效果的显著差别，甚至导致减水剂完全失去作用。实际工程中，必须对水泥或减水剂做出合理的选择，使其相互适应、匹配。

5.3 混凝土早强剂

5.3.1 早强剂的定义及分类

1. 定义

能加速混凝土早期强度发展的外加剂称为早强剂。

在常温及低温条件下（不低于 -5℃）养护的混凝土中掺入适量早强剂可显著提高其早期强度，或缩短养护时间，对蒸汽养护混凝土而言，可缩短蒸养周期或降低蒸养温度，达到提高生产率、节约能耗和降低成本的目的，具有明显的技术经济效果，是应用历史较长的外加剂品种之一。

2. 分类

（1）强电解质无机盐类早强剂：硫酸盐、硫酸复盐、硝酸盐、亚硝酸盐、氯盐等。

（2）水溶性有机化合物：三乙醇胺，甲酸盐、乙酸盐、丙酸盐等。

（3）其他：有机化合物，无机盐复合物。

5.3.2 常用混凝土早强剂及其作用机理

1. 氯化钙

氯化钙为白色结晶粉末状的无机电解质。混凝土中掺入占水泥质量1% ~2%的氯化钙，可使1d强度提到140% ~200%，7d强度提高115% ~125%。它起早强作用的主要原因是：氯化钙可与水泥中的铝酸三钙反应生成不溶性复盐——水化氯铝酸钙。

$$CaCl_2 + 3CaO \cdot Al_2O_3 + H_2O \rightarrow 3CaO \cdot Al_2O_3 \cdot 3CaCl_2 \cdot 30H_2O \text{ 或 } 3CaO \cdot Al_2O_3 \cdot CaCl_2 \cdot 10H_2O \tag{5-1}$$

氯化钙还可与水泥水化产物中的氢氧化钙反应，生产不溶性的氧氯化钙。

$$CaCl_2 + Ca(OH)_2 + H_2O \rightarrow CaCl_2 \cdot 3Ca(OH)_2 \cdot 12H_2O \text{ 或 } CaCl_2 \cdot Ca(OH)_2 \cdot H_2O \tag{5-2}$$

由于含有大量化学结合水（这类水与游离水不同，往往具有某些固体性质）的水化产物增多，固相比例增高，有助于水泥浆结构的形成而表现出较高的早期强度。另一方面由于上述反应的迅速进行，$Ca(OH)_2$ 数量减少，这也加速了 C_3S 等的水化反应，有利于提高早期强度。

2. 硫酸钠

硫酸钠的俗名称为元明粉，白色粉末，是易溶于水的无机电解质盐类，其早强效果以 $Na_2SO_4 \cdot 10H_2O$ 为最佳。

硫酸钠加入水泥中，可与 $Ca(OH)_2$ 反应生成分散度极高的 $CaSO_4 \cdot 2H_2O$。

$$Na_2SO_4 + Ca(OH)_2 + 2H_2O \rightarrow CaSO_4 \cdot 2H_2O + 2NaOH \tag{5-3}$$

所生成的硫酸钙比生产水泥时加入的石膏的比表面积大的多，所以可以和水泥中的铝酸钙迅速反应生成钙矾石（$3CaO \cdot Al_2O_3 \cdot 3CaSO_4 \cdot 31H_2O$），体积膨胀，使水泥石致密，从而提高了早期强度。另一方面由于 $Ca(OH)_2$ 被消耗，又加速了 C_3S、C_2S 的水化反应，也有助于早期强度的提高。但28d的强度往往与不掺硫酸钠者持平甚至稍有下降。

3. 三乙醇胺 $N(C_2H_4OH)_3$

三乙醇胺为无色或淡黄色透明油状液体，能溶解于水，呈碱性。最佳掺量范围为**0.03%～0.05%**，但单掺时早强效果不太显著，一般提高**10%**左右，而且应在常温湿养条件下。所以实际工程中，常将三乙醇胺与氯化钠、氯化钙、硫酸钠等复合使用。

三乙醇胺产生早强作用的机理，目前研究尚不够充分，看法还不一致。一般认为在复合早强剂中它起着催化剂的作用，即可促进氯盐等早强剂对水泥水化的加速作用。

4. 复合早强剂

在实际工程中，经常将三乙醇胺、氯化钙、硫酸钠、亚硝酸钠、甲酸钙以及石膏等组分组成二元、三元或四元的复合早强剂。可以有机和无机复合、无机和无机复合或有机和有机复合。实践证明，若复合早强剂的复合组分、比例、掺量选择适当，其早期强度增进率有可能达到或超过各组分单独使用时强度增进率的算术叠加；若早期强度相同，复合早强剂的掺量可比单组分的减小。因此，使用复合早强剂可以取得比单组分早强剂更为显著的技术经济效果。

5.3.3 早强剂的掺量限制

表5-2为常用早强剂在混凝土中的掺量限制。

表5-2 混凝土早强剂的掺量(GB 50119—2003)

混凝土种类		早强剂品种	掺量(水泥质量,%)
预应力混凝土	干燥环境	硫酸钠	1.0
		三乙醇胺	0.05
钢筋混凝土	干燥环境	氯离子(Cl^-)	0.6
		硫酸钠	2.0
		硫酸钠与缓凝减水剂复合使用	3.0
		三乙醇胺	0.05
	潮湿环境	硫酸钠	1.5
		三乙醇胺	0.05
有饰面要求的混凝土		硫酸钠	1.0
无筋混凝土		氯离子(Cl^-)	1.8

注：预应力混凝土及潮湿环境中使用的钢筋混凝土中不得掺氯盐早强剂。

5.3.4 早强剂和早强减水剂的适用范围与施工

1. 适用范围

早强剂及早强减水剂适用于蒸养混凝土及常温、低温和最低温度不低于-5℃环境中施工的有早强要求的混凝土工程。炎热环境条件下不宜使用早强剂、早强减水剂。粉剂早强剂和早强减水剂直接掺入混凝土干料中应延长搅拌时间30s。

2. 施工中应注意的问题

常温及低温下使用早强剂或早强减水剂的混凝土采用自然养护时宜使用塑料薄膜覆盖或喷洒养护液。终凝后应立即浇水潮湿养护。最低气温低于0℃时除塑料薄膜外还应加盖保温材料。最低气温低于-5℃时应使用防冻剂。

掺早强剂或早强减水剂的混凝土采用蒸汽养护时，其蒸养制度应通过试验确定。

5.4 混凝土缓凝剂

5.4.1 缓凝剂的定义及分类

1. 定义

缓凝剂是指延长混凝土凝结时间的外加剂。

2. 分类

（1）糖类：糖钙、葡萄糖酸盐等。

（2）木质素磺酸盐类：木质素磺酸钙、木质素磺酸钠等。

（3）羟基羧酸及其盐类：柠檬酸、酒石酸钾钠等。

（4）无机盐类：锌盐、磷酸盐等。

（5）其他：胺盐及其衍生物、纤维素醚等。

5.4.2 缓凝剂的作用机理

一般来讲，多数有机缓凝剂有表面活性，它们在固—液界面上产生吸附，改变固体粒子表面性质；或是通过其分子中亲水基团吸附大量水分子形成较厚的水膜层，使晶体间的相互接触受到屏蔽，改变了结构形成过程；或是通过其分子中的某些官能团与游离的 Ca^{2+} 生成难溶性的钙盐吸附于矿物颗粒表面，从而抑制水泥的水化进程，起到缓凝效果。大多数无机缓凝剂能与水泥水化产物生成复盐（如钙矾石），沉淀于水泥矿物颗粒表面，抑制水泥水化。缓凝剂的机理较为复杂，通常是以上多种缓凝机理综合作用的结果。

5.4.3 缓凝剂及缓凝减水剂的工程应用问题

1. 适用范围

缓凝剂、缓凝减水剂及缓凝高效减水剂可用于大体积混凝土、碾压混凝土、炎热气候条件下施工的混凝土，大面积浇筑的混凝土、避免冷缝产生的混凝土；需较长时间停放或长距离运输的混凝土、自流平免振混凝土、滑模施工或拉模施工的混凝土及其他需要延缓凝结时间的混凝土。缓凝高效减水剂可制备高强、高性能混凝土。

2. 缓凝剂及缓凝减水剂应用中应注意的问题

（1）缓凝剂、缓凝减水剂及缓凝高效减水剂宜用于日最低气温5℃以上施工的混凝土，不宜单独用于有早强要求的混凝土及蒸养混凝土。

（2）柠檬酸及酒石酸钾钠等缓凝剂不宜单独用于水泥用量较低、水灰比较大的贫混凝土。

（3）当掺用含有糖类及木质素磺酸盐类物质的外加剂时，应先做水泥适应性试验，合格后方可使用。

（4）使用缓凝剂、缓凝减水剂及缓凝高效减水剂施工时，宜根据温度选择品种并调整掺量，满足工程要求方可使用。

（5）缓凝剂、缓凝减水剂及缓凝高效减水剂的品种及掺量应根据环境温度、施工要求的混凝土凝结时间、运输距离、停放时间、强度等来确定。

（6）缓凝剂、缓凝减水剂及缓凝高效减水剂以溶液掺加时计量必须正确，使用时加入拌合水中，溶液中的水量应从拌合水中扣除。难溶和不溶物较多的应采用干掺法并延长混凝土搅拌时间30s。

（7）掺缓凝剂、缓凝减水剂及缓凝高效减水剂的混凝土浇筑、振捣后，应及时抹压并始终保持混凝土表面潮湿，终凝以后应浇水养护，当气温较低时，应加强保温保湿养护。

5.5 混凝土引气剂

5.5.1 引气剂的定义及分类

1. 定义

在混凝土搅拌过程中能引入大量均匀分布、稳定而封闭的微小气泡且能保留在硬化混凝土中的外加剂称为引气剂。

2. 分类

（1）松香树脂类：松香热聚物，松香皂类等。

（2）烷基和烷基芳烃磺酸盐类：十二烷基磺酸盐、烷基苯磺酸盐、烷基苯酚聚氧乙烯醚等。

（3）脂肪醇磺酸盐类：脂肪醇聚氧乙烯醚、脂肪醇聚氧乙烯磺酸钠、脂肪醇硫酸钠等。

（4）皂甙类：三萜皂甙等。

（5）其他：蛋白质盐、石油磺酸盐等。

5.5.2 引气剂的作用

引气剂属憎水性表面活性物质，它可以在气泡周围作定向排列，降低表面张力而使气泡稳定存在，也不聚结成大气泡。引气剂所稳定下来的封闭气泡的直径多在50～250μm，按混凝土含气量3%～5%计（不加引气剂混凝土含气量多为1%），每立方米混凝土拌合物中约含有数百亿个气泡。由于大量微小、封闭并均匀分布气泡的存在，使混凝土的某些性能得到明显改善。

（1）使混凝土抗冻、抗渗等耐久性成倍提高。提高混凝土的密实度可以提高其耐久性，这只是问题的一个方面。加入引气剂后，所形成的大量微小气泡对混凝土受冻时水转变为冰的膨胀压可起到很好的缓冲作用，而且气泡呈封闭状态，很难吸入水分，这与普通混凝土中存在的大而连通的孔隙相比，使成冰量大为降低，膨胀内应力明显减小，所以抗冻融破坏能力得以成倍提高。

另一方面，大量均匀分布的封闭气泡也切断了渗水通路，提高了混凝土的抗渗能力。

（2）使混凝土拌合物的和易性明显改善。微小封闭气泡的存在，犹如混凝土拌合物中有无数个“滚珠”，润滑作用很强，流动性明显提高。若保持拌合物坍落度不变，则可减少用水量，从而减轻了混凝土拌合物的泌水、离析现象，可使拌合物粘结力提高，易抹性改善。

（3）引气剂使混凝土的含气量增加2%～4%，实际受力面积减小，所以掺引气剂的混凝土与不掺者相比，其强度往往有所下降。

5.5.3 引气剂的工程应用问题

1. 适用范围

（1）引气剂及引气减水剂适用于抗冻混凝土、抗渗混凝土、抗腐蚀混凝土以及泌水严重的混凝土、轻集料混凝土、贫混凝土以及有饰面要求的混凝土等。

（2）引气剂及引气减水剂不宜用于蒸养混凝土及预应力混凝土，必要时，应经试验确定。

2. 掺引气剂及引气减水剂混凝土的应用与施工

（1）抗冻性要求高的混凝土，必须掺引气剂或引气减水剂，其掺量应根据混凝土的含气量要求，通过试验确定。掺引气剂及引气减水剂混凝土的含气量，不宜超过表5-3规定的含气量。

表5-3　掺引气剂及引气减水剂混凝土的含气量（GB 50119—2003）

粗骨料最大粒径/mm	20(19)	25(22.4)	40(37.5)	50(45)	80(75)
混凝土含气量(%)	5.5	5.0	4.5	4.0	3.5

注：括号内数值为《建筑用卵石、碎石》GB/T 14685—2011 中标准筛的尺寸。

（2）引气剂宜以溶液掺加，使用时加入拌合水中，溶液中的水量应从拌合水中扣除。引气剂配制溶液时，必须充分溶解后方可使用。

（3）引气剂可与减水剂、早强剂、缓凝剂、防冻剂复合使用。配制溶液时，如产生絮凝或沉淀等现象，应分别配制溶液并分别加入搅拌机内。

（4）施工时，应严格控制混凝土的含气量。当材料、配合比、施工条件变化时，应相应增减引气剂或引气减水剂的掺量。

（5）检验掺引气剂及引气减水剂混凝土的含气量，应在搅拌机出料口进行取样，并应考虑混凝土在运输和振捣过程中含气量的损失。对含气量有设计要求的混凝土，施工中应每间隔一定时间进行现场检验。

（6）掺引气剂及引气减水剂的混凝土，必须采用机械搅拌，搅拌时间及搅拌量应通过试验确定。出料到浇筑的停放时间也不宜过长，采用插入式振捣时，振捣时间不宜超过20s。

5.6 混凝土防冻剂

5.6.1 防冻剂的定义及分类

1. 定义

能使混凝土在负温下硬化，并在规定养护条件下达到预期性能的外加剂称为防冻剂。

2. 分类

（1）强电解质无机盐类：

1）氯盐类：以氯盐为防冻组分的外加剂。

2）氯盐阻锈类：以氯盐与阻锈组分为防冻组分的外加剂。

3）无氯盐类：以亚硝酸盐、硝酸盐等无机盐为防冻组分的外加剂。

（2）水溶性有机化合物类：以某些醇类等有机化合物为防冻组分的外加剂。

（3）有机化合物与无机盐复合类。

（4）复合型防冻剂：以防冻组分复合早强、引气、减水等组分的外加剂。

5.6.2　复合防冻剂的组成及作用机理

我国目前使用的防冻剂均为复合防冻剂。一般由防冻剂、减水剂、早强剂及引气剂四种主要成分构成，每种成分所起作用不同，它们相互配合，可取得比单一防冻成分更好的防冻效果。

复合防冻剂的作用机理为：减水剂减少混凝土拌合物的用水量，从而减少了受冻时的含冰量，并能使冰晶粒度细小、分散，降低了冰的破坏应力；防冻剂可使混凝土中的液相在规定的负温条件下不冻结或减轻冻结，使混凝土中液相量保持较多，为负温下水泥的水化反应创造必要的条件；早强剂可加速水泥矿物成分的水化反应，提高早期强度，使混凝土尽快具有规定的抗冻临界强度；引气剂则可提高混凝土的耐久性，缓冲冻胀应力。

5.6.3　防冻剂的技术性能

按规定方法检验掺防冻剂混凝土的性能指标应符合表5-4的规定。

表5-4　掺防冻剂混凝土的性能（JC 475—2004）

<table>
<tr><th rowspan="2">序号</th><th rowspan="2" colspan="2">试验项目</th><th colspan="6">性能指标</th></tr>
<tr><th colspan="3">一等品</th><th colspan="3">合格品</th></tr>
<tr><td>1</td><td colspan="2">减水率(%)≥</td><td colspan="3">10</td><td colspan="3">—</td></tr>
<tr><td>2</td><td colspan="2">泌水率比(%)≤</td><td colspan="3">80</td><td colspan="3">100</td></tr>
<tr><td>3</td><td colspan="2">含气量(%)≥</td><td colspan="3">2.5</td><td colspan="3">2.0</td></tr>
<tr><td rowspan="2">4</td><td rowspan="2">凝结时间差/min</td><td>初凝</td><td colspan="3" rowspan="2">−150 ~ +150</td><td colspan="3" rowspan="2">−210 ~ +210</td></tr>
<tr><td>终凝</td></tr>
<tr><td rowspan="5">5</td><td rowspan="5">抗压强度比(%)≥</td><td>规定温度/℃</td><td>−5</td><td>−10</td><td>−15</td><td>−5</td><td>−10</td><td>−15</td></tr>
<tr><td>R_{28}</td><td colspan="2">100</td><td>95</td><td colspan="2">95</td><td>90</td></tr>
<tr><td>R_{-7}</td><td>20</td><td>12</td><td>10</td><td>20</td><td>10</td><td>8</td></tr>
<tr><td>R_{-7+28}</td><td>95</td><td>90</td><td>85</td><td>95</td><td>85</td><td>80</td></tr>
<tr><td>R_{-7+56}</td><td colspan="3">100</td><td colspan="3">100</td></tr>
<tr><td>6</td><td colspan="2">28d收缩率比(%)≤</td><td colspan="6">135</td></tr>
<tr><td>7</td><td colspan="2">渗透高度比(%)</td><td colspan="6">≤100</td></tr>
<tr><td>8</td><td colspan="2">50次冻融强度损失率比(%)≤</td><td colspan="6">100</td></tr>
<tr><td>9</td><td colspan="2">对钢筋锈蚀作用</td><td colspan="6">应说明对钢筋无锈蚀作用</td></tr>
</table>

表中符号含义：

R_{28}——受检标养混凝土与基准混凝土标养28d的抗压强度之比，以百分率（%）表示。

R_{-7}——受检混凝土负温养护7d的抗压强度与基准混凝土标准状护28d抗压强度之比，以百分率（%）表示。

R_{-7+28}——受检混凝土负温养护7d再转标准养护28d的抗压强度与基准混凝土标准养

护 28d 抗压强度之比，以百分率（%）表示。

R_{-7+56}——受检混凝土负温养护 7d 再转标准养护 56d 的抗压强度与基准混凝土标准状护 28d 抗压强度之比，以百分率（%）表示。

5.6.4 防冻剂在工程中的应用

1. 适用范围

含亚硝酸盐、碳酸盐的防冻剂严禁用于预应力混凝土结构。

含有六价铬盐、亚硝酸盐等有害成分的防冻剂，严禁用于饮水工程及与食品相接触的工程，严禁食用。

含有硝胺、尿素等产生刺激性气味的防冻剂，严禁用于办公、居住等建筑工程。

强电解质无机盐防冻剂应符合有关规定。

有机化合物类防冻剂可用于素混凝土、钢筋混凝土及预应力混凝土工程。

有机化合物与无机盐复合防冻剂及复合型防冻剂可用于素混凝土、钢筋混凝土及预应力混凝土工程，并应符合上述规定。

对水工、桥梁及有特殊抗冻融性要求的混凝土工程，应通过试验确定防冻剂品种及掺量。

2. 防冻剂的选用

（1）在日最低气温为 0 ~ -5℃，混凝土采用塑料薄膜和保温材料覆盖养护时，可采用早强剂或早强减水剂。

（2）在日最低气温为 -5 ~ -10℃、-10 ~ -15℃、-15 ~ -20℃，采用上述保温措施时，宜分别采用规定温度为 -5℃、-10℃、-15℃的防冻剂。

（3）防冻剂的规定温度为按《混凝土防冻剂》（JC 475—2004）规定的试验条件成型的试件，在恒负温条件下养护的温度。施工使用的最低气温可比规定温度低 5℃。

5.7 混凝土泵送剂

5.7.1 泵送剂的定义

能改善混凝土拌合物泵送性能的外加剂称为泵送剂。

5.7.2 泵送剂的组成

泵送混凝土的基本要求是：具有大的流动性而不泌水，以减小泵压力；具有施工所要求的缓凝时间，以减少坍落度损失。为此，混凝土泵送剂的组成如下：

（1）高效减水剂或普通减水剂：如萘系减水剂、三聚氰胺减水剂、木质素磺酸钙减水剂等。

（2）缓凝剂：如糖蜜、糖钙、木钙、柠檬酸等。

（3）引气剂：如松香热聚物、松香皂、十二烷基苯磺酸盐等。

（4）其他助剂：如助泵剂、保塑剂等。

5.7.3 泵送剂的技术性能

按规定方法检验掺泵送剂混凝土的性能指标应符合表5-1中对泵送剂的规定。

5.7.4 泵送剂在工程中的应用

1. 适用范围

泵送剂适用于工业与民用建筑及其他构筑物的泵送施工的混凝土；特别适用于大体积混凝土、高层建筑和超高层建筑用混凝土；适用于滑模施工等混凝土；也适用于水下灌注桩混凝土。

2. 掺泵送剂混凝土的搅拌

含有水不溶物的粉状泵送剂应与胶凝材料一起加入搅拌机中；水溶性粉状泵送剂宜用水溶解或直接加入搅拌机中，应延长混凝土搅拌时间30s。液体泵送剂应与拌合水一起加入搅拌机中，溶液中的水应从拌合水中扣除。

在不可预测情况下造成商品混凝土坍落度损失过大时，可采用后掺加泵送剂的方法掺入混凝土搅拌运输车中，必须快速运转。搅拌均匀后，测定坍落度符合要求后方可使用。后掺加的量应预先试验确定。

3. 配制泵送混凝土的骨料

（1）粗骨料最大粒径不宜超过40mm；泵送高度超过50m时，碎石最大粒径不宜超过25mm；卵石最大粒径不宜超过30mm。

（2）骨料最大粒径与输送管内径之比，碎石不宜大于混凝土输送管内径的1/3，卵石不宜大于混凝土输送管内径的2/5。

（3）粗骨料应采用连续级配，针片状颗粒含量不宜大于10%。

（4）细骨料宜采用中砂，通过0.300mm筛孔的颗粒含量不宜小于15%，且不大于30%，通过0.150mm筛孔的颗粒含量不宜小于5%。

5.8 混凝土膨胀剂

5.8.1 膨胀剂的定义及分类

1. 定义

在混凝土硬化过程中因化学作用能使混凝土产生一定体积膨胀的外加剂称为膨胀剂。

2. 分类

混凝土膨胀剂按水化产物分为：硫铝酸钙类混凝土膨胀剂（A），氧化钙类（C）和硫铝酸钙—氧化钙类（AC）三类。

按限制膨胀率分为Ⅰ型和Ⅱ型。

5.8.2 膨胀剂的作用机理

现在常用的膨胀剂为硫铝酸钙膨胀剂（CSA）和铝酸钙类膨胀剂，这两类膨胀剂的膨胀机理是：膨胀剂中的硫酸铝钾（或钠）或铝硅酸盐、硫酸钙、无水硫铝酸钙与水泥熟料水化产物——氢氧化钙等反应生成水化硫铝酸钙（即钙矾石）或水化铝酸钙（$mCaO \cdot Al_2O_3 \cdot nH_2O$）而产生体积膨胀。

普通混凝土在凝结硬化过程中，常常由于水泥水化产生的化学收缩、混凝土失水干缩等原因产生开裂、渗漏而严重降低工程质量。为此，在混凝土中掺入适量膨胀剂，就可以以膨胀剂产生的微量膨胀补偿混凝土体积的收缩，从而防止混凝土收缩裂缝的产生，提高混凝土结构的完整性、抗裂性及抗渗性等。适当加大膨胀剂的掺量，在混凝土受约束条件下，甚至可以产生 0.2～1.0MPa 的自应力。

氧化钙类膨胀剂是通过氧化钙水化生成氢氧化钙而产生膨胀的。

5.8.3 膨胀剂的技术性能

当按规定方法检验膨胀剂和掺膨胀剂胶砂的性能时，其性能指标应符合表 5-5 的规定。

表 5-5 混凝土膨胀剂性能指标(GB23439—2009)

项目				指标值	
				Ⅰ型	Ⅱ型
化学成分	氧化镁含量(%)≤			5.0	
	总碱含量(%)≤			0.75	
物理性能	细度	比表面积/m^2/kg,≥		250	
		1.18mm 筛筛余(%),≤		0.5	
	凝结时间	初凝时间/min,≥		45	
		终凝时间/h,≤		10	
	限制膨胀率(%)	水中	7d≥	0.025	0.050
		空气中	21d≥	-0.020	-0.010
	抗压强度/MPa,≥	7d		20.0	
		28d		40.0	

5.8.4 膨胀剂在工程中的应用

1. 适用范围

膨胀剂的适用范围见表 5-6。

表 5-6 膨胀剂的适用范围

用途	适用范围
补偿收缩混凝土	地下、水中、海水中、隧道等构筑物，大体积混凝土(除大坝外)，配筋路面和板、屋面与厕浴间防水、构件补强、渗透修补、预应力混凝土、回填槽等
填充用膨胀混凝土	结构后浇带、隧洞堵头、钢管与隧道之间的填充等
灌浆用膨胀砂浆	机械设备的底座灌浆、地脚螺栓的固定、梁柱接头、构件补强、加固等
自应力混凝土	仅用于常温下使用的自应力钢筋混凝土压力管

2. 掺膨胀剂混凝土的养护

（1）对于大体积混凝土和大面积板面混凝土，表面抹压后用塑料薄膜覆盖，混凝土硬化后，宜采用蓄水养护或用湿麻袋覆盖，保持混凝土表面潮湿，养护时间不应少于14d。

（2）对于墙体等不易保水的结构，宜从顶部设水管喷淋，拆模时间不宜少于3d，拆模后宜用湿麻袋紧贴墙体覆盖，并浇水养护，保持混凝土表面潮湿，养护时间不宜少于14d。

（3）冬期施工时，混凝土浇筑后，应立即用塑料薄膜和保温材料覆盖，养护期不应少于14d。对于墙体，带模板养护不应少于7d。

5.9 矿物外加剂（或称为矿物掺合料）

根据标准《高强高性能混凝土用矿物外加剂》（GB/T 18736—2002），矿物外加剂是指在混凝土搅拌过程中加入的、具有一定细度和活性的用于改善新拌和硬化混凝土性能（特别是混凝土耐久性）的某些矿物类产品。

当前广泛使用的矿物外加剂有磨细矿渣（S）、磨细粉煤灰（F）、磨细天然沸石（Z）、硅灰（SF）等，复合矿物外加剂是指这些矿物外加剂的复合物。

5.9.1 矿物外加剂的种类

1. 矿渣微粉（S）

（1）成分。粒化高炉矿渣磨细后的细粉称为矿渣微粉。粒化高炉矿渣是熔化的矿渣，在高温状态迅速水淬而成。经水淬急冷后的矿渣，其中玻璃体含量多，结构处在高能量状态，具有不稳定、潜在活性大的特点，但须磨细才能使潜在活性发挥出来。矿渣水泥生产过程中由于矿渣较硬，细度不够，所以矿渣水泥早期强度偏低。粉磨矿渣是提高其活性极为有效的技术措施，目前对其活性的有效利用基本是通过细磨（6000～8000 cm^2/g）乃至超细磨（8000～12000 cm^2/g）获得的。

（2）活性。矿渣的活性取决于化学成分、矿物组成及冷却条件。一般情况下，矿渣中碱性氧化物（CaO，MgO）、中性氧化物（Al_2O_3）含量高，而酸性氧化物（SiO_2）含量低时矿渣活性较高。玻璃化率高、水淬后粒细且松、粉磨加工得细的，活性好。

2. 粉煤灰（F）

粉煤灰是火电厂煤粉燃烧后在除尘器中收集下来的细粉。粉煤灰中的主要氧化物为SiO_2、Al_2O_3、Fe_2O_3。这三者总和一般超过70%。这些氧化物对粉煤灰的活性及强度等性能虽有明显影响，但因其含量指标比较稳定，完全能满足使用要求，因此可不作规定。而烧失量对粉煤灰的颜色及需水量等有明显影响，所以受到重视，并将其列入标准。普通低钙粉煤灰中，CaO含量一般$<5\%$。

3. 硅粉（SF）

硅粉是近20年发展起来的一种高活性矿物外加剂。硅铁合金厂或硅金属厂冶炼硅金属时，高纯度石英、焦炭在2000℃下，石英被还原成硅——硅金属，约有10%～15%的硅化为蒸汽，进入烟道，上升中遇氧，形成SiO，再遇冷空气，又结合成SiO_2，在收尘装置中收集到极细粉粒——硅粉。硅粉又称“硅灰”、“活性硅”等，我国统称“硅粉”。

我国对硅粉的研究和应用仅有十几年的历史。但已在水电站、基础灌浆、喷射混凝土、钢纤维混凝土、高强混凝土、高耐久性混凝土中应用。

（1）成分。用于混凝土中的硅粉，含 SiO_2 量高，平均 92%。其中绝大部分是无定形 SiO_2，而 Fe_2O_3、CaO、SO_3 均不超过 1%，烧失量平均为 2.5%。

（2）物理性质。硅粉呈青灰色或银白色。硅粉是非结晶球形颗粒，表面光滑。硅粉密度为 2.1 ~2.3g/cm^3，堆积密度为 200 ~300kg/m^3。硅粉的平均粒径为 0.1 ~0.3μm，约为粉煤灰或水泥的 1/100。因此，硅粉是极细的矿物粉，其比表面积非常大，平均约 200000cm^2/g，是水泥的 600 ~750 倍。

4. 天然沸石粉（Z）

沸石粉又称 F 矿粉，是一种由天然沸石经磨细而成的火山灰质硅铝酸盐矿物掺合料。沸石在我国蕴藏量很大，分布面又广，开采加工也很简便，因而其磨细粉是一种经济有效的混凝土掺合料。

（1）成分。沸石粉的主要化学成分为 SiO_2 和 Al_2O_3，其中可溶性硅及铝的含量不低于 10% 和 8%。

（2）物理性质。沸石粉的密度为 2.2 ~2.4g/cm^3，堆积密度为 700 ~800kg/m^3。沸石粉细度一般控制在 0.080mm 方孔筛的筛余量不大于 12%。其相应的平均粒径为 5.0 ~6.5μm。

5.9.2 矿物外加剂的技术性质

当按规定方法检测矿物外加剂和掺矿物外加剂胶砂的性能时，其性能指标应符合表 5-7 的规定。

表 5-7 矿物外加剂的技术要求（GB/T 18736—2002）

检测项目		指标							
		磨细矿渣			磨细粉煤灰		磨细天然沸石		硅灰
		Ⅰ	Ⅱ	Ⅲ	Ⅰ	Ⅱ	Ⅰ	Ⅱ	
化学性能	MgO 含量(%)，≤	14			—	—	—	—	—
	SO_3 含量(%)，≤	4			3		—	—	—
	烧失量含量(%)，≤	3			5	8	—	—	6
	Cl 含量(%)，≤	0.02			0.02		0.02		0.02
	SiO_2 含量(%)，≥	—	—	—	—	—	—	—	85
	吸氨值/(mmol/100g)，≥	—	—	—	—	—	130	100	—
物理性能	比表面积/(m^2/kg)，≥	750	550	350	600	400	700	500	15000
	含水率(%)，≤	1.0			1.0		—	—	3.0
胶砂性能	需水量比(%)，≤	100			95	105	110	115	125
	活性指数(%) 3d	85	70	55	—	—	—	—	—
	活性指数(%) 7d	100	85	75	80	75	—	—	—
	活性指数(%) 28d	115	105	100	90	85	90	85	85

注：1. 需水量比为掺矿物外加剂的受检砂浆与不掺矿物外加剂的基准砂浆达到相同流动度时用水量之比。
2. 矿物外加剂的活性指数为掺矿物外加剂的受检砂浆与不掺矿物外加剂的基准砂浆在相同龄期时的强度比值。

5.9.3 矿物外加剂在混凝土中的作用

（1）矿物外加剂可以代替部分水泥，经济效益显著。

（2）增大混凝土的后期强度。矿物外加剂中含有活性 SiO_2 和 Al_2O_3，与水泥中的石膏及水泥水化生成 $Ca(OH)_2$ 反应，生成水化硅酸钙、水化铝酸钙及钙矾石，可提高混凝土的后期强度。但是，值得提出的是，除混凝土中掺入硅灰外的其他矿物外加剂，其早期强度随掺量的增大而降低。

（3）改善新拌混凝土的工作性。混凝土提高流动性后，很容易使混凝土产生离析和泌水，掺入矿物外加剂后，混凝土具有很好的粘聚性。

（4）降低混凝土的温升。水泥水化产生热量，而混凝土又是热的不良导体，在大体积混凝土施工中，矿物外加剂的掺入，减少了水泥的用量，降低了混凝土的水化热，降低混凝土温升。

（5）提高混凝土的耐久性。混凝土的耐久性与水泥水化产生的 $Ca(OH)_2$ 密切相关，矿物外加剂和 $Ca(OH)_2$ 发生化学反应，降低了混凝土中 $Ca(OH)_2$ 的含量；另外，由于进一步的水化产物可以填充混凝土中大的毛细孔，优化混凝土孔结构，使混凝土结构更加密实。因此，可提高混凝土的抗冻性、抗渗性和抗硫酸盐侵蚀性。除此以外，矿物掺合料还可以有效地抑制碱—骨料反应。

5.10 外加剂的质量验收与储存

1. 选用外加剂应有送货单位提供的技术文件

（1）产品说明书，并应标明名产品主要成分。

（2）产品质量保证书，并应标明技术要求和出厂检测数据与检测结论。

（3）掺外加剂混凝土性能检测报告。

2. 外加剂的进场检验

外加剂运到工地（或混凝土搅拌站）应立即取代表性样品进行检测，进货与工地试配时一致，方可入库、使用。若发现不一致时，应停止使用。

3. 外加剂的储存

外加剂应按不同供货单位、不同品种、不同牌号分别存放，标识应清楚。

思考题与习题

1. 简述减水剂的作用机理。
2. 减水剂在混凝土中应用，可产生哪些技术经济效果？
3. 什么是混凝土早强剂？在工程中使用，应注意哪些问题？
4. 什么是混凝土引气剂？在工程中使用，应注意哪些问题？
5. 什么是混凝土缓凝剂？在工程中使用，应注意哪些问题？
6. 什么是混凝土防冻剂？在工程中使用，应注意哪些问题？
7. 什么是混凝土泵送剂？在工程中使用，应注意哪些问题？
8. 什么是混凝土膨胀剂？在工程中使用，应注意哪些问题？
9. 矿物外加剂有哪些种类？在混凝土中掺入矿物外加剂，可产生哪些作用效果？

第 6 章　普通混凝土

学 习 要 求

了解普通混凝土的特点、分类、组成和基本要求；掌握混凝土和易性的检测方法、影响和易性的主要因素、调整和易性的措施；熟练掌握混凝土强度等级的确定方法、影响强度的主要因素、调整强度的措施；了解混凝土的非荷载变形和荷载作用下的变形；掌握混凝土耐久性的内容、影响耐久性的因素，提高混凝土耐久性的措施；熟练掌握普通混凝土配合比设计的方法与步骤。

6.1　概述

混凝土是现代建筑工程中用量最大、用途最广的建筑材料之一。广义来讲，混凝土是由胶凝材料、骨料按适当比例配合，与水（或不加水）拌和制成具有一定可塑性的浆体，经硬化而成的具有一定强度的人造石。

混凝土作为建筑材料的历史其实很久远，用石灰、砂和卵石制成的砂浆和混凝土在公元前 500 年就已经在东欧使用。混凝土发展史中最重要的里程碑是约瑟夫 · 阿普斯丁发明了波特兰水泥，从此，水泥逐渐代替了火山灰、石灰用于制造混凝土，但主要用于墙体、屋瓦、铺地、栏杆等部位。直到 1875 年，威廉 · 拉塞尔斯采用了改良的钢筋强化的混凝土技术获得专利后，混凝土才真正成为最重要的现代建筑材料。

6.1.1　混凝土的特点

混凝土之所以在工程中得到广泛的应用，是因为它与其他材料相比具有一系列的优点：混凝土中占 80% 以上的砂石原材料资源丰富，价格低廉，符合就地取材和经济的原则；在凝结前具有良好的可塑性，便于浇筑成各种形状和尺寸的构件或构筑物；调整原材料品种及配比，可获得不同性能的混凝土以满足工程上的不同要求；硬化后具有较高的力学强度和良好的耐久性；与钢筋有较高的握裹强度，能取长补短，使其扩展了应用范围；可充分利用工业废料作为骨料或掺合料，有利于环境保护。

不过，混凝土也有其缺点，主要是：自重大、比强度小；脆性大、易开裂；抗拉强度低，仅为其抗压强度的 1/10 ~ 1/20；施工周期较长，质量波动较大。

6.1.2　混凝土的分类

混凝土的种类繁多，从不同角度考虑，有以下几种分类方法。

1. 按表观密度分类

（1）重混凝土。表观密度大于 $2600kg/m^3$ 的混凝土，常采用特密实骨料（如重晶石、铁矿石、钢屑等）和钡水泥、锶水泥等重水泥配制而成。主要用做核能工程的屏蔽结构材料。

（2）普通混凝土。表观密度为2000～2500kg/m^3 的混凝土，用天然的砂、石为骨料配制而成。这类混凝土在建筑工程中应用最广泛，如建筑结构、道路、桥梁及水工等工程。

（3）轻混凝土。表观密度小于1950kg/m^3 的混凝土，用陶粒等轻骨料，或不用骨料而掺入引气剂或发泡剂，形成多孔结构的混凝土；或配制成无砂或少砂的大孔混凝土。主要用做轻质结构材料和绝热材料。

2. 按所用胶凝材料分类

按照所用胶凝材料的不同，可分为水泥混凝土、沥青混凝土、石膏混凝土、水玻璃混凝土、硅酸盐混凝土及聚合物混凝土等。

3. 按流动性分类

按照新拌混凝土流动性的大小，可分为干硬性混凝土（坍落度小于10mm且需用维勃稠度表示）、塑性混凝土（坍落度为10～90mm）、流动性混凝土（坍落度为100～150mm）或大流动性混凝土（坍落度大于或等于160mm）。

4. 按用途分类

按照用途不同，可分为结构混凝土、大体积混凝土、防水混凝土、道路混凝土、水工混凝土、耐热混凝土、耐酸混凝土、防射线混凝土及膨胀混凝土等。

5. 按生产和施工方法分类

按照混凝土生产方式，混凝土可分为预拌混凝土（商品混凝土）和现场搅拌混凝土；按照施工方法的不同，可分为泵送混凝土、喷射混凝土、碾压混凝土、挤压混凝土、压力灌浆混凝土及离心混凝土等。

6. 按强度等级分类

低强度混凝土，抗压强度小于30MPa；中强度混凝土，抗压强度为30～60MPa；高强度混凝土，抗压强度大于或等于60MPa；超高强度混凝土，抗压强度在100MPa以上。

6.1.3 混凝土的组成

常用的水泥混凝土是由天然砂、石子、水泥和水按一定比例均匀拌合，浇筑在所需形体的模板内捣实，硬化后而成的人造石材。为了改善混凝土的某些性能，常需加入适量的外加剂或掺合料。

在混凝土中，砂、石起骨架作用，因此称为骨料。水泥与水形成的水泥浆，包裹了骨料颗粒，并填充其空隙。水泥浆在拌合时起润滑作用，而在硬结后显示出胶结和强度作用。骨料和水泥浆复合发挥作用，构成混凝土整体。混凝土的结构如图6-1所示。

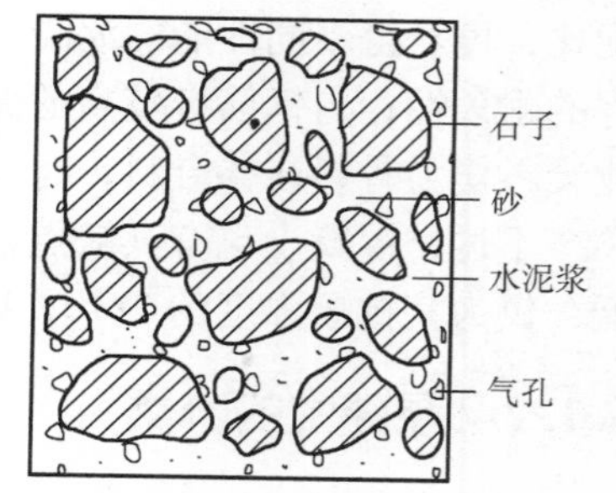

图6-1 混凝土结构

1. 水泥

水泥在混凝土的组成材料中起主导作用，直接影响到混凝土的强度、和易性、耐久性和经济效果。

配制混凝土用的水泥应符合现行国家标准的有关规定。并应根据工程特点和所处的环境条件正确地选用水泥的品种。水泥强度等级的选择应与混凝土的设计强度等级相适应。原则上配制高强度等级的混凝土，选用高强度等级的水泥；配制低强度等级的混凝土，选用低强度等级的水泥。选用时一般以水泥强度等级为混凝土强度等级的 1.5 ~2.0 倍为宜，对于高强度混凝土可取 0.9 ~1.5 倍。

2. 水

拌合混凝土用水，按水源可分为饮用水、地表水、地下水、海水以及经适当处理或处置后的工业废水。符合国家标准的生活用水，可拌制各种混凝土。地表水和地下水，首次使用前，应按《混凝土拌合用水标准》（JGJ63—2006）规定进行检验。海水中含有较多的硫酸盐和氯盐，影响混凝土的耐久性和加速混凝土中钢筋的锈蚀，因此，海水可用于拌制素混凝土，但不得用于拌制钢筋混凝土和预应力混凝土。有饰面要求的混凝土，不能用海水拌制。生活污水的水质比较复杂，故不能用于拌制混凝土。

3. 砂—细骨料

粒径在 0.15 ~4.75mm 之间的骨料称为细骨料。混凝土中的细骨料按其产源不同可分为河砂、湖砂、海砂和山砂。河砂、湖砂和海砂由于长期受水流的冲刷作用，颗粒表面较圆滑、洁净，且产源较广，但海砂中常含有贝壳类杂质及可溶性盐等有害杂质；山砂颗粒多有棱角，表面粗糙，砂中含泥量及有机质等有害杂质较多。建筑工程多采用河砂作细骨料。

4. 石子—粗骨料

常用卵石或碎石的粒径为 4.75 ~80mm。碎石与卵石相比较，各有特点：卵石颗粒圆滑，在达到拌合物流动性要求时，比碎石要省水泥浆；碎石与水泥浆的粘结力比卵石好，因此配制的混凝土的强度相对较高。

6.1.4 混凝土的基本技术要求

混凝土在建筑工程中使用，必须满足以下五点基本要求：

（1）满足于使用环境相适应的耐久性要求。

（2）满足设计的强度要求。

（3）满足施工规定所需的工作性要求。

（4）满足业主或施工单位渴望的经济性要求。

（5）满足可持续发展所需的生态性要求。

6.2 混凝土拌合物的性能

混凝土在凝结硬化以前，称为混凝土拌合物。它必须具有良好的和易性，便于施工，以保证能获得均匀密实的浇筑质量。

和易性是指混凝土拌合物易于施工操作（拌和、运输、浇筑、振捣）并能获取质量均匀、成型密实的性能。和易性是一项综合技术性质，它包括流动性、粘聚性和保水性三方面的含义。

流动性是指混凝土拌合物在自重或外力作用下（施工机械振捣），能产生流动，并均匀密实地填满模板的性能。

粘聚性是指混凝土拌合物在施工过程中其组成材料之间有一定的粘聚力，不致产生分层和离析的现象，使混凝土保持整体均匀的性能。

保水性是指混凝土拌合物具有一定的保水能力，不致产生严重泌水的性能。

由此可见，混凝土拌合物的流动性、粘聚性和保水性有其各自的内容，而它们之间是互相联系，又是互相矛盾的。如粘聚性好，则保水性一般也较好，但流动性可能较差；当增大流动性时，粘聚性和保水性往往变差。因此，拌合物的和易性是三方面性能的总和，直接影响混凝土施工的难易程度，同时对硬化后混凝土的强度、耐久性、外观完整性及内部结构都具有重要影响，是混凝土的重要性能之一。

6.2.1 和易性的测定方法

和易性是混凝土拌合物的一项综合性能，至今还没有一个综合的定量指标来衡量。通常是测定混凝土拌合物的流动性，作为和易性的一个评价指标，辅以直观经验观察粘聚性和保水性，据此综合判断混凝土拌合物和易性的优劣，较常用的有坍落度法和维勃稠度法。对于泵送混凝土和自流平混凝土等大流动混凝土，可通过测量混凝土拌合物坍落扩展后的直径，即坍落扩展度来评价混凝土的流动性。

1. 坍落度法

将混凝土拌合物按规定方法装入标准圆锥筒（即坍落度筒）中，逐层插捣并装满刮平后，垂直提起坍落度筒，混凝土锥体在自重作用下，将向下坍落，待自由静止后量取筒高与坍落后混凝土试体最高点之间的距离（mm），即为坍落度（图6-2）。坍落度越大，则混凝土拌合物的流动性越大。坍落筒法适用于骨料最大粒径不大于40mm，坍落度值不小于10mm的混凝土拌合物。

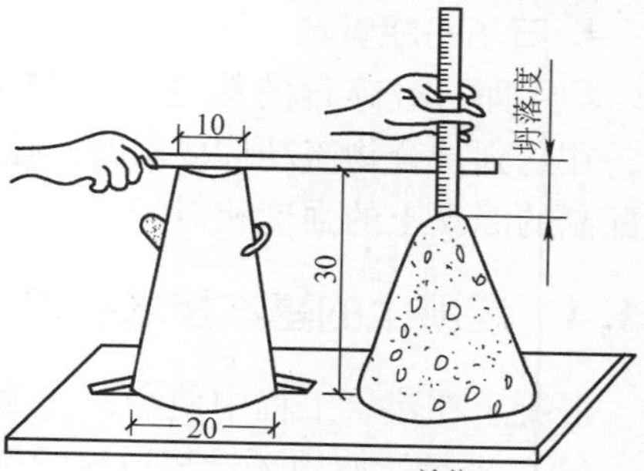

测出坍落度值后，应观察混凝土拌合物的粘聚性、保水性及含砂等情况，以便更全面地评定混凝土拌合物的和易性。

单位：cm

图6-2　坍落度测定仪

观察混凝土拌合物粘聚性是用插捣棒轻轻敲打已坍落的混凝土拌合物锥体的一侧，如果锥体整体缓慢均匀下沉，则表明粘聚性良好；如果锥体突然倒坍或出现石子离析，则表明粘聚性差。

观察混凝土拌合物保水性是提起坍落度筒后，如有较多稀浆从底部析出，锥体部分因失浆而使骨料外露，则表明保水性不好；反之，则保水性良好。

施工时，混凝土拌合物的坍落度应根据构件截面尺寸，钢筋疏密和捣实方法来确定。当构件截面尺寸较小或钢筋较密，采用人工插捣时，可选择坍落度大一些。反之，若构件截面尺寸较大或钢筋较疏，且采用机械振捣，则可选择坍落度小一些。正确选用坍落度，对保证施工质量、混凝土强度和耐久性以及节约水泥都有重要意义。

2. 维勃稠度法

对于干硬性混凝土，其和易性测定应采用维勃稠度法。将混凝土拌合物按规定方法装入维勃稠度测定仪圆筒内的坍落度筒内（图6-3），将坍落度筒垂直提起，之后将规定的透明圆盘放在拌合物锥体的顶面上，同时开启振动台和秒表，在透明圆盘底面被

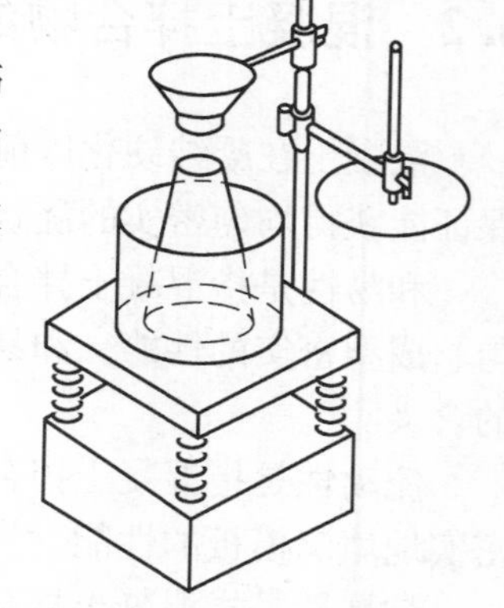

图6-3　混凝土拌合物维勃稠度测定

水泥浆布满的瞬间，关闭振动台，读出秒表的秒数，即为混凝土拌合物的维勃稠度。维勃稠度越大，则混凝土拌合物的流动性越小。该法适用于维勃稠度 5 ~ 30s，且石子最大粒径小于 40mm 的混凝土拌合物。

6.2.2　影响混凝土拌合物和易性的因素

1. 水泥浆的数量

在水灰比不变的情况下，能够赋予混凝土拌合物一定流动性的水泥浆数量就成为影响和易性的重要因素。单位体积混凝土拌合物内水泥浆越多，则拌合物流动性越大。但若水泥浆过多，超过了填充骨料颗粒间空隙及包裹骨料颗粒表面所需的浆量时，将会出现流浆现象，反而增大了骨料间内摩擦力，使拌合物粘聚性变差。同时水泥用量的增多还会对硬化后混凝土变形、耐久性产生一些不利影响。但若水泥浆过少、致使达不到填充空隙或包裹骨料表面时，不但保证不了必要的流动性，而且混凝土拌合物易于产生崩坍现象，粘聚性同样变差。因此，混凝土拌合物中水泥浆量不能过多或过少，应以满足流动性要求为度。

2. 水泥浆的稠度

水泥浆的稠度是由水灰比所决定的。在水泥用量不变时，水灰比越小，水泥浆越稠，混凝土拌合物的流动性便越小。当水灰比过小时，水泥浆干稠，将使拌合物无法浇筑，导致施工困难，同时不能保证混凝土硬化后的密实性。增加用水量使水灰比增大，能增加拌合物流动性，但会影响混凝土的强度。试验证明，混凝土强度随水灰比增加呈下降趋势，且过大的水灰比还会造成混凝土拌合物粘聚性和保水性不良，要使混凝土和易性自身相互协调统一，又要使混凝土和易性与强度协调统一，水灰比不能过大或过小，应以满足强度和耐久性要求为度。

无论是水泥浆的数量，还是水泥浆的稀稠都会影响着混凝土拌合物的和易性，但对混凝土拌合物流动性起决定作用的是用水量的多少。因为增加水泥浆数量或增大水灰比最终表现为用水量的增加。工程实践表明，当使用确定的材料拌制混凝土时，如使 $1m^3$ 混凝土中水泥用量增减不超过 50 ~ 100kg 时，满足混凝土拌合物一定流动性所需的用水量为一常值。

值得强调的是，当所测拌合物坍落度小于设计要求时，决不能用单纯改变用水量的办法来调整混凝土拌合物的流动性，应在保持水灰比不变条件下，用调整水泥浆数量的办法调整和易性。

3. 砂率

砂率是指混凝土中砂的重量占砂、石总重量的百分率。

水泥砂浆在混凝土拌合物中起润滑作用，可以减少粗骨料颗粒之间的摩擦阻力。所以在一定砂率范围内，随着砂率的增加，水泥砂浆润滑作用也明显增加，提高了混凝土拌合物的流动性。但砂率过大，即石子用量过少，砂子用量过多，此时骨料的总表面积过大，在水泥浆量不变的情况下，水泥浆量相对显得少了，减弱了水泥浆的润滑作用，导致混凝土拌合物流动性降低。如果砂率过小，即石子用量过大，砂子用量过少时，水泥砂浆的数量不足以包裹石子表面，在石子之间没有足够的砂浆层，减弱了水泥砂浆的润滑作用，不但会降低混凝土拌合物的流动性，而且会严重影响其粘聚性和保水性，容易产生离析现象。因此，在设计混凝土各组成材料重量之间的比例时，为保证和易性应选择合理砂率。合理砂率是指当用水量及水泥用量一定的条件下，能使混凝土拌合物获得最大的流动性而且保持良好的粘聚性和保水性的砂率；或者是使混凝土拌合物获得所要求的和易性的前提下，水泥用量最少的砂率，如图 6-4、图 6-5 所示。

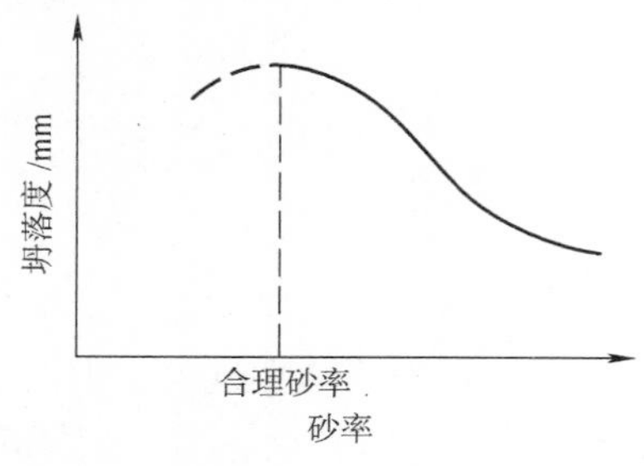

图 6-4　砂率与坍落度关系（水泥与水用量一定）

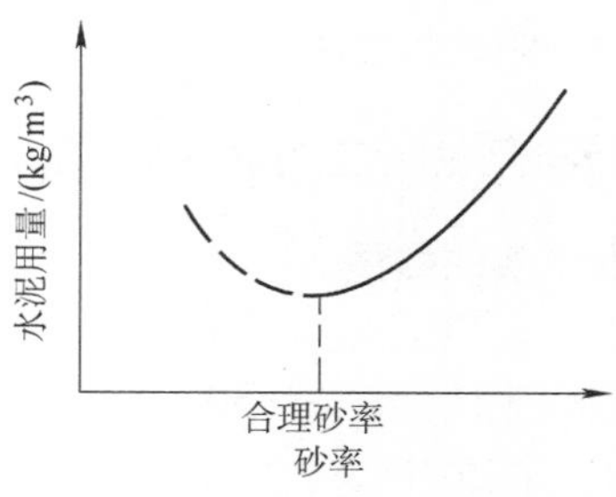

图 6-5　砂率与水泥用量关系（达到相同的坍落度）

为了保证混凝土拌合物具有所要求的和易性，在合理砂率范围内，根据不同情况选用不同的砂率。如果石子孔隙率大，表面粗糙，颗粒间摩擦阻力较大，砂率要适当增大些；如石子级配较好，空隙率较小，粒径较大，水泥用量较多并采用机械振捣，应尽量选用较小的砂率，以节省水泥。

由于影响合理砂率的因素很多，因此不可能用计算方法得出准确的合理砂率，可根据骨料的品种、规格及混凝土拌合物的水灰比。对于混凝土量大的工程，应通过试验找出合理砂率。

4. 水泥与外加剂

与硅酸盐水泥相比，采用矿渣水泥、火山灰水泥的混凝土拌合物流动性较小。但是矿渣水泥的保水性差，尤其气温低时泌水较大。

在拌制混凝土拌合物时，加入适量的减水剂、引气剂等外加剂，使混凝土在较低水灰比、较小水泥用量条件下仍能获得很高的流动性。

5. 骨料

骨料颗粒形状圆整、表面光滑，混凝土拌合物的流动性较大；颗粒棱角多，表面粗糙，会增加混凝土拌合物的内摩擦力，从而降低混凝土拌合物流动性。因此卵石混凝土比碎石混凝土流动性好。

骨料级配好，其空隙率小，填充骨料空隙所需水泥浆少，当水泥浆数量一定时，包裹于骨料表面的水泥浆层较厚，故可改善混凝土拌合物的和易性。

6. 时间和温度

混凝土拌合物随着时间的延长而逐渐变得干稠，和易性变差，其原因是部分水分供水泥水化，部分水分被骨料吸收，另一部分水分蒸发，由于水分减少，混凝土拌合物流动性变差。

混凝土拌合物的和易性也受温度的影响，因为环境温度升高，水分蒸发及水化反应加快，相应使流动性降低。因此，施工中为保证一定的和易性，必须注意环境温度的变化，采取相应的措施。

6.2.3　调整混凝土拌合物和易性的措施

调整混凝土拌合物和易性时，必须兼顾流动性、粘聚性和保水性的统一，并考虑对混凝土强度、耐久性的影响。综合上述要求，实际调整时可采取如下措施：

（1）通过试验，采用合理砂率，以利于提高混凝土质量和节约水泥。

（2）适当采用较粗大的、级配良好的粗、细骨料。

（3）当所测拌合物坍落度小于设计值时，保持水灰比不变，适当增加水泥浆量；坍落度大于设计值时，保持砂率不变，增加砂石用量。

（4）掺加适量粉煤灰、减水剂和引气剂。

6.3 混凝土的强度

硬结后的混凝土，必须达到设计要求的强度，结构物才能安全可靠。混凝土的强度包括抗压强度、抗拉强度、抗弯（折）强度及与钢筋的粘结强度等。其中，混凝土抗压强度最大，约为抗拉强度的 10～20 倍，且工程上常以混凝土抗压强度评定和控制混凝土质量。

6.3.1 混凝土的抗压强度

按照《普通混凝土力学性能试验方法标准》（GB50081—2002），制作 150mm×150mm×150mm 的标准立方体试件，在标准条件（温度 20±2℃，相对湿度 95% 以上或不流动的 $Ca(OH)_2$ 饱和溶液中）下，养护到 28d 龄期，所测得的抗压强度值为混凝土立方体抗压强度，以 f_{cu} 表示。

测定混凝土立方体抗压强度，也可采用非标准尺寸的试件，其尺寸应根据粗骨料的最大粒径而定。但在计算其抗压强度时，应乘以换算系数（表 6-1）得到相当于标准试件的试验结果。

表 6-1 混凝土立方体尺寸选用及换算系数

骨料最大粒径/mm	试件尺寸/mm	换算系数
31.5 及以下	100×100×100	0.95
40	150×150×150	1.00
60	200×200×200	1.05

6.3.2 混凝土的强度等级

混凝土的强度等级按立方体抗压强度标准值用 $f_{cu,k}$ 表示。混凝土立方体抗压强度标准值是指按标准方法制作和养护的边长为 150mm 的立方体试件，在 28d 龄期，用标准试验方法测得的抗压强度总体分布中得一个值，强度低于该值的百分率不超过 5%。混凝土强度等级采用符号 C 与立方体抗压强度标准值（以 MPa 计）表示，共分为 C15、C20、C25、C30、C35、C40、C45、C50、C55、C60、C65、C70、C75 及 C80 14 个强度等级。

混凝土强度等级是混凝土结构设计时强度取值的依据，同时，也是混凝土施工中质量控制和验收的重要依据。

6.3.3 混凝土的其他强度

1. 混凝土轴心抗压强度

确定混凝土的强度等级是采用立方体试件确定的，但实际工程中，钢筋混凝土结构形式极少是立方体的，大部分是棱柱体型或圆柱体型。为了使测得的混凝土强度接近于混凝土结构实际情况，在钢筋混凝土结构计算中，计算轴心受压构件（例如柱子、桁架的腹杆等）时，都是采用混凝土的轴心抗压强度f_{cp}作为依据。

根据规定，测定轴心抗压强度，采用150mm×150mm×300mm的标准棱柱体作为标准试件。如有必要，也可以采用非标准尺寸的棱柱体试件，但其高宽比（即h/a）应在2~3的范围内。棱柱体试件是在与立方体相同的条件下制作的，测得的轴心抗压强度f_{cp}比同截面的立方体强度值f_{cu}小，棱柱体试件高宽比越大，轴心抗压强度越小，但当高宽比达到一定值后，强度就不再降低，因为这时在试件的中间区段已无环箍效应，形成了纯压状态。但是过高的试件在破坏前由于失稳产生较大的附加偏心，又会降低其抗压的试验强度值。

关于轴心抗压强度f_{cp}与立方体抗压强度f_{cu}间的关系，通过许多组棱柱体和立方体试件的强度试验表明：在立方体抗压强度f_{cu}为10~55MPa范围内时，f_{cp}与f_{cu}之比约为0.7~0.8。

2. 混凝土抗拉强度

混凝土属脆性材料，直接受拉力作用时，极易开裂，破坏前无明显变形征兆，工程中一般不依靠混凝土抗拉强度。但是，对某些结构（如水泥、水塔等）严格控制混凝土裂缝的出现极为重要。因此，抗拉强度对于开裂控制有重要意义，在结构设计中抗拉强度是确定混凝土抗裂度的重要指标。

抗拉强度指标不能以试件直接受拉求得，因为外力作用线与试件轴心方向不易调成一致，所以我国采用劈裂抗拉强度试验法间接地得出混凝土的抗拉强度，此强度称为劈裂抗拉强度，简称劈拉强度f_{ts}（图6-6）。

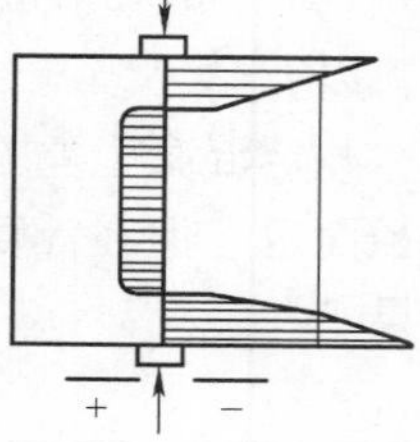

图6-6　劈裂试验时垂直于受力面的应力分布

该方法的原理是在试件的两个相对的表面中线上，作用着均匀分布的压力，这样就能在外力作用的竖向平面内产生均布拉伸应力，该应力可以根据弹性理论计算得出。这个方法大大地简化了抗拉试件的制作，并且较正确地反映了试件的抗拉强度。

混凝土劈裂抗拉强度应按下式计算：

$$f_{ts}=\frac{2P}{\pi A}=0.637\frac{P}{A} \tag{6-1}$$

式中　f_{ts}——混凝土劈裂抗拉强度（MPa）；

P——破坏荷载（N）；

A——试件劈裂面积（mm^2）。

混凝土按劈裂试验所得的抗拉强度f_{ts}换算成轴拉试验所得的抗拉强度，应乘以换算系数，该系数可由试验确定。

关于劈裂抗拉强度f_{ts}与标准立方体抗压强度之间的关系，可用下列经验公式表达：

$$f_{ts}=0.35f_{cu}^{\frac{3}{4}} \tag{6-2}$$

3. 混凝土抗弯强度

道路路面或机场跑道用混凝土，是以抗弯强度（或称抗折强度）为主要设计指标，而抗压强度作为参考强度指标。因此，抗弯强度在道桥等设计、施工中是很重要的一项技术指标。水泥混凝土的抗弯强度试验是以标准方法制备成150mm×150mm×550mm的梁形试件，在标准条件下养护28d后，按三分点加荷，测定其抗弯强度（f_{cf}），按下式计算：

$$f_{cf}=\frac{PL}{bh^2} \tag{6-3}$$

式中　f_{cf}——混凝土抗弯强度（MPa）；

P——破坏荷载（N）；

L——支座间距（mm）；

b——试件截面宽度（mm）；

h——试件截面高度（mm）。

4. 混凝土与钢筋的粘结强度

在钢筋混凝土结构中，混凝土用钢筋增强，为使钢筋混凝土这类复合材料能有效工作，混凝土与钢筋之间必须要有适当的粘结强度。这种粘结强度主要来源于混凝土与钢筋之间的摩擦力、钢筋与水泥之间的粘结力与钢筋表面的机械啮合力。粘结强度与混凝土质量有关，与混凝土抗压强度成正比。此外，粘结强度还受其他许多因素影响，如钢筋尺寸及钢筋种类；钢筋在混凝土中的位置（水平钢筋或垂直钢筋）；加载类型（受拉钢筋或受压钢筋）；以及环境的干湿变化、温度变化等。

目前美国材料试验学会（ASTM C234）提出了一种较标准的试验方法能准确测定混凝土与钢筋的粘结强度，该试验方法是：混凝土试件边长为150mm的立方体，其中埋入直径为19mm的变形钢筋，试验时以不超过34MPa/min的加荷速度对钢筋施加拉力，直到钢筋发生屈服；或混凝土裂开；或加荷端钢筋滑移超过2.5mm。记录出现上述三种情况中任一情况的荷载值F_P，用下式计算混凝土与钢筋的粘结强度：

$$f_N=\frac{F_P}{\pi dl} \tag{6-4}$$

式中　f_N——粘结强度（MPa）；

d——钢筋直径（mm）；

l——钢筋埋入混凝土中的长度（mm）；

F_P——测定的荷载值（N）。

6.3.4　影响混凝土强度的因素

影响混凝土强度的主要因素如下。

1. 水泥强度和水胶比

水泥和粉煤灰、矿渣粉等矿物外加剂（或称为矿物掺合料）组成的胶凝材料是混凝土中的活性组分，其强度的大小直接影响着混凝土强度的高低。在配合比相同的条件下，胶凝材料强度越高，则配制的混凝土强度也越高。

当所用胶凝材料品种及强度相同时，混凝土强度主要取决于水胶比。一般地说，水胶比大，强度低，水胶比小，强度高。这是因为胶凝材料水化时所需的结合水，一般只占拌合用水量的一部分，但为了使混凝土拌合物获得必要的流动性，实际加的水远远大于水化结合所需要的水，即需要采用较大的水胶比。混凝土硬化后，多余的水分蒸发或残存在混凝土中形成毛细孔或水泡，大大减少了混凝土抵抗荷载的实际有效断面，而且可能在孔隙周围产生应力集中，使混凝土强度下降。因此，在胶凝材料强度相等的情况下，水胶比越小，水泥石的强度越高，与骨料粘结力越大，混凝土强度就越高。但应说明，如果水胶比太小，即用水量很少时，拌合物过于干稠，在一定的捣实成型条件下，无法保证成型质量，很难达到密实，混凝土中将出现较多的蜂窝、孔洞，导致混凝土强度和耐久性也将下降。

水泥石与骨料的粘结强度还与骨料的表面状况有关。碎石配制混凝土时，在水泥强度等级与水灰比相同的条件下，比卵石配制的混凝土强度高。

为了能定量地反映出胶凝材料强度、水胶比、骨料性质对混凝土强度的综合影响，根据大量的工程实践经验，并考虑实际应用上的方便，得出混凝土强度的经验公式（也称鲍罗米公式）如下：

$$f_{cu}=\alpha_a f_b(B/W-\alpha_b) \tag{6-5}$$

式中 f_{cu}——混凝土28d抗压强度（MPa）；

f_b——胶凝材料28d抗压强度实测值（MPa）；

B/W——胶水比；

α_a、α_b——回归系数，与骨料的品种、水泥品种等因素有关。应根据工程所用水泥、骨料，通过试验由建立的胶水比与混凝土强度关系式确定。

混凝土强度公式一般只适用于低塑性混凝土和塑性混凝土，对干硬性混凝土则不适用。对低塑性混凝土也只是在原材料相同、工艺措施相同的条件下，α_a、α_b才可视为常数。如果原材料或工艺条件改变了，则α_a、α_b系数也会随之改变。对于混凝土用量大的工程，必须结合工地具体条件，通过进行不同水胶比的混凝土强度试验，求出符合当地实际情况的α_a、α_b系数，这样既能保证混凝土的质量，又能取得较高的经济效益。若无上述试验统计资料时可按《普通混凝土配合比设计规程》（JGJ 55-2011）提供的α_a、α_b系数取值：

采用碎石：$\alpha_a=0.53$，$\alpha_b=0.20$；

采用卵石：$\alpha_a=0.49$，$\alpha_b=0.13$。

利用混凝土强度公式，可根据所用的胶凝材料强度和水胶比估计所配制的混凝土强度，也可根据水泥强度等级和要求的混凝土强度等级来计算应采用的水胶比。

2. 骨料

普通混凝土常用粗骨料为碎石或卵石。碎石表面粗糙，有利于骨料与水泥砂浆之间的机械啮合力和粘结力的形成。因此，在水胶比较小时，用碎石配制的混凝土比卵石混凝土强度高。但是，当水胶比大于0.65，这种差异已经不显著了。

骨料中的有害杂质、针片状颗粒、坚固性、强度等，均对混凝土强度有一定的影响。

3. 养护温度与湿度

混凝土所处的环境温度和湿度，都会对混凝土强度产生重要的影响，通常称为养护。养护的目的是为了保证胶凝材料水化过程正常进行，从而获得质量良好的混凝土。

（1）温度。混凝土的硬化，原因在于胶凝材料的水化作用。周围环境或养护温度高，胶凝材料水化速度快，早期强度高，混凝土初期强度也高，但值得注意的是，早期养护温度越高，混凝土后期强度的增进率越小。这是由于急速的早期水化会导致水化物分布不均，水化物稠密程度低的区域将会成为水泥石中的薄弱点，从而降低混凝土整体的强度；水化物稠密程度高的区域，包裹在水泥粒子周围的水化物，会妨碍水化反应的继续进行，对后期强度发展不利。而在养护温度较低的情况下，由于水化缓慢，水化物扩散空间较充分，从而使水化物在水泥石中均匀分布，使混凝土后期强度提高。

一般来说，夏天浇灌的混凝土要比在秋冬季浇灌的混凝土后期强度低。因此，从温度对混凝土强度影响角度来看，夏季混凝土施工，要注意温度不宜过高，冬季混凝土施工时，温度又不能太低。如果温度降至冰点以下，则由于水泥水化停止进行，混凝土强度停止发展且由于孔隙内水分结冰而引起的膨胀（水结冰体积可膨胀约9%）产生相当大的压力，该压力作用在孔隙、毛细管时将使混凝土内部结构遭受破坏，使已获得的强度受到损失。如果温度再回升，冰又开始融化。如此反复冻融时，混凝土内部的微裂缝，还会逐渐增加、扩大，导致混凝土表面开始剥落，甚至完全崩溃，混凝土强度进一步降低，所以应当特别防止混凝土早期受冻。

（2）湿度。水是胶凝材料水化反应的必要条件，因此，周围环境的湿度对混凝土强度能否正常发展有显著影响。湿度不够，混凝土会因失水干燥而影响水化作用的正常进行，甚至停止水化。受干燥作用的时间越早，造成的干缩开裂越严重，结构越疏松，强度受到损失就越大。所以施工过程中应注意保持混凝土凝结硬化所需要的湿度，以利于混凝土强度的正常增长。图6-7是混凝土初期处于潮湿环境中，后又在干燥空气中养护，可看出，其最终强度比一直在潮湿条件下的强度低得多，因此，应当根据水泥品种，在混凝土成型后，保持一定时间的湿润养护环境。混凝土浇灌后，应在12h内进行覆盖，以防水分蒸发，并应按规定保湿养护。使用硅酸盐水泥，普通水泥和矿渣水泥时，保湿时间应不小于7d。使用火山灰水泥，粉煤灰水泥时，或掺用缓凝型外加剂或有抗渗要求时，应不小于14d。粉煤灰混凝土的保湿时间不得少于14d，干燥或炎热气候条件下不得少于21d。尤其是高强混凝土在成型后必须立即采取保湿措施。

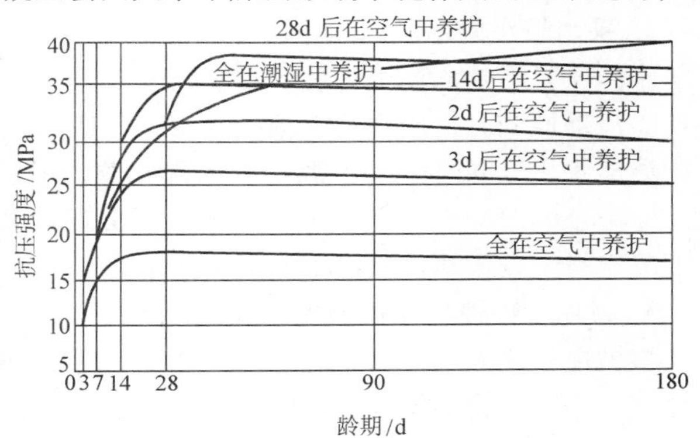

图6-7　潮湿养护对混凝土强度的影响

4. 龄期

龄期对混凝土强度影响遵循水泥水化历程规律，即随着时间的延长强度也随之增长。最初7～14d内，强度增长较快，28d以后增长较慢。但只要温湿度适宜，其强度仍随龄期增长。因此，在一定条件下养护的混凝土，可根据其早期强度大致估计28d强度。

采用普通水泥制成的混凝土，在标准养护条件下，其强度的发展，大致与其龄期的常用对数成正比：

$$f_n = f_{28}\frac{\lg n}{\lg 28} \tag{6-6}$$

式中　f_n——龄期为n天的混凝土抗压强度（MPa）；

f_{28}——龄期为28d的混凝土抗压强度（MPa）；

$\lg n$、$\lg 28$——n和28d的常用对数（$n \geqslant 3$d）。

根据上式可由混凝土早期强度，预测28d混凝土强度。但是因为该式是在标准养护条件下得出的，另外影响混凝土强度的因素错综复杂，故此式只能作为参考。

5. 施工质量

施工是混凝土工程的重要环节，施工质量好坏对混凝土强度有非常重要的影响。施工质量包括配料准确，搅拌均匀，振捣密实，养护适宜等。哪一道工序忽视了规范管理和操作，都会导致混凝土强度的降低。

6.3.5 提高混凝土强度的措施

1. 采用高强度等级的胶凝材料

在相同的配合比情况下，所用胶凝材料的强度等级越高，混凝土的强度越高。在用相同强度等级的水泥时，由于硅酸盐水泥和普通水泥早期强度比其他水泥的早期强度高，因此采用此类水泥的混凝土早期强度较高。实际工程中，为加快工程进度，常需要提高混凝土的早期强度，除采用硅酸盐水泥和普通水泥外，也可采用快硬早强水泥。

2. 采用较小的水胶比

水胶比是影响混凝土强度的重要因素，通过在混凝土中加入高效减水剂，使混凝土在保持所需流动性同时，用水量大幅度减少，一般小于0.4，甚至可降至0.3，从而减少了混凝土中游离水量，同时减少了混凝土内部孔隙，增加了混凝土密实度，进而提高了混凝土强度。使配制的混凝土实现了小水胶比（≤0.25）却达到了自流平（无需振捣）的效果，可见混凝土科学技术革命所产生的巨大作用。

3. 采用机械搅拌和机械振动成型

机械搅拌比人工拌合使混凝土拌合物更均匀，特别在拌合低流动性混凝土拌合物时效果更显著。这是因为机械搅拌可以使稠度较大的胶凝材料浆体触变液化，降低了混凝土拌合物各组分在拌合过程中产生的极限剪应力和内部摩阻力，使水和胶凝材料浆体较均匀地分布在拌合物内，达到较好的均匀性。

利用振捣器振动成型混凝土，其用水量比采用人工捣实少得多。这是因为在振动作用下，胶凝材料水化生成的胶体由凝胶转化为溶胶，并破坏了各组分颗粒间的粘结力，使内阻大大降低，最后使混凝土拌合物部分或全部液化，排出空气，使混凝土拌合物密实，从而提高混凝土强度。为提高密实成型效果，应采用合理的振动成型制度（包括振捣时间、振动频率、振幅及振动加速度等）及先进的振动设备如高频振动、变频振动及多向振动设备，以获得最佳振动效果。随着混凝土科学技术不断发展，人们正在研制开发低水胶比、高流动性、高密实性的免振混凝土，不但节省了振动设备及能耗，而且混凝土性能有了明显改善。

4. 采用湿热处理

湿热处理最常用的是蒸汽养护。

蒸汽养护就是将成型后的混凝土制品放在100℃以下的常压蒸汽中进行养护。目的是加快混凝土强度发展的速度。混凝土经16～20h的蒸汽养护后，其强度即可达到标准养护条件下28d强度的70%～80%。蒸汽养护的制度为静置—升温—恒温—降温。蒸汽养护的温度即恒温温度，视水泥品种而异。用普通硅酸盐水泥时，最适宜温度为80℃左右；用矿渣或火山灰硅酸盐水泥时，适宜的温度为90℃左右。

普通硅酸盐水泥配制的混凝土，经蒸汽养护后，再在标准条件下养护28d的抗压强度，要比一直在标准条件下养护至28d的抗压强度低10%～15%。其原因是，高温养护使水泥水化速度加快，但同时过早在水泥颗粒表面形成水化产物凝胶膜层，阻碍了水泥进一步水化，所以经过一段时间后，强度增长速度反而下降。而矿渣或火山灰硅酸盐水泥配制的混凝土经蒸汽养护后的28d强度，能提高10%或20%～40%。其原因是，高温养护加速了活性混合材料与氢氧化钙的化学反应，同时由于溶液中氢氧化钙逐渐减少，又促使水泥颗粒进一步水化，水化生成物较多，强度增长较快，所以能提高混凝土强度。

5. 掺入外加剂、掺合料

在混凝土中掺入化学外加剂，可以改善混凝土性能、节约水泥，提高施工效率，具有明显的技术和经济效果。

在混凝土中掺入矿物掺合料（如磨细矿渣、粉煤灰、硅灰、沸石粉等），可以节约水泥，降低成本；减少环境污染，符合混凝土可持续发展的思路；更重要的一点是它可以改善混凝土诸多性能。

6.4 混凝土的变形

混凝土的变形有非荷载作用下的变形和荷载作用下的变形。非荷载作用下的变形又分为化学收缩、塑性收缩、干湿变形及温度变形；荷载作用下的变形又分为短期荷载和长期荷载作用下的变形。

6.4.1 混凝土在非荷载作用下的变形

1. 化学收缩

混凝土在硬化过程中，由于水泥水化产物的体积小于反应物（水和水泥）的体积，会引起混凝土产生收缩，称为化学收缩。其收缩量是随着混凝土龄期的延长而增加，大致与时间的对数成正比。一般在混凝土成型后40d内收缩量增加较快，以后逐渐趋向稳定。这种收缩是不可恢复的，可使混凝土内部产生微细裂缝。

2. 塑性收缩

混凝土成型后尚未凝结硬化时属塑性阶段，在此阶段往往由于表面失水而产生收缩，称为塑性收缩。新拌混凝土若表面失水速率超过内部水向表面迁移的速率时，会造成毛细管内部产生负压，因而使浆体中固体粒子间产生一定引力，便产生了收缩，如果引力不均匀作用于混凝土表面，则表面将产生裂纹。

在道路、地坪、楼板等大面积的工程中，塑性收缩是一种常见的收缩。以夏季施工最为普遍，所以，预防塑性收缩开裂的方法是降低混凝土表面失水速率，采取防风、降温等措施。最有效的方法是凝结硬化前保持混凝土表面的湿润，如在表面覆盖塑料膜、喷洒养护剂等。

3. 干湿变形

混凝土的干湿变形主要取决于周围环境湿度的变化，表现为干缩湿胀。干缩对混凝土影响很大，应予以特别注意。

混凝土处于干燥环境时，首先发生毛细管的游离水蒸发，使毛细管内形成负压，随着空气湿度的降低负压逐渐增大，产生收缩力，导致混凝土整体收缩。当毛细管内水蒸发完后，若继续干燥，还会使吸附在胶体颗粒上的水蒸发，由于分子引力的作用，粒子间距变小，引起胶体收缩，称这种收缩为干燥收缩。

混凝土干缩变形是由表及里逐渐进行的，因而会产生表面收缩大，内部收缩小，导致混凝土表面受到拉力作用。当拉应力超过混凝土的抗拉强度时，混凝土表面就会产生裂缝。此外，混凝土在干缩过程中，骨料并不产生收缩，因而在骨料与水泥石界面上也会产生微裂缝，裂缝的存在，会对混凝土强度、耐久性产生有害作用。

混凝土处在潮湿或水中养护时，与在干燥空气中养护时的变形是完全不同的。从图 6-8 可看出，置于水中的混凝土体积不但不收缩而且稍有膨胀。这是由于水泥石中凝胶体颗粒的吸附水膜增厚所致。膨胀值比收缩值小，当空气的相对湿度为 70% 时，混凝土收缩值为水中膨胀值 6 倍，相对湿度为 50% 时为 8 倍。若将已经干缩的混凝土重新放入水中或潮湿环境中，混凝土体积会重新产生湿胀，但并不能恢复全部的干缩变形。即使长期放在水中仍然有残余变形保留下来，普通混凝土不可恢复的变形约为干缩变形的 30% ~60% 。因此，减少干缩是保证混凝土施工质量关键一步。

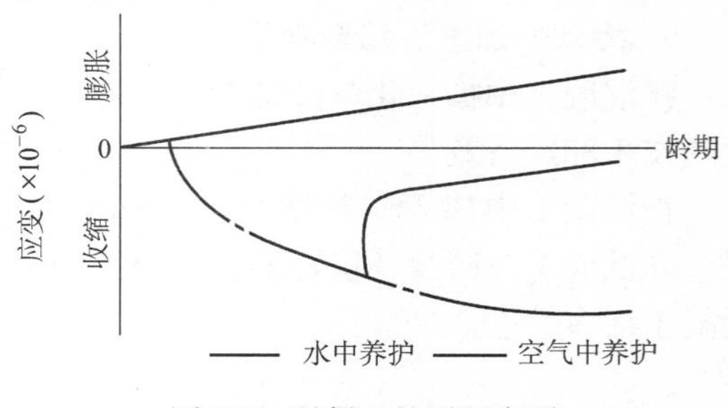

图 6-8　混凝土的干湿变形

在工程设计中，要充分考虑混凝土干缩变形对结构的影响。通常，混凝土极限干缩值为（50 ~90）$\times 10^{-5}$左右。在实际工程中，由于混凝土并非处于完全干燥状态，设计时，采用混凝土线收缩值为（15 ~20）$\times 10^{-5}$，即每米收缩为 0.15 ~0.2mm。

4. 温度变形

混凝土具有热胀冷缩的性质，称其变形为温度变形。在一般温度变化范围内，混凝土长度的变化，可用下式求出：

$$\Delta L = \alpha L \Delta t \tag{6-7}$$

式中　ΔL——混凝土长度变化（m）；

α——混凝土温度变形系数，$\alpha = 1.0 \times 10^{-5}℃^{-1}$。即温度每升降 1℃，每米胀缩 0.00001m 或 0.01mm；

L——混凝土结构长度（m）；

Δt——温差（℃）。

温度变形对大体积混凝土工程极为不利，这是因为在混凝土硬化初期，由于水泥水化放出较多的热量，混凝土又是热的不良导体，散热速度慢，聚集在混凝土内部的热量使温度升高，有时可达到 50 ~70℃。造成内部膨胀和外部收缩互相制约，混凝土表面将产生很大拉应力，严重时使混凝土产生开裂，所以大体积混凝土施工时，必须尽量设法减少内外温度差，一方面可采用低热水泥，减少水泥用量，降低内部发热量；另一方面，加强外部混凝土的保温措施，使降温不至于过快，当内部温度开始下降时，又要注意及时调整外部降温速度，可洒水散热。总之，根据具体情况，拟定混凝土升温、降温过程中的措施和方案是保证大体积混凝土工程质量不可忽视的问题。

在纵长的钢筋混凝土结构物中，每隔一段长度，应设置温度伸缩缝及温度钢筋，以减少温度变形造成的危害。

6.4.2 混凝土在荷载作用下的变形

1. 在短期荷载作用下的变形

(1) 混凝土变形特征。如前所述，混凝土结构在形成过程中已存在内部裂缝，尤其是水泥石-骨料界面裂缝难以避免。在荷载作用下，混凝土变形可由四个阶段来描述，这四个阶段决定了混凝土应力-应变曲线的特征。

当荷载到达“比例极限”（约为极限荷载的30%）以前，界面裂缝无明显变化（图6-9第Ⅰ阶段），此时荷载与变形是直线关系。荷载超过Ⅰ阶段，进入Ⅱ阶段（图6-9第Ⅱ阶段），界面裂缝的数量、长度、宽度逐渐增大，界面借摩阻力继续承担荷载，此时变形增大的速度已超过荷载增大的速度，荷载与变形之间不再是直线关系。当荷载超过极限荷载的70%～90%时，在界面裂缝继续扩展同时，砂浆开始出现裂缝，并将和相邻界面裂缝连接、汇合，此时变形明显进一步加快，荷载与变形曲线弯向变形轴方向（图6-10第Ⅲ阶段）。达到极限荷载，裂缝迅速发展，变形迅速增大，荷载-变形曲线下降，混凝土最终破坏。

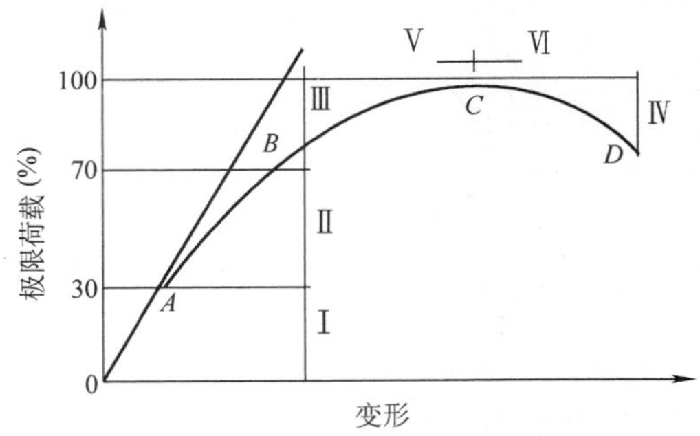

图6-9 混凝土受压变形曲线

混凝土荷载变形关系对应的不同阶段裂缝示意如图6-10。

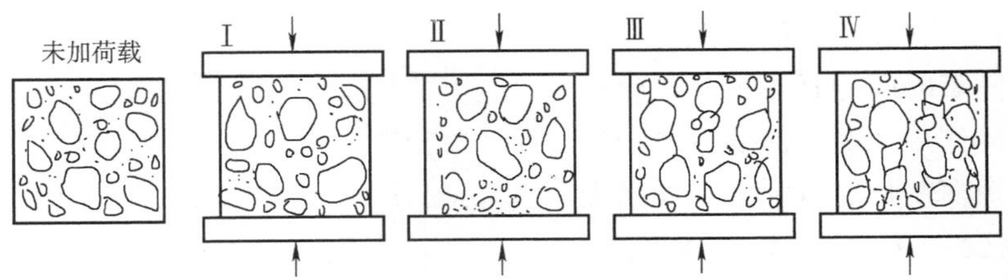

图6-10 混凝土不同阶段裂缝示意图

从上述荷载-变形关系可看出，混凝土不是一种完全的弹性体，也非完全塑性体，而是一种弹塑性体。若在上升段的某一点取应力σ，对应应变为ε，则ε可以看作包括了卸载后由混凝土弹性变形引起的能恢复的弹性应变$\varepsilon_{弹}$和由混凝土塑性变形引起的剩余的不能恢复的塑性应变$\varepsilon_{塑}$，从图6-11看出，当塑性应变$\varepsilon_{塑}$所占总变形比例越小时，混凝土的变形越接近弹性变形。

(2) 混凝土静弹性模量。混凝土弹性模量是反映混凝土结构或钢筋混凝土结构刚度大小的重要指标。在计算钢筋混凝土结构的变形，裂缝出现及受力分析时，都须用此指标。但整个受力过程中，混凝土并非完全弹性变形，因此计算混凝土弹性模量对应的应力σ与应变ε比值成为一个变量，不能简单加以确定。

实验证明，当静压应力取值（0.3～0.5）f_{cp}时，随着重复施力的进行，每次卸荷都残留一部分塑性变形（$\varepsilon_{塑}$），但随着重复次数增加，ε 塑的增量逐渐减少，即 $\varepsilon_{塑}$ 占总变形的比例趋于零，使曲线稳定于 $A'C'$线，此时，$A'C'$线上任一点应力 σ 与应变 ε 的比值趋于常数，在数值上与原点初始切线的 $\tan\alpha$ 相近。因此为测定方便、准确，按照《普通混凝土力学性能试验方法标准》（GB 50081—2002）规定，采用 150mm × 150mm × 300mm 的棱柱试件，取 $0.4f_{cp}$作为应力值，经过重复加荷 4 ~ 5 次后，测得的应力与应变的比值，即混凝土弹性模量，也称割线模量，如图 6-12 所示。

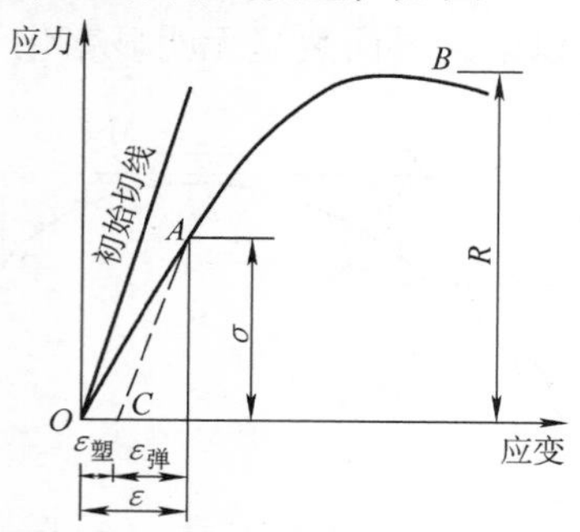

图 6-11　混凝土应力-应变

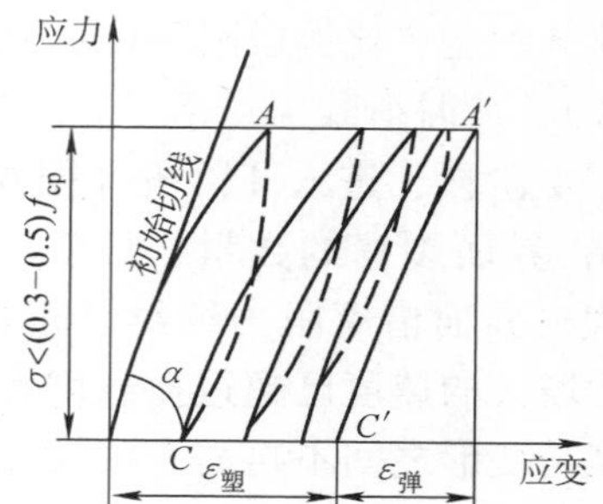

图 6-12　低应力重复荷载的应力-应变关系

混凝土的强度等级越高，弹性模量越高，两者存在一定的相关性。当混凝土强度等级由 C10 增加到 C60 时，其弹性模量大致由 1.75×10^4MPa 增至 3.60×10^4MPa。

2. 在长期荷载作用下的变形——徐变

混凝土在长期荷载作用下，沿着作用力方向的变形会随时间不断增长，即荷载不变而变形随时间不断增大，一般要延续 2 ~ 3 年才趋于稳定。这种现象称为徐变。图 6-13 为混凝土徐变的一个实例。在加荷瞬间，混凝土产生瞬时变形，随着时间的延长，又产生徐变变形，在荷载作用初期，徐变变形增长较快，以后逐渐变慢且稳定下来。混凝土的最终徐变应变可达（3 ~ 15）$\times 10^{-4}$，即 0.3 ~ 1.5mm/m。当变形稳定以后卸载，一部分变形瞬时恢复，其值小于在加荷瞬间产生的瞬时变形。在卸荷后一段时间内变形还会继续恢复，称为徐变恢复。最后残留下来的不能恢复的变形称为残余变形。可见，混凝土的徐变变形往往超过弹性变形的 2 ~ 3 倍，结构设计中忽略是不合适的。

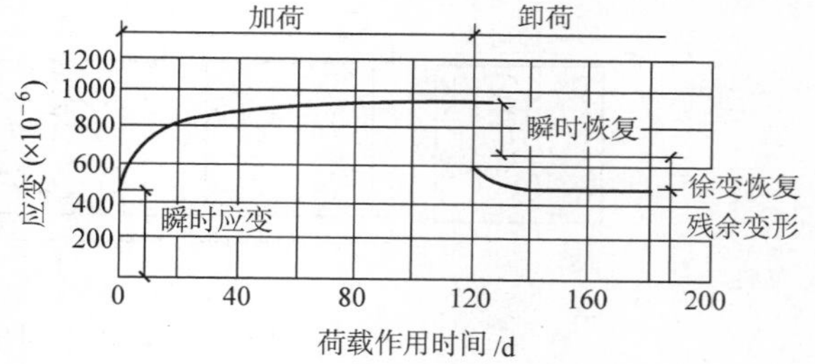

图 6-13　混凝土应变与加荷时间关系

一般认为，混凝土的徐变是由混凝土中水泥石的徐变所引起的。水泥石的徐变是由于水泥石中的凝胶体在长期荷载作用下的粘性流动，并向毛细孔中移动，同时吸附在凝胶粒子上的吸附水因荷载应力而向毛细孔渗透的结果。从水泥凝结硬化过程可知，随着水泥的逐渐水化，新的凝胶体逐渐填充毛细孔，使毛细孔的相对体积逐渐减少。荷载初期，由于未填满的毛细孔较多，凝胶体较易流动，故徐变增长较快。以后由于内部稳定和水化的进展，毛细孔逐渐减小，徐变发展因而越来越慢。

混凝土的徐变受许多因素影响，混凝土在水灰比较大时，徐变较大。水灰比相同时，水泥用量较多的混凝土徐变较大。混凝土所用骨料弹性模量较大时，徐变较小。充分养护，特别是在水中养护的混凝土徐变较小。混凝土的应力越大，徐变越大。

混凝土不论是受压、受拉或受弯时，均有徐变现象。混凝土的徐变对结构物受力影响很大。由于徐变的存在，使结构物内部的应力及变形都会不断产生重分布。例如，在计算钢筋混凝土结构时，混凝土的徐变会降低混凝土所承受的应力，而增大钢筋的应力，使结构物中局部集中应力得到缓和。在计算大体积混凝土的温度应力时，必须精确计算徐变变形带来的影响，徐变对大体积混凝土的温度应力起着有利的作用，特别是当温度的变化较慢时，因为温度变形的一部分由徐变变形抵消，从而可以减轻温度变形的破坏作用。但对预应力钢筋混凝土结构，混凝土的徐变将使钢筋的预应力受到损失。

6.5 混凝土的耐久性

混凝土作为广泛应用的建筑材料，除应满足施工要求的和易性和设计强度等级外，还应满足在不同使用条件下，具有各种长期正常使用的性能。如承受压力水作用时，具有一定的抗渗性能；遭受反复冻融作用时，具有一定的抗冻性能；遭受环境水侵蚀作用时，具有与之相适应的抗侵蚀性能等。这些性能决定着混凝土经久耐用的程度。因此，把混凝土抵抗环境和介质作用，并长期保持其良好的使用性能的能力称为混凝土的耐久性。

在混凝土结构设计中，往往只重视强度对混凝土结构的影响，忽视环境对结构的作用，以至于混凝土结构在未达到预定的设计使用年限，即出现钢筋锈胀，混凝土剥落劣化等破坏现象，需要大量投资进行修复加固甚至拆除重建，造成资金能源浪费。提高混凝土耐久性，对于延长结构寿命，减少修复工作量，提高经济效益具有重要的意义。

近年来，混凝土结构的耐久性设计受到普遍关注。我国混凝土结构设计规范将混凝土结构耐久性设计作为一项重要内容。

6.5.1 混凝土耐久性的内容

1. 抗渗性

混凝土的抗渗性是指混凝土抵抗有压介质（水、油、溶液等）渗透作用的能力，它是决定混凝土耐久性最基本的因素。若混凝土的抗渗性差，不仅周围的水等液体物质易渗入内部，而且当遇有负温或环境水中含有侵蚀性介质时，混凝土就易遭受冰冻或侵蚀作用而破坏，对钢筋混凝土将引起内部钢筋锈蚀，并导致表面混凝土保护层开裂与剥落。因此，对地下建筑、水坝、水池、港工、海工等工程，必须要求混凝土具有一定的抗渗性。

混凝土的抗渗性用抗渗等级来表示，共有 P4、P6、P8、P10、P12 五个等级。混凝土的抗渗试验采用 185mm×175mm×150mm 的圆台形试件，每组 6 个试件。按照标准试验方法成型并养护至 28~60d 进行抗渗性试验。试验时将圆台形试件周围封闭并装入模具，从圆台试件底部施加水压力，初始压力为 0.1MPa，每隔 8h 增加 0.1MPa，混凝土的抗渗等级应以每组 6 个试件中有 4 个试件未出现渗水时的最大水压力乘以 10 来确定。

《普通混凝土配合比设计规程》（JGJ55—2011）中规定，具有抗渗要求的混凝土，试验要求的抗渗水压值比设计值高 0.2MPa，试验结果应符合下式要求：

$$P_t \geqslant \frac{P}{10} + 0.2 \tag{6-8}$$

式中 P_t——6 试件中 4 个未出现渗水的最大水压力值（MPa）；

P——设计要求的抗渗等级值。

混凝土渗水的主要原因是由于内部的空隙形成连通的渗水通道。这些孔道除产生于施工振捣不密实外，主要来源于水泥浆中多余水分的蒸发而留下的气孔、水泥浆泌水所形成的毛细孔及粗骨料下部界面形成的孔穴。

提高混凝土抗渗性的主要措施是提高混凝土的密实度和改善混凝土中的孔隙结构，减少连通孔隙，这些可通过降低水灰比、选择好的骨料级配、充分振捣和养护、掺入引气剂等方法来实现。

2. 抗冻性

抗冻性是指混凝土在水饱和状态下，能经受多次冻融循环而不破坏，同时也不严重降低强度的性能。

混凝土抗冻性用抗冻标号或抗冻等级表示。抗冻试验有两种方法，即慢冻法和快冻法。

慢冻法是采用立方体试块，以 28d 龄期的试块在吸水饱和后承受反复冻融循环作用（冻 4h，融 4h），以抗压强度下降不超过 25%，而且质量损失不超过 5% 时所能承受的最大冻融循环次数来确定的。用抗冻标号表示，混凝土的抗冻标号有 D50、D100、D150、D200、>D200 五个等级，分别表示混凝土能够承受反复冻融循环次数不小于 50、100、150、200 和 200 次以上。

快冻法是采用 100mm×100mm×400mm 的棱柱体试件，以龄期 28d 后进行试验，试件饱和吸水后承受反复冻融循环，一个循环在 2～4h 内完成，以相对动弹性模量值不小于 60%，而质量损失不超过 5% 时所承受的最大循环次数表示。《混凝土质量控制标准》（GB50164—2011）将混凝土划分为以下九个抗冻等级：F50、F100、F150、F200、F250、F300、F350、F400 和 >F400，分别表示混凝土能够承受反复冻融循环次数为 50、100、150、200、250、300、350、400 和 400 以上。

混凝土受冻融作用破坏的原因，是混凝土内部孔隙的水在负温下结冰后体积膨胀造成的静水压力，因冻水蒸汽压的差别推动未冻水向冻结区的迁移造成的渗透压力，当这两种压力所产生的内应力超过混凝土抗拉强度时，混凝土就会产生裂缝，多次冻融使裂缝不断扩展直至破坏。

3. 抗侵蚀性

抗侵蚀性是指混凝土在含有侵蚀性介质环境中遭受到化学侵蚀、物理作用不破坏的能力。

混凝土的抗侵蚀性主要取决于水泥的抗侵蚀性，其侵蚀机理详见第 3 章。特殊情况下混凝土的抗侵蚀性也与所用骨料性质有关，如环境中含有酸性介质时，应采用耐酸性高的骨料（石英岩、花岗岩、安山岩等）；含有强碱性的介质时，应采用碱性较高的骨料（石灰岩、白云岩等）。

在海岸、海洋工程中海水对混凝土的侵蚀既有化学作用，又有反复干湿的物理作用；且盐分在混凝土内的结晶与聚集、海浪的冲击磨损，海水中氯离子对钢筋的锈蚀等，可见作用是复杂的。

混凝土抗侵蚀性与所用水泥品种、混凝土密实度和孔隙特征有关。提高混凝土抗侵蚀性的措施，主要是合理选择水泥品种、降低水灰比、改善孔结构等。

4. 抗碳化性

抗碳化性是指混凝土能够抵抗空气中的二氧化碳与水泥石中氢氧化钙作用，生成碳酸钙和水的能力。碳化又叫中性化。

碳化对混凝土性能有明显的影响，主要表现在对混凝土的碱度、混凝土的收缩方面会产生不利影响。

未碳化的混凝土内含有大量氢氧化钙，毛细孔内氢氧化钙水溶液的 pH 值可达到 12.6～13，这种强碱性环境能使混凝土中的钢筋表面生成一层钝化薄膜，从而保护钢筋免于锈蚀。碳化使混凝土内碱度降低，钢筋表面钝化膜破坏，导致钢筋锈蚀。碳化是由表及里向混凝土内部逐渐扩散的过程，气体在混凝土中扩散规律决定了碳化速度，为使钢筋不易锈蚀，常设一定厚度的保护层，当碳化深度超过钢筋的保护层时，钢筋不但易发生锈蚀还会因此引起体积膨胀，使混凝土保护层开裂或剥落，进而又加速混凝土进一步碳化和钢筋的继续锈蚀，使结构承载力下降。

碳化将显著增加混凝土的收缩。碳化层产生的碳化收缩，使表面产生拉应力，如果拉应力超过混凝土抗拉强度，则会产生微细裂缝，观察碳化混凝土的切面，细裂纹的深度与碳化层的深度是一致的。

5. 碱-骨料反应抑制性

碱-骨料反应是指水泥、外加剂等混凝土构成物及环境中的碱与骨料中碱活性矿物在潮湿环境下缓慢发生并导致混凝土开裂破坏的膨胀反应。

（1）碱-骨料反应主要有三种类型：

1）碱-氧化硅反应。碱与骨料中活性 SiO_2 发生反应，生成硅酸盐凝胶，吸水膨胀，引起混凝土膨胀、开裂。活性骨料有蛋白石、玉髓、鳞石英、玛瑙、安石岩、凝灰岩等。

2）碱-硅酸盐反应。碱与某些层状硅酸盐骨料，如粉砂岩和含蛭石的粘土岩类等加工成的骨料反应，产生膨胀性物质。其作用比上述碱-氧化硅反应缓慢，但是后果更为严重，造成混凝土膨胀、开裂。

3）碱-碳酸盐反应。是水泥中的碱（Na_2O、K_2O）与白云岩或白云岩质石灰岩加工而成的骨料发生作用，生成膨胀物质而使混凝土开裂破坏。

（2）产生碱-骨料反应的条件。上述几种碱-骨料反应必须具备以下三个条件：一是水泥中碱的含量必须高；二是骨料中含有一定的活性成分；三是有水存在。

（3）对碱-骨料反应的预防措施。当水泥中碱的含量大于 0.6% 时（Na_2O 当量 > 0.6%），就会与活性骨料发生碱-骨料反应，这种反应进行很慢，由此引起内膨胀破坏往往几年之后才会发现，所以应对碱-骨料反应给予足够的重视。其预防的措施如下：

1）当水泥中碱含量大于 0.6% 时，需对骨料进行碱-骨料反应试验；当骨料中活性成分含量高，可能引起碱-骨料反应时，应根据混凝土结构或构件的使用条件，进行专门试验，以确定是否可用。

2）如必须采用的骨料是碱活性的，就必须选用低碱水泥（Na_2O 当量 < 0.6%），并限制混凝土总碱量不超过 2.0～3.0kg/m^3。

3）如无低碱水泥，应掺足够的活性混合材料，如粉煤灰≥30%，矿渣≥30% 或硅灰≥70% 以缓解破坏作用。

4）碱-骨料反应充分的条件是水分。混凝土构件厂起初在潮湿环境中（即在有水的条件下）助长发生碱-骨料反应；干燥状态下不会发生反应，所以混凝土的渗透性对碱-骨料反应有很大影响，应保证混凝土密实性和重视建筑物排水，避免混凝土表面积水和接缝存水。

6.5.2 提高混凝土耐久性的措施

综上所述，混凝土耐久性内容的综合性，使得混凝土耐久性的改善和提高必须根据混凝土所处环境、条件及对耐久性的要求有所侧重、有的放矢。但是从影响耐久性的众多因素中不难归纳出，提高混凝土的密实度是提高混凝土耐久性的一个重要环节，因此可采取以下措施：

（1）合理选择水泥品种根据混凝土工程的特点和环境条件，参照有关水泥在工程中应用的原则选用。

（2）控制混凝土中最小胶凝材料用量是决定混凝土密实度的主要因素，它不但影响混凝土的强度，而且也严重影响其耐久性。《普通混凝土配合比设计规程》（JGJ55—2011）对工业与民用建筑工程所用混凝土的最小胶凝材料用量作了规定。

（3）选用质量良好的砂、石骨料，是保证混凝土耐久性的重要条件。

（4）掺用引气剂或减水剂，对提高抗渗、抗冻等有良好的作用。

（5）在混凝土施工中加强混凝土质量的生产控制，做好每一个环节（计量、搅拌、运输、浇灌、振捣、养护）的质量管理和质量控制。

6.6 普通混凝土的配合比设计

混凝土的各项组成材料一经选定后，还必须科学地确定它们的各自用量，即混凝土的配合比，才能确保混凝土具有要求的和易性、强度和耐久性，并符合经济原则。

配合比常用的表示方法是以 1m^3 混凝土中各项材料的质量来表示，如水泥 240kg，粉煤灰 80kg，矿渣粉 80kg，水 180kg，砂 600kg，石子 1270kg。

混凝土配合比设计的任务，就是将各项材料合理地加以配合，使配制成的混凝土能满足以下四项基本要求：设计要求的强度等级、施工要求的和易性、与使用条件相适应的耐久性及尽量节省水泥。

在进行混凝土配合比设计时，须事先明确的基本资料有：

（1）混凝土的各项技术要求，如混凝土的强度等级、混凝土的耐久性要求（如抗渗等级、抗冻等级等）、混凝土拌合物的坍落度指标等。

（2）施工条件，施工质量管理水平及强度标准差。

（3）混凝土的特征，混凝土所处的环境。

（4）各项原材料的性质及技术指标，如水泥、粉煤灰、矿渣粉的品种及等级，骨料的种类、级配，砂的细度模数，石子最大粒径，各项材料的密度、表观密度等。

首先按已选择的原材料性能及对混凝土的技术要求进行初步计算，得出“初步配合比”，并通过试验室试拌调整，得出满足和易性要求的“基准配合比”。然后经过强度复核（如有其他性能要求，应进行相应的检验），定出满足设计和施工要求并比较经济合理的“试验室配合比”。最后根据现场砂、石的实际含水率对试验室配合比进行换算，得到“施工配合比”。

1. 初步配合比的确定

（1）确定配制强度（$f_{cu,0}$）。为了使混凝土强度能达到规范规定的95%的保证率，必须使混凝土的配制强度（$f_{cu,0}$）比混凝土的标准强度（$f_{cu,k}$）高出一定的数量。《普通混凝土配合比设计规程》（JGJ 55—2011）规定：混凝土的配制强度应按下列规定确定。

1）当混凝土的设计强度等级小于C60时，配制强度应按式（6-9）计算：

$$f_{cu,0} \geqslant f_{cu,k} + 1.645\sigma \tag{6-9}$$

式中 $f_{cu,0}$——混凝土配制强度（MPa）；

$f_{cu,k}$——混凝土立方体抗压强度标准值（可用混凝土设计强度等级值）（MPa）；

σ——混凝土强度标准差（MPa）。

2）当混凝土的设计强度等级大于或等于C60时，配制强度应按式（6-10）计算：

$$f_{cu,0} \geqslant 1.15 f_{cu,k} \tag{6-10}$$

如施工单位有近期的同一品种混凝土强度资料时，σ可计算求得，其计算公式如下：

$$\sigma = \sqrt{\frac{\sum_{i=1}^{n} f_{cu,i}^{2} - n\bar{f}_{cu}}{n-1}} \tag{6-11}$$

式中 $f_{cu,i}$——统计周期内同一品种混凝土第i组试件的强度值（MPa）；

$\bar{f}_{cu}$——统计周期内同一品种混凝土n组试件的强度平均值（MPa）；

n——统计周期内同一品种混凝土试件的总组数。

计算混凝土强度标准差时，强度试件组时不应少于25组。对于强度等级不大于C30的混凝土：当σ计算值不小于3.0MPa时，应按照计算结果取值；当σ计算值小于3.0MPa时，σ应取3.0MPa。对于强度等级大于C30且不大于C60的混凝土：当σ计算值不小于4.0MPa时，应按照计算结果取值；当σ计算值小于4.0MPa时，σ应取4.0MPa。

当无统计资料计算混凝土强度标准差时，其值可参考表6-2进行选取。

表6-2 混凝土强度标准差参考值

混凝土强度等级	<C20	C25～C45	C50～C55
σ/MPa	4.0	5.0	6.0

（2）确定水胶比（W/B）。根据配制强度及胶凝材料实际强度，利用混凝土强度公式，求出水胶比。

$$f_{cu,0} = \alpha_a f_b (B/W - \alpha_b)$$

则：

$$W/B = \frac{\alpha_a f_b}{f_{cu,0} + \alpha_a \alpha_b f_b} \tag{6-12}$$

式中 α_a、α_b——回归系数，如无通过试验求得的α_a、α_b系数，可选取如下数值：对碎石混凝土α_a可取0.53，α_b可取0.20；对卵石混凝土α_a可取0.49，α_b可取0.13。

f_b——胶凝材料（水泥与矿物掺合料按使用比例混合）28d 的胶砂抗压强度（MPa），可实测，且试验方法应按现行国家标准《水泥胶砂强度检验方法（ISO 法）》（GB/T 17671—2005）执行；在无法实测值时，可按式（6-13）计算：

$$f_b = \gamma_f \gamma_s f_{ce} \tag{6-13}$$

式中 γ_f、γ_s——粉煤灰影响系数和粒化高炉矿渣粉影响系数，可按表 6-3 选用；

f_{ce}——水泥 28d 胶砂抗压强度（MPa），可实测，当无水泥 28d 胶砂抗压强度实测值时，可按下式计算：

$$f_{ce} = \gamma_c f_{ce,g} \tag{6-14}$$

式中 γ_c——水泥强度等级值的富余系数，可按实际统计资料确定；当缺乏实际统计资料时，也参照表 6-4；

$f_{ce,g}$——水泥强度等级值（MPa）。

表 6-3 粉煤灰影响系数 γ_f 和粒化高炉矿渣粉影响系数 γ_s

种类 掺量(%)	粉煤灰影响系数(γ_f)	粒化高炉矿渣粉影响系数(γ_s)
0	1.00	1.00
10	0.85～0.95	1.00
20	0.75～0.85	0.95～1.00
30	0.65～0.75	0.90～1.00
40	0.55～0.65	0.80～0.90
50	—	0.70～0.85

注：1. 宜采用Ⅰ级或Ⅱ级粉煤灰；采用Ⅰ级灰宜取上限值，采用Ⅱ级灰宜取下限值。

2. 采用 S75 级粒化高炉矿渣粉宜取下限值，采用 S95 级粒化高炉矿渣粉宜取上限值，采用 S105 级粒化高炉矿渣粉可取上限值加 0.05。

3. 当超出表中的掺量时，粉煤灰和粒化高炉矿渣粉影响系数应经试验确定。

表 6-4 水泥强度等级值的富余系数

水泥强度等级值	32.5	42.5	52.5
富余系数(γ_c)	1.12	1.16	1.10

为了保证混凝土有必要的耐久性，所采用的水胶比不得超过表 6-5 规定的最大水胶比限制。

表 6-5 建筑混凝土的最大水胶比和最低强度等级

环境类别	环境条件	最大水胶比	最低强度等级
一	室内干燥环境； 无侵蚀性静水浸没环境	0.60	C20
二(a)	室内潮湿环境； 非严寒和非寒冷地区的露天环境； 非严寒和非寒冷地区与无侵蚀性的水或土壤直接接触的环境； 严寒和寒冷地区的冰冻线以下与无侵蚀性的水或土壤直接接触的环境	0.55	C25

（续）

环境类别	环 境 条 件	最大水胶比	最低强度等级
二(b)	干湿交替环境； 水位频繁变动环境； 严寒和寒冷地区的露天环境； 严寒和寒冷地区的冰冻线以下与无侵蚀性的水或土壤直接接触的环境	0.50 (0.55)	C30 (C25)
三(a)	严寒和寒冷地区冬季水位变动区环境； 受除冰盐影响的环境； 海风环境	0.45 (0.50)	C35 (C30)
三(b)	盐渍土环境； 受除冰盐作用的环境； 海岸环境	0.40	C40
四	海水环境	—	—
五	受人为或自然的侵蚀性物质影响的环境	—	—

注：1. 预应力构件混凝土最低混凝土强度等级应按表中的规定提高两个等级。
2. 素混凝土构件的水胶比及最低强度等级的要求可适当放松。
3. 有可靠工程经验时，二类环境中的最低混凝土强度等级可降低一个等级。

（3）确定用水量 m_{wo}。每立方米塑性混凝土和干硬性混凝土的用水量应符合下列规定：

1）混凝土水胶比在0.4～0.8范围内时，按表6-6、表6-7选取。

2）混凝土水胶比小于0.4时，可通过试验确定。

表6-6　塑性混凝土的用水量（JGJ 55—2011）　（单位：kg/m³）

拌合物稠度		卵石最大粒径/mm				碎石最大粒径/mm			
项目	指标	10.0	20.0	31.5	40.0	16.0	20.0	31.5	40.0
坍落度/mm	10～30	190	170	160	150	200	185	175	165
	35～50	200	180	170	160	210	195	185	175
	55～70	210	190	180	170	220	105	195	185
	75～90	215	195	185	175	230	215	205	195

注：1. 本表用水量系采用中砂时的取值。采用细砂时，混凝土用水量可增加5～10kg/m³；采用粗砂时，则可减少5～10kg/m³。
2. 掺用各种外加剂或矿物掺合料时，用水量应相应调整。

表6-7　干硬性混凝土的用水量（JGJ 55—2011）　（单位：kg/m³）

拌合物稠度		卵石最大公称粒径/mm			碎石最大粒径/mm		
项目	指标	10.0	20.0	40.0	16.0	20.0	40.0
维勃稠度/s	16～20	175	160	145	180	170	155
	11～15	180	165	150	185	175	160
	5～10	185	170	155	190	180	165

每立方米流动性或大流动性混凝土的用水量 m_{wo} 可按式（6-15）计算：

$$m_{wo} = m_{wo'}(1-\beta) \tag{6-15}$$

式中　$m_{wo'}$——满足实际坍落度要求的混凝土用水量（kg/m³），以表6-6中90mm坍落度的用水量为基础，按每增大20mm坍落度相应增加5kg用水量来计算；

β——外加剂的减水率（%），应经混凝土试验确定。

（4）确定胶凝材料用量 m_{b0}。每立方米混凝土的胶凝材料用量 m_{b0} 应按式6-16计算，并应进行试拌调整，在拌合物性能满足的情况下，取经济合理的胶凝材料用量。

$$m_{b0} = \frac{m_{w0}}{W/B} \tag{6-16}$$

同时，为了保证混凝土的耐久性，计算出的胶凝材料用量应大于表6-8规定的最小胶凝材料用量，当计算出的胶凝材料用量小于规定的最小胶凝材料用量时，则应按规定的最小胶凝材料用量值选取。

表6-8　混凝土的最小胶凝材料用量　　（单位：kg/m³）

最大水胶比	最小胶凝材料用量		
	素混凝土	钢筋混凝土	预应力混凝土
0.60	250	280	300
0.55	280	300	300
0.50	320		
≤0.45	330		

（5）确定矿物掺合料用量 m_{f0}。每立方米混凝土的矿物掺合料用量 m_{f0} 应按式（6-17）计算：

$$m_{f0} = m_{b0}\beta_f \tag{6-17}$$

式中　β_f——矿物掺合料掺量（%）。

采用硅酸盐水泥或普通硅酸盐水泥时，钢筋混凝土中矿物掺合料最大掺量宜符合表6-9的规定，预应力混凝土中矿物掺合料最大掺量宜符合表6-10的规定。对基础大体积混凝土、粉煤灰、粒化高炉矿渣粉和复合掺合料的最大掺量可增加5%。采用掺量大于30%的C类粉煤灰的混凝土应以实际使用的水泥和粉煤灰掺量进行安定性检验。

表6-9　钢筋混凝土中矿物掺合料最大掺量

矿物掺合料种类	水胶比	最大掺量(%)	
		硅酸盐水泥	普通硅酸盐水泥
粉煤灰	≤0.40	≤45	≤35
	>0.40	≤40	≤30
粒化高炉矿渣粉	≤0.40	≤65	≤55
	>0.40	≤55	≤45
钢渣粉	—	30	20
磷渣粉	—	30	20
硅灰	—	10	10
复合掺合料	≤0.40	65	55
	>0.40	55	45

注：1. 采用其他通用硅酸盐水泥时，宜将水泥混合材掺量20%以上的混合材量计入矿物掺合料。

2. 复合掺合料各组分的掺量不宜超过单掺时的最大掺量。

表 6-10　预应力钢筋混凝土中矿物掺合料最大掺量

矿物掺合料种类	水胶比	最大掺量(%)	
		硅酸盐水泥	普通硅酸盐水泥
粉煤灰	≤0.40	35	30
	>0.40	25	20
粒化高炉矿渣粉	≤0.40	55	45
	>0.40	45	35
钢渣粉	—	20	10
磷渣粉	—	20	10
硅灰	—	10	10
复合掺合料	≤0.40	55	45
	>0.40	45	35

注：1. 采用其他通用硅酸盐水泥时，宜将水泥混合材掺量20%以上的混合材量计入矿物掺合料。
　　2. 复合掺合料各组分的掺量不宜超过单掺时的最大掺量。

（6）确定水泥用量 m_{co}。每立方米混凝土的水泥用量 m_{co}应按式（6-18）计算：

$$m_{co} = m_{b0} - m_{f0} \tag{6-18}$$

（7）选取合理的砂率值 β_s。合理的砂率值，应根据骨料的技术指标、混凝土拌合物性能和施工要求，参考既有历史资料确定。当缺乏砂率的历史资料时，混凝土砂率的确定应符合下列规定：

1）坍落度小于10mm的混凝土，其砂率应经试验确定。

2）坍落度为10～60mm的混凝土，其砂率可根据粗骨料的品种、最大公称粒径和混凝土的水胶比，按表6-11选用。

3）坍落度大于60mm的混凝土，其砂率可经试验确定，也可在表6-11的基础上，按坍落度每增大20mm、砂率增大1%的幅度予以调整。

表 6-11　混凝土的砂率（JGJ 55—2011）　　（单位：%）

水胶比（W/B）	卵石最大公称粒径/mm			碎石最大粒径/mm		
	10.0	20.0	40.0	16.0	20.0	40.0
0.40	26～32	25～31	24～30	30～35	29～34	27～32
0.50	30～35	29～34	28～33	33～38	32～37	30～35
0.60	33～38	32～37	31～36	36～41	35～40	33～38
0.70	36～41	35～40	34～39	39～44	38～43	36～41

注：1. 本表数值系中砂的选用砂率，对细砂或粗砂，可相应地减少或增大砂率。
　　2. 采用人工砂配制混凝土时，砂率可适当增大。
　　3. 只用一个单粒级粗骨料配制混凝土时，砂率应适当增大。
　　4. 对薄壁构件，砂率宜取偏大值。

（8）计算砂、石用量 m_{s0}、m_{g0}。计算砂石用量有两种方法：即质量法和体积法。在已知混凝土用水量、水泥用量、矿物掺合料及砂率的情况下，采用其中任何一种方法均可求出砂、石用量。

1）质量法。这种方法是先假定一个混凝土拌合物的湿表观密度值（又称湿表观密度计算值），根据各材料之间的质量关系，计算各材料的用量。

混凝土的湿表观密度计算值，可根据本单位累计的实验资料确定，在无资料时可按2350～2450kg/m³范围内选定。

用下列两个关系式求出砂石总量及砂、石各自的用量：

$$\begin{cases} m_{f0}+m_{c0}+m_{g0}+m_{s0}+m_{w0}=m_{cp} & (6\text{-}19) \\ \dfrac{m_{s0}}{m_{g0}+m_{s0}}\times 100\%=\beta_s & (6\text{-}20) \end{cases}$$

式中 m_{f0}、m_{c0}、m_{g0}、m_{s0}、m_{w0}——每立方米混凝土中水泥、矿物掺合料、砂石、水的用量（kg/m³）；

β_s——砂率（%）；

m_{cp}——每立方米混凝土拌合物的假设表观密度，其值可取2350～2450kg/m³。

2）体积法（又称绝对体积法）。这种方法是假设混凝土拌合物的体积等于各组成材料绝对体积和所含空气体积之和。因此在计算1m³混凝土拌合物的各材料用量时，可列出式（6-21），并联合式（6-20）计算出砂、石各自的用量。

$$\frac{m_{c0}}{\rho_c}+\frac{m_{f0}}{\rho_f}+\frac{m_{g0}}{\rho_g}+\frac{m_{s0}}{\rho_s}+\frac{m_{w0}}{\rho_w}+0.01\alpha=1 \tag{6-21}$$

式中 ρ_c、ρ_f、ρ_g、ρ_s、ρ_w——水泥的密度、矿物掺合料密度、砂的表观密度、石的表观密度、水的密度（kg/m³）；

α——混凝土的含气量百分数，在不使用引气型外加剂时，α可取为1，在使用引气型外加剂时，按实际要求采用。

（9）归纳初步配合比。将以上计算进行归纳，并计算出质量比，便可得到混凝土的初步配合比。

2. 基准配合比的确定

以上求出的混凝土各组成材料用量，是借助于一些经验公式和数据计算出来的，或是利用经验资料查得的，因而不一定完全符合工程实际情况，必须通过试拌调整，直到混凝土拌和物的和易性符合要求为止，然后提出供检验混凝土强度用的基准配合比。以下介绍和易性的调整方法。

按初步计算配合比称取材料进行试拌。将混凝土拌合物搅拌均匀后测定坍落度，并检查其粘聚性和保水性能的好坏。如果坍落度不满足要求，或粘聚性和保水性不良时，应在保持水灰比不变的条件下相应调整用水量或砂率。当坍落度低于设计要求，可保持水胶比不变，增加水泥浆量；如坍落度过大，可在保持砂率不变条件下增加骨料。如出现含砂不足，粘聚性和保水性不良时，可适当增大砂率，反之应减小砂率。每次调整后再试拌，直到符合要求为止。

当试拌调整工作完成后，应测出混凝土拌合物的实际表观密度（ρ_0），并重新计算每立方米混凝土各组成材料用量，得出的配合比为基准配合比。假设试拌调整后各组成材料用量为：$m_{b拌}$、$m_{f拌}$、$m_{s拌}$、$m_{g拌}$、$m_{w拌}$，则 $1m^3$ 混凝土的材料用量为：

$$m_{b基}=\frac{m_{b拌}}{m_{b拌}+m_{f拌}+m_{s拌}+m_{g拌}+m_{w拌}}\times\rho_0 \tag{6-22}$$

$$m_{f基}=\frac{m_{f拌}}{m_{b拌}+m_{f拌}+m_{s拌}+m_{g拌}+m_{w拌}}\times\rho_0 \tag{6-23}$$

$$m_{s基}=\frac{m_{s拌}}{m_{b拌}+m_{f拌}+m_{s拌}+m_{g拌}+m_{w拌}}\times\rho_0 \tag{6-24}$$

$$m_{g基}=\frac{m_{g拌}}{m_{b拌}+m_{f拌}+m_{s拌}+m_{g拌}+m_{w拌}}\times\rho_0 \tag{6-25}$$

$$m_{w基}=\frac{m_{w拌}}{m_{b拌}+m_{f拌}+m_{s拌}+m_{g拌}+m_{w拌}}\times\rho_0 \tag{6-26}$$

式中　$m_{b基}$、$m_{f基}$、$m_{s基}$、$m_{g基}$、$m_{w基}$——$1m^3$ 基准混凝土的胶凝材料、矿物掺合料、砂子、石子和水的用量（kg）。

3. 试验室配合比的确定

经过和易性调整后得到的基准配合比，其水胶比不一定选得恰当，即混凝土的强度不一定符合要求，所以还应检验混凝土的强度。一般采用三个配合比。其中一个为基准配合比，另外两个配合比，水胶比宜较基准配合比分别增加和减少 0.05，其用水量与基准配合比基本相同，砂率分别增加或减少 1%。每个配合比制作一组试件，标准养护 28d 试压。在制作混凝土试件时，尚需检验混凝土拌合物的和易性及表观密度，并以此结果作为代表这一配合比的混凝土拌合物的性能。

通过试验，在三个配合比中选出一个既满足强度要求、和易性要求，并且水泥用量最少的配合比作为试验室配合比；也可以绘制出三个配合比的胶水比与强度曲线，求出配制强度 $f_{cu,o}$ 所对应的胶水比，再计算出试验室配合比。

其中用水量 m_w 取基准配合比中的用水量；胶凝材料用量 m_b 以选定出来的胶水比乘以用水量进行计算；粗、细骨料用量 m_g 和 m_s，取基准配合比中的粗、细骨料用量，并按选定的胶水比进行调整。

由于按计算出的混凝土各项组成材料用量求混凝土拌合物的表观密度 $\rho_{c,c}$ 不一定等于实测表观密度 $\rho_{c,t}$，还需要将各组成材料用量再作必要的校正。应先求出混凝土的计算表观密度 $\rho_{c,c}$，即：

$$\rho_{c,c}=m_b+m_f+m_g+m_s+m_w \tag{6-27}$$

再求校正系数

$$\delta=\frac{\rho_{c,t}}{\rho_{c,c}} \tag{6-28}$$

将以上定出的混凝土配合比中每项材料用量均乘以校正系数 δ，即为最终的实验室配合比（δm_b、δm_f、δm_g、δm_s、δm_w）。

4. 施工配合比

试验室配合比是以干燥材料为基准的，而工地存放的砂、石都含有一定水分，并且经常变化，所以应按现场材料的实际含水情况对配合比进行修正，修正后的配合比称为施工配合比。假定工地存放砂的含水率为 W_s，石子含水率为 W_g，将试验室配合比换算成为施工配合比，其材料的用量应为：

胶凝材料用量 $$m'_b = \delta m_b \tag{6-29}$$

矿物掺合料用量 $$m'_f = \delta m_f \tag{6-30}$$

砂子用量 $$m'_s = \delta m_s(1 + W_s) \tag{6-31}$$

石子用量 $$m'_g = \delta m_g(1 + W_g) \tag{6-32}$$

水的用量 $$m'_w = \delta m_w - \delta m_w W_s - \delta m_w W_g \tag{6-33}$$

6.7 混凝土技术性能检测

6.7.1 混凝土拌合物和易性检测（坍落度与坍落度扩展度法）（GB/T 50080—2002）

1. 主要仪器设备

坍落度筒、捣棒、直尺等（图 6-14）。

2. 试样及其制备

（1）所用原材料和实验室的温度应保持（20 ±5)℃，或与施工现场保持一致。

（2）人工拌合。

（3）按配合比称量各材料。

（4）将拌板及拌铲用湿布湿润后，将砂、水泥倒在拌板上，翻拌至颜色均匀，再加上石子，翻拌至混合均匀为止。

（5）将干混合物堆成堆，在中间作一凹槽，倒入部分拌和用水，然后仔细翻拌，逐步加入全部用水，继续翻拌至均匀为止。

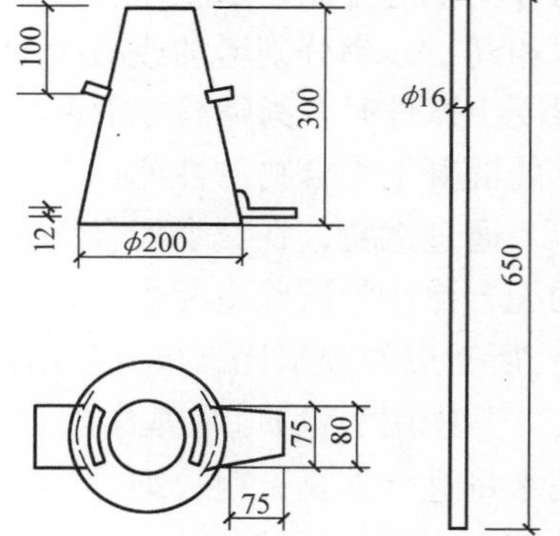

图 6-14　坍落筒及捣棒

3. 检测步骤

（1）湿润坍落度筒及底板，在坍落度筒内壁和底板上应无明显水。底板应放置在坚实水平地面上，并把筒放在底板中心，然后用脚踩住二边的脚踏板，坍落度筒在装料时应保持固定位置。

（2）把按要求取得的混凝土试样用小铲分 3 层均匀地装入筒内，使捣实后每层高度为筒高的 1/3 左右。每层用捣棒插捣 25 次。插捣应沿螺旋方向由外向中心进行，各次插捣应在截面上均匀分布。插捣筒边混凝土时，捣棒可以稍稍倾斜。插捣底层时，捣棒应贯穿整个深度，插捣第二层和顶层时，捣棒应插透本层至下一层的表面；浇灌顶层时，混凝土应灌到高出筒口。插捣过程中，如混凝土沉落到低于筒口中央应随时添加。顶层插捣完后，刮去多余的混凝土，并用抹刀抹平。

（3）清除筒边底板上的混凝土后，垂直平稳地提起坍落度筒。坍落度筒的提离过程应在 5 ~10s 内完成；从开始装料到提坍落度筒的整个过程应不间断地进行，并应在 150s 内完成。

（4）提起坍落度筒后，测量筒高与坍落后混凝土试体最高点之间的高度差，即为该混凝土拌和物的坍落度值（图 6-15）；坍落度筒提离后，如混凝土发生崩坍或一边剪坏现象，则应重新取样另行测定；如第二次试验仍出现上述现象，则表示该混凝土和易性不好，应予记录备查。

（5）观察坍落后的混凝土试体的粘聚性及保水性。

（6）当混凝土拌合物的坍落度大于220mm时，用钢尺测量混凝土扩展后最终的最大直径和最小直径，在这两个直径之差小于50mm的条件下，用其算术平均值作为坍落扩展度值；否则，此次实验无效。

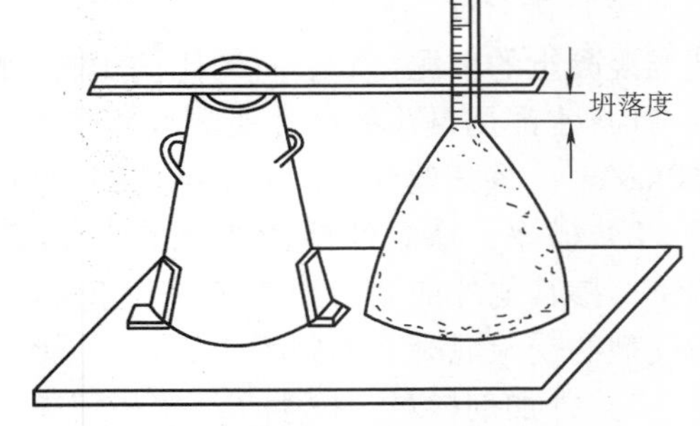

图6-15 坍落度测定

4. 检测结果处理

混凝土拌合物坍落度和坍落扩展度值以毫米为单位，测量精确至1mm，结果修约至5mm。

6.7.2 掺外加剂混凝土拌合物和易性测试（GB/T 50080—2002、GB 8076—2008）

1. 主要仪器设备

（1）坍落度筒、捣棒、直尺：用于测试坍落度和坍落度1h经时变化量（图6-14）。

（2）贯入阻力仪：用于测试凝结时间，最大测量值不小于1000N，精度为±10N；测针长100mm，承压面积分100mm^2、50mm^{2}和20mm^{2}三种；在距贯入端25mm处刻有一圈标记。

（3）5L容量筒：用于测试泌水率比，上口径为160mm，下口径为150mm，净高为150mm刚性不透水的金属圆筒，并配有盖子。

（4）标准筛：筛孔为5mm的符合现行国家标准的金属圆孔筛。

（5）量筒、吸管，用于测试含气量的含气量测定仪（图6-16）等。

2. 测试所用原材料与配合比

（1）原材料

1）水泥：测试所用水泥为基准水泥，是由符合下列品质指标的硅酸盐水泥熟料与二水石膏共同磨细而成的42.5强度等级的P·Ⅰ型硅酸盐水泥。其矿物组成符合：C_3A含量6%~8%，C_3S含量55%~60%，游离氧化钙含量不超过1.2%，碱含量（$Na_2O+0.658K_2O$）不得超过1.0%。比表面积为$(350\pm10)m^2/kg$。

2）砂：砂为符合《建筑用砂》（GB/T 14684—2011）中区要求的中砂，但要求细度模数为2.6~2.9，含泥量小于1%。

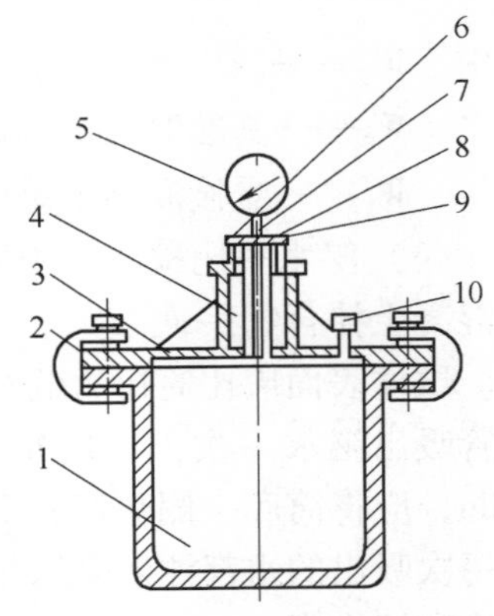

图6-16 含气量测定仪

1—容器 2—盖体 3—水找平室 4—气室 5—压力表 6—排气阀 7—操作阀 8—排水阀 9—进气阀 10—加水阀

3）石：测试所用的粗骨料为符合《建筑用卵石、碎石》（GB/T 14685—2011）要求的公称粒径5~20mm的碎石或卵石，采用二级配，其中5~10mm占40%，10~20mm占60%，满足连续级配要求，针片状含量小于10%，空隙率小于47%，含泥量小于0.5%。

（2）配合比。测试采用基准配合比进行。掺非引气型外加剂的受检混凝土和其对应的基准混凝土的水泥、砂、石的比例相同。配合比要求如下：

1）水泥用量：掺高性能减水剂或泵送剂的基准混凝土和受检混凝土的单位水泥用量为360kg/m³；掺其他外加剂的基准混凝土和受检混凝土单位水泥用量为330kg/m³。

2）砂率：掺高性能减水剂或泵送剂的基准混凝土和受检混凝土的砂率均为43%～47%；掺其他外加剂的基准混凝土和受检混凝土的砂率为36%～40%；但掺引气减水剂或引气剂的受检混凝土的砂率应比基准混凝土的砂率低1%～3%。

3）外加剂掺量：按生产厂家指定掺量。

4）用水量：掺高性能减水剂或泵送剂的基准混凝土和受检混凝土的坍落度控制在（210±10）mm，用水量为坍落度在（210±10）mm时的最小用水量；掺其他外加剂的基准混凝土和受检混凝土的坍落度控制在（80±10）mm。

3. 检测项目与实验步骤

（1）坍落度和坍落度1h经时变化量

1）坍落度检测。混凝土坍落度按照《普通混凝土拌合物性能试验方法标准》（GB/T 50080—2012）测定；但坍落度为（210±10）mm的混凝土，分两层装料，每层装入高度为筒高的一半，每层用插捣棒插捣15次。

2）坍落度1h经时变化量测定。当要求检测此项时，应将搅拌的混凝土留下足够一次混凝土坍落度的试验数量，并装入用湿布擦过的试样筒内，容器加盖，静置至1h（从加水搅拌时开始计算），然后倒出，在铁板上用铁锹翻拌至均匀后，再按照坍落度测定方法测定坍落度。计算出机时和1h后的坍落度之差值，即得到坍落度的经时变化量。

（2）减水率检测。减水率为坍落度基本相同时，基准混凝土和受检混凝土单位用水量之差与基准混凝土单位用水量之比。减水率按式计算，应精确到0.1%。

$$W_R = \frac{W_0 - W_1}{W_0} \times 100 \tag{6-34}$$

式中 W_R——减水率（%）；

W_0——基准混凝土单位用水量（kg/m³）；

W_1——受检混凝土单位用水量（kg/m³）。

（3）泌水率比检测。先用湿布润湿容积为5L的带盖筒（内径为185mm，高200mm），将混凝土拌合物一次装入，在振动台上振动20s，然后用抹刀轻轻抹平，加盖以防水分蒸发。试样表面应比筒口边低约20mm。自抹面开始计算时间，在前60min，每隔10min用吸液管吸出泌水一次，以后每隔20min吸水一次，直至连续三次无泌水为止。每次吸水前5min，应将筒底一侧垫高约20mm，使筒倾斜，以便于吸水。吸水后，将筒轻轻放平盖好。将每次吸出的水都注入带塞量筒，最后计算出总的泌水量，精确至1g，按下式计算出泌水率比和泌水率。

$$R_B = \frac{B_t}{B_c} \times 100 \tag{6-35}$$

式中 R_B——泌水率比（%）；

B_t——受检混凝土泌水率（%）；

B_c——基准混凝土泌水率（%）。

$$B=\frac{V_W}{(W/G)G_W}\times 100 \tag{6-36}$$

$$G_W=G_1-G_0 \tag{6-37}$$

式中 B——泌水率（%）；

V_W——泌水总质量（g）；

W——混凝土拌合物的用水量（g）；

G——混凝土拌合物的总质量（g）；

G_W——试样质量（g）；

G_1——筒及试样质量（g）；

G_0——筒质量（g）。

（4）凝结时间差检测

1）将现场取样的混凝土拌合物试样，用5mm标准筛筛出砂浆，每次应筛净，然后将其拌和均匀。将砂浆一次分别装入三个试样筒中，做三个试验。取样混凝土坍落度不大于70mm的混凝土宜采用振动台振实砂浆；坍落度大于70mm的宜采用捣棒人工捣实。振实或插捣后，砂浆表面应低于砂浆试样筒口10mm；砂浆试样筒应立即加盖。

2）砂浆试样制备完毕，编号后应置于温度为（20±2）℃的环境中或现场同条件下待测。现场同条件测试时，应与现场条件保持一致。在整个测试过程中，除在吸取泌水或进行贯入试验外，试样筒应始终加盖。

3）凝结时间测定从水泥与水接触瞬间开始计时。根据混凝土拌合物的性能，确定测针试验时间，以后每隔0.5h测试一次，在临近初、终凝时可增加测定次数。

在每次测试前2min，将一片20mm厚的垫块垫入筒底一侧使其倾斜，用吸管吸去表面的泌水，吸水后平稳地复原。

4）测试时将砂浆试样筒置于贯入阻力仪上，测针端部与砂浆表面接触，然后在（10±2)s内均匀地使测针贯入砂浆（25±2)mm深度，记录贯入压力，精确到10N；记录测试时间，精确到1min；记录环境温度，精确到0.5℃。各测点的时距应大于测针直径的两倍且不小于15mm，测点与试样筒壁的距离应不小于25mm。

贯入阻力测试在0.2~28MPa之间应至少进行6次，直至贯入阻力大于28MPa为止。

在测试过程中应根据砂浆凝结状况，适时更换测针。当贯入阻力为0.2~3.5MPa时，选择100mm^{2}的测针；当贯入阻力为3.5~20MPa时，选择50mm^{2}的测针；当贯入阻力为20~28MPa时，选择20mm^{2}的测针。

5）贯入阻力的结果计算以及初凝时间和终凝时间的确定应按下述方法进行：

贯入阻力应按下式计算：

$$f_{PR}=\frac{P}{A} \tag{6-38}$$

式中 f_{PR}——贯入阻力（MPa）；

P——贯入压力（N）；

A——测针面积（mm^2）。

凝结时间宜通过线性回归方法确定，是将贯入阻力和时间分别取自然对数ln（f_{PR}）和

ln（t），然后把 ln（f_{PR}）当作自变量、ln（t）当作因变量作线性回归得到回归方程式：

$$\ln(t) = A + B\ln(f_{PR}) \tag{6-39}$$

其中 A、B 为线性回归系数，t 为时间（min）。

根据公式求得当贯入阻力为 3.5MPa 时为初凝时间 t_s，贯入阻力为 28MPa 时为终凝时间 t_e：

$$t_s = e^{[A + B\ln(3.5)]} \tag{6-40}$$

$$t_e = e^{[A + B\ln(28)]} \tag{6-41}$$

凝结时间也可用绘图拟合方法确定，是以贯入阻力为纵坐标，经过的时间为横坐标（精确至1min），绘制出贯入阻力与时间之间的关系曲线，以 3.5MPa 和 28MPa 划两道平行于横坐标的直线，分别与曲线相交的两个交点的横坐标即为混凝土拌合物的初凝和终凝时间。

4. 检测结果处理

坍落度、坍落度 1h 经时变化量、减水率、泌水率比、凝结时间等测试指标均采用三批试验的算术平均值计。其中坍落度和坍落度 1h 经时变化量精确到 5mm，减水率精确到 1%，泌水率比精确到 0.1%，凝结时间精确到 5min。

检测坍落度、坍落度 1h 经时变化量、减水率、泌水率比时，若三批检测的最大值或最小值中有一个与中间值之差超过中间值的 15% 时，则把最大值与最小值一并舍去，取中间值作为该组检测结果。若有两个检测值与中间值之差均超过 15% 时，则该批检测结果无效，应该重做。

检测凝结时间时，若三批检测的最大值或最小值之中有一个与中间值之差超过 30min，把最大值与最小值一并舍去，取中间值作为该组检测的凝结时间。若两测试值与中间值之差均超过 30min，则检测结果无效，应该重做。

6.7.3 混凝土立方体抗压强度检测（GB/T 50081—2002）

1. 主要仪器设备

（1）压力实验机：测量精度为 ±1%，试件的预期破坏荷载值应大于全量程的 20%，且小于全量程的 80%。

（2）试模。

（3）振实台、捣棒、小铁铲、金属直尺、镘刀等。

2. 试样及其制备

（1）混凝土抗压强度检测一般以 3 个试件为一组，每一组试件所用的混凝土拌和物应由同一次拌和成的拌合物中取出。

（2）边长为 150mm 的立方体试件是标准试件；边长为 100mm 和 200mm 的立方体试件是非标准试件。

（3）坍落度不大于 70mm 的混凝土宜用振实台振实。将拌和物一次装入试模，装料时，应用抹刀沿试模内壁插捣，并使混凝土拌和物高出试模口。振动时试模不得有任何跳动，振动应持续到表面出浆为止，不得过振。

（4）坍落度大于 70mm 的混凝土宜用捣棒人工捣实。将混凝土拌和物分两层装入试模，每层厚度大致相等。每层插捣次数按在 10000mm^2 截面积不得少于 12 次。插捣后应用橡皮锤轻轻敲击试模四周，直至插捣棒留下的空洞消失为止。刮除试模上口多余的混凝土，待混凝土临近初凝时，用抹刀抹平。

（5）试件成型后应立即用不透水的薄膜覆盖表面。

（6）采用标准养护的试件，应在温度为（20 ±5）℃的环境中静置一昼夜至二昼夜，然后编号、拆模。拆模后应立即放入温度为（20 ±2）℃、相对湿度为95%以上的标准养护室中养护，标准养护室内的试件应放在支架上，彼此间隔10 ~20mm，试件表面应保持潮湿，并不得被水直接冲淋。

（7）标准养护龄期为28d（从搅拌加水开始计时）。

3. 检测步骤

（1）将试件从养护地点取出后应及时进行检测，将试件表面与上下承压板面擦干净。

（2）将试件安放在实验机的下压板上，试件的承压面应与成型时的顶面垂直。试件的中心应与实验机下压板中心对准，开动实验机，当上压板与试件接近时，调整球座使接触均衡。

（3）在检测过程中应连续均匀地加荷，混凝土强度等级 $< C30$ 时，加荷速度取0.3 ~0.5MPa/s，混凝土强度等级 $\geq C30$ 时且 $< C60$ 时，取0.5 ~0.8MPa/s。

（4）当试件接近破坏开始急剧变形时，应停止调整实验机油门，直至破坏。然后记录破坏荷载 F(N)。

4. 检测结果处理

（1）混凝土立方体抗压强度按下式计算（精确至0.1MPa）：

$$f_{cu} = \frac{F}{A} \tag{6-42}$$

式中　f_{cu}——混凝土立方体抗压强度（MPa）；

F——破坏荷载（N）；

A——受压面积（mm^2）。

（2）以3个试件测值的算术平均值作为该组试件的抗压强度值。3个测值中的最大值或最小值如有1个与中间值的差值超过中间值的15%时，则把最大及最小值一并舍除，取中间值为该组抗压强度值。如2个测值与中间值的差均超过中间值的15%，则该组试件的实验结果无效。

（3）用非标准试件测得的强度值应乘以尺寸换算系数，其值为对200mm ×200mm ×200mm试件为1.05，对100mm ×100mm ×100mm试件为0.95。

（4）混凝土强度随龄期的增长而逐渐提高，混凝土抗压强度增长情况大致与龄期的对数成正比关系：

$$f_n = f_{28}\frac{\lg n}{\lg 28} \tag{6-43}$$

式中　f_n——nd龄期混凝土抗压强度（MPa）；

f_{28}——28d龄期混凝土抗压强度（MPa）；

$\lg n$、$\lg 28$——n（$n > 3$）和28的常用对数。

思考题与习题

1. 什么叫混凝土？共分为几类？

2. 混凝土是由哪些材料组成的？如何选择这些材料？

3. 混凝土应满足哪些技术要求？

4. 什么是混凝土拌合物的和易性？它包含哪些含义？简述混凝土拌合物坍落度的检测步骤。

5. 影响混凝土拌合物的和易性因素主要有哪些？它们是怎样影响的？如果混凝土拌合物的和易性不符合要求（坍落度过大或过小，粘聚性不良）时，如何进行调整？

6. 影响强度的因素有哪些？它们是怎样影响的？

7. 什么是混凝土的徐变？影响徐变的因素有哪些？

8. 什么是混凝土的耐久性？主要包括哪些方面？如何提高混凝土耐久性？

9. 什么是碱-骨料反应？有哪几类？其反应特征有哪些？碱-骨料反应的必要条件是什么？

10. 某混凝土拌合物经试拌调整满足和易性要求后，各组成材料用量为水泥2.66kg、矿物掺合料1.14kg、水1.89kg、砂6.24kg、卵石12.48kg，测出混凝土拌合物的实际表观密度为2410kg/m^3。若工地上砂的含水率为2.5%，石子的含水率为1%，求施工配合比。

11. 工地采用普通水泥42.5级来拌制卵石混凝土，所用水灰比为0.56。问此混凝土能否达到C20混凝土的要求？

12. 某混凝土的实验室配合比为水泥:砂子:石子＝1:2.3:4.1，水灰比为0.60。已知每立方米混凝土拌合物中水泥用量为295kg。现场有砂15m^3，此砂含水量为5%，堆积密度为1500kg/m^3。求现场砂能生产多少立方米的混凝土？

13. 现浇框架混凝土结构，环境类别：二（b），混凝土设计强度等级C25，施工要求坍落度160±30mm，施工单位无历史统计资料。采用原材料为：普通水泥42.5级（实测28d强度45.0MPa），$\rho_c=3100$kg/m^3；矿粉：等级S95级矿渣粉，掺量30%；粉煤灰：等级Ⅱ级灰，掺量30%；外加剂：FR-42型早强高效减水剂，减水率20%，掺量1%；碎石：最大粒径5~20mm，$\rho_g=2700$kg/m^3；砂：中砂（$M_x=2.81$），$\rho_s=2650$kg/m^3；水：自来水。试求初步配合比。

第7章　建筑砂浆

学习要求

了解建筑砂浆的分类，砌筑砂浆的组成材料；掌握砌筑砂浆的技术性质要求；熟练掌握砂浆和易性、砂浆立方体抗压强度检测的操作方法；熟悉砌筑砂浆配合比设计方法。一般了解抹面砂浆和其他品种的砂浆的主要品种、性能要求以及配制要求。

建筑砂浆是由无机胶凝材料、细骨料、掺合料、水以及根据性能确定的各种组分，按适当比例配合、拌制并硬化而成的工程材料。建筑砂浆是建筑工程中一种用量大、使用范围广、多手工作业、呈薄层状的建筑材料。它是砖石结构的重要组成部分，又是结构外粉刷抹面的主要材料，而且饰面石材、陶瓷砖的施工也需使用砂浆。

建筑砂浆分类：

（1）按所用胶凝材料划分，有水泥砂浆、水泥-石灰混合砂浆（一般说“混合砂浆”即指此砂浆）、石灰砂浆、石膏砂浆、沥青砂浆、聚合物砂浆等。

（2）按用途划分，有砌筑砂浆、抹面砂浆、装饰砂浆和特种功能砂浆（如粘结砂浆、保温砂浆、吸声砂浆、防水砂浆、耐酸砂浆、防辐射砂浆等）。

（3）按表观密度分，小于1500kg/m^3 的为轻砂浆，大于1500kg/m^3 的为重砂浆。

7.1　砌筑砂浆

用于砌筑砖、石及砌块成为砌体，或拼接、安装板材成为墙体的砂浆，称作砌筑砂浆。它的作用是粘结块体材料成为稳固的砌体或墙片，传递荷载，填充块材间缝隙，并具有密封、隔热、隔音的功效。

7.1.1　砌筑砂浆的组成材料

1. 水泥

水泥是一般砌筑砂浆中的主要胶凝材料。选用水泥时，应满足以下两点要求：

（1）水泥品种要合理。一般的砌筑砂浆应优先选择通用硅酸盐水泥或砌筑水泥，且应符合现行国家标准《通用硅酸盐水泥》（GB 175—2007）和《砌筑水泥》（GB/T 3183—2003）的规定。

（2）水泥等级要适合，且应符合经济的原则。一般情况下，水泥强度等级（$f_{ce,k}$）应根据砂浆品种及强度等级的要求进行选择。M15及以下强度等级的砌筑砂浆宜选用32.5级的通用硅酸盐水泥或砌筑水泥；M15以上强度等级的砌筑砂浆宜选用42.5级的通用硅酸盐水泥。

2. 石灰

石灰砂浆中，石灰是胶凝材料。为了改善砂浆的和易性和节约水泥，在水泥砂浆中掺入适量石灰，配制成混合砂浆，用于地上的砌体和抹灰工程。掺入混合砂浆中的石灰，磨细生石灰粉的熟化时间不得少于2d，块状生石灰熟化成石灰膏时，应用孔径不大于3mm×3mm的网过滤，熟化时间不得少于7d。沉淀池中贮存的石灰膏，应采取措施防止干燥、冻结和污染。消石灰粉不得直接用于砌筑砂浆中。严禁使用脱水硬化的石灰膏。

3. 砂

砌砖砂浆宜选用中砂，并应符合现行行业标准《普通混凝土用砂、石质量及检验方法标准》（JGJ 52—2006）的规定，且应全部通过4.75mm的筛孔。

4. 矿物掺合料

粉煤灰、粒化高炉矿渣粉、硅灰、天然沸石粉是砂浆中较为理想的掺合料。掺粉煤灰的砂浆已被广泛应用。粉煤灰通过其形态效应、火山灰效应和微集料效应，可提高砂浆的保水性、塑性、强度，同时又可节约水泥和石灰，降低工程成本。粉煤灰、粒化高炉矿渣粉、硅灰、天然沸石粉应分别符合国家现行标准《用于水泥和混凝土中的粉煤灰》（GB/T 1596—2005）、《用于水泥和混凝土中的粒化高炉矿渣粉》（GB/T 18046—2008）、《高强高性能混凝土用矿物外加剂》（GB/T 18736—2002）和《天然沸石粉在混凝土和砂浆中应用技术规程》（JGJ/T 112—1997）的规定。当采用其他品种矿物掺合料时，应有可靠的技术依据，并应在使用前进行检测验证。

5. 水

配制砂浆用水应符合现行行业标准《混凝土拌合用水标准》（JGJ63—2006）的规定。

6. 其他增塑材料

为进一步改善砂浆的和易性，除采用上述的石灰膏、粉煤灰外，还可选用其他塑化材料，一类是增塑剂，如选择混凝土用普通型减水剂木质素磺酸钙，砂浆“微沫剂”。微沫剂是一种引气剂，加入量是水泥量的0.005%～0.01%，加入后即可在砂浆中产生大量均匀分布的极小的稳定气泡。它的存在能改善砂浆的和易性，可减少石灰膏掺量50%。另一类是保水剂，常用有的甲基纤维素、硅藻土等。保水剂可减少砂浆泌水，防止离析，有利于施工操作。

7.1.2 砌筑砂浆的主要技术性质

1. 砂浆拌合物的性质

砂浆拌合物在硬化前应具有良好的和易性。和易性良好的砂浆容易在砖、石表面上铺展均匀、紧密、层薄，使上下及左右的块材紧紧粘结。这样，既便于施工操作，提高工效，又能提高灰缝的饱满度。砂浆的和易性包括流动性和保水性两方面含义。

（1）流动性。砂浆的流动性又称稠度。稠度是指砂浆在重力或外力作用下流动变形的能力。砂浆稠度用沉入度表示，用砂浆稠度仪来测定，试验方法参阅本教材试验部分。砂浆流动性与胶凝材料的品种和数量、用水量、砂子细度、粒形和级配，增塑材料的品种和掺量，拌合时间以及使用时间等因素有关。

砌筑砂浆稠度选择与砌体材料品种、砌体形式及施工时天气情况有关。对于砌筑多孔吸水的块材及干热气候时，要求砂浆沉入度大一些；砂筑密实、不吸水的块材及湿冷气候时，则要求砂浆沉入度小一些。砌筑砂浆的稠度，宜按表7-1的规定选用。

表 7-1　砌筑砂浆的稠度（JGJ/T 98—2010）

砌体种类	砂浆稠度/mm
烧结普通砖砌体、粉煤灰砖砌体	70～90
混凝土砖砌体、普通混凝土小型空心砌块砌体、灰砂砖砌体	50～70
烧结多孔砖砖砌体、烧结空心砖砌体、轻集料混凝土小型空心砌块砌体、蒸压加气混凝土砌块砌体	60～80
石砌体	30～50

（2）保水性。保水性是指砂浆能够保持水分的能力，也是衡量新拌水泥砂浆在运输以及停放时内部组分稳定性的性能指标。保水性不好的砂浆，在运输和存放过程中容易泌水离析，即水分浮在上面，使流动性变坏，不易铺成均匀的砂浆层。同时在砌筑时水分容易被砖石迅速吸收，影响胶凝材料的正常硬化，降低砂浆本身强度及粘结性能，最终使砌体强度下降。

砂浆的保水性用分层度表示。分层度表示砂浆静置30min前后的沉入度的差值。砂浆的分层度不宜大于30mm，但也不能为零。分层度大于30mm时，说明其保水性不良，砂浆容易产生离析，不便于施工；分层度接近于零时，砂浆凝结慢，容易产生干缩裂缝。

凡是砂浆内胶凝材料用量充足，尤其是掺用增塑材料的砂浆，其保水性都很好。砂浆中掺入适量的引气剂或减水剂，也能改善砂浆的保水性和流动性。

2. 砂浆硬化后的性质

砂浆硬化后的主要性质是强度、粘结力和变形性能。

（1）砂浆强度。砂浆的强度一般是指抗压极限强度。此值是划分砂浆强度等级的主要依据。砂浆的强度等级代号为M，水泥砂浆和预拌砌筑砂浆的强度等级为M5、M7.5、M10、M15、M20、M25、M30七个等级，水泥混合砂浆的强度等级为M5、M7.5、M10、M15四个等级。砂浆的强度等级是以边长为70.7mm的立方体试件（3块为一组），成型后试件在(20±2)℃温度下，水泥砂浆、微沫砂浆在湿度为90%以上，水泥石灰砂浆在湿度为60%～80%环境中，养护至28d，然后进行抗压试验。按计算规则得出砂浆试件强度值。

影响砂浆强度的因素较多。用于不吸水底面（如密实的石材）的砂浆强度，与混凝土相似，主要取决于水泥的强度和灰水比。计算公式如下：

$$f_{m,28}=0.29f_{ce}\left(\frac{C}{W}-0.40\right) \tag{7-1}$$

式中　$f_{m,28}$——砂浆的28d抗压强度（MPa）；

f_{ce}——水泥的实测强度（MPa）；

C/W——灰（水泥）水比。

用于吸水底面（如烧结普通砖及其他多孔材料）的砂浆强度，主要取决于水泥强度与水泥用量，而与初始水灰比关系甚微。这是因为块体材料底面多孔，可吸收砂浆中的部分水分，而砂浆自身具有保水性，致使砂浆中的保留水分状态稳定在同一水平上，即此时的水含量基本一致，影响因素表现为水泥用量了。用于吸水底面的砂浆强度计算公式如下：

$$f_{m,28}=\frac{Af_{ce}Q_c}{1000}+B \tag{7-2}$$

式中 $f_{m,28}$——砂浆28d抗压强度（MPa）；

f_{ce}——水泥实测强度（MPa）（当无法取得f_{ce}时，可用水泥等级强度$f_{ce,k}$）；

Q_c——每1m^3砂浆中的水泥用量（kg）；

A、B——砂浆的特征系数，A、B用试验资料统计确定，如无试验资料统计确定A、B特征系数，可选取如下数值：$A=3.03$，$B=-15.09$。

此外，砂浆的搅拌时间、使用时间、养护条件、龄期以及塑化剂和掺合料的品种、用量等因素也会影响砂浆强度。

水泥砂浆和水泥混合砂浆机械搅拌时间不小于2min；水泥粉煤灰砂浆和掺用塑化剂的砂浆不小于3min。砂浆应随拌随用。水泥砂浆和水泥混合砂浆必须分别在拌成后3h和4h内用完；气温超过30℃时，提早至2h和3h内用完。不得使用过夜砂浆。由试验可知，过夜又捣碎的M5砂浆，加水拌合后的强度降至3.0MPa。

（2）粘结力。为保证砌体坚固，砂浆必须对砌筑块材有一定的粘结力。砂浆的粘结力主要与砂浆的抗压强度、抗拉强度，以及底面材料的毛糙程度、干净程度、湿润状况（如烧结砖含水率10%～15%为宜；硅酸盐砖含水率5%～8%为宜）及养护条件有关。

（3）变形性能。砂浆在承受荷载或温度变化时，容易变形。如果变形过大或变形不均匀，都会引起砌体沉陷或出现裂缝，影响砌体质量。若采用轻集料（如细炉渣）拌制砂浆或掺合料过多，将会使砌体收缩变形过大。

7.1.3 砌筑砂浆的配合比

砌筑砂浆按设计要求的类别和强度等级来配制。砌筑砂浆的配合比，可以通过计算、试配确定，也可查阅有关资料选择。

砂浆的配合比表示方法，有绝对材料用量表示法及材料相对比例表示法。前一种是给出1m^3砂浆中水泥、石灰膏、砂及塑化剂的绝对质量（kg/m^3）；后一种是以水泥为基准数1，依次给出石灰膏、砂及塑化剂质量与水泥质量的比值，即$1:Q_D/Q_C:Q_S/Q_C:Q_P/Q_C$。

1. 砌筑砂浆的配合比设计

（1）现场配制水泥混合砂浆配合比设计

1）计算砂浆试配强度$f_{m,0}$。砂浆试配强度应按下式计算：

$$f_{m,0}=kf_2 \tag{7-3}$$

式中 $f_{m,0}$——砂浆试配强度（MPa），应精确至0.1MPa；

f_2——砂浆强度等级值（MPa）。应精确至0.1MPa；

k——系数，按表7-2取值。

表7-2 砂浆强度标准差σ及k值

强度等级 / 施工水平	强度标准差σ/MPa							k
	M5	M7.5	M10	M15	M20	M25	M30	
优良	1.00	1.50	2.00	3.00	4.00	5.00	6.00	1.15
一般	1.25	1.88	2.50	3.75	5.00	6.25	7.50	1.20
差	1.50	2.25	3.00	4.50	6.00	7.50	9.00	1.25

砂浆强度标准差σ的确定应符合下列规定：

当有统计资料时，砂浆强度标准差σ应按下式计算。

$$\sigma = \sqrt{\frac{\sum_{i=1}^{n} f_{cu,i}^2 - n\bar{f}_{cu}}{n-1}} \tag{7-4}$$

式中　$f_{cu,i}$——统计周期内同一品种砂浆第i组试件的强度值（MPa）；

$\bar{f}_{cu}$——统计周期内同一品种砂浆n组试件的强度平均值（MPa）；

n——统计周期内同一品种砂浆试件的总组数，$n \geqslant 25$。

当无统计资料时，其砂浆强度标准差σ可按表7-2取值。

2）计算水泥用量。砂浆中的水泥用量按下式确定：

$$Q_C = 1000(f_{m,0} - B)/A \cdot f_{ce} \tag{7-5}$$

式中　Q_C——每$1m^3$砂浆的水泥用量（kg/m^3）；

$f_{m,0}$——砂浆的配制强度（MPa）；

f_{ce}——水泥的实测强度，精确至0.1MPa；

A、B——砂浆的特征系数，$A=3.03$，$B=-15.09$。

当无法取得水泥的实测强度，并无水泥强度富余系数γ_c时，可直接用水泥强度等级值$f_{ce,k}$。

当计算出水泥砂浆中的水泥计算用量不足200kg/m³时，应按200kg/m³选用。

3）计算石灰膏用量，按下式求出：

$$Q_D = Q_A - Q_C \tag{7-6}$$

式中　Q_D——每$1m^3$砂浆的石灰膏用量（kg/m^3）；石灰膏使用时的稠度为（120±5）mm。

Q_C——每$1m^3$砂浆的水泥用量（kg/m^3）；

Q_A——每$1m^3$砂浆中水泥与石灰膏的总量（kg/m^3），可为350kg/m³。

4）确定砂子用量Q_S。每$1m^3$砂浆中的砂用量，应以干燥状态（含水率小于0.5%）的堆积密度值作为计算值。当含水率大于0.5%时，应考虑砂的含水率。

5）确定用水量Q_W。每$1m^3$砂浆中的用水量Q_W，根据砂浆稠度等要求可选用210～310kg，或根据经验选择。此时，混合砂浆中的用水量，不包括石灰膏中的水；当采用细砂或粗砂时，用水量分别取上限或下限；稠度要求小于70mm时，水量可小于下限；施工现场气候炎热或干燥季节，可酌情增加水量。

（2）现场配制水泥砂浆配合比要求

1）水泥砂浆的材料用量可按表7-3选用。

表7-3　水泥砂浆材料用量（JGJ 98—2010）　　（单位：kg/m^3）

强度等级	水泥用量Q_C	砂用量Q_S	水用量Q_W
M5	200～230	1m³砂的堆积密度值	270～330
M7.5	230～260		
M10	260～290		
M15	290～330		
M20	340～400		

（续）

强 度 等 级	水泥用量 Q_C	砂用量 Q_S	水用量 Q_W
M25	360～410	$1m^3$ 砂的堆积密度值	270～330
M30	430～480		

注：1. M15 及 M15 以下强度等级水泥砂浆，水泥强度等级为 32.5 级；M15 以上强度等级水泥砂浆，水泥强度等级为 42.5 级。

2. 当采用细砂或粗砂时，用水量分别取上限和下限。

3. 稠度小于 70mm 时，用水量可小于 $270kg/m^3$。

4. 施工现场气候炎热或干燥季节，可酌情增加 Q_W。

5. 试配强度 $f_{m,0}$ 应按式（7-3）计算。

2）水泥粉煤灰砂浆的材料用量可按表 7-4 选用。

表 7-4　水泥粉煤灰砂浆材料用量（JGJ 98—2010）　（单位：kg/m^3）

强 度 等 级	水泥和粉煤灰总量	砂用量	水用量
M5	210～240	$1m^3$ 砂的堆积密度值	270～330
M7.5	240～270		
M10	270～300		
M15	300～330		

注：1. 表中水泥强度等级为 32.5 级。

2. 当采用细砂或粗砂时，用水量分别取上限和下限。

3. 稠度小于 70mm 时，用水量可小于 $270kg/m^3$。

4. 施工现场气候炎热或干燥季节，可酌情增加 Q_W。

5. 试配强度 $f_{m,0}$ 应按式（7-3）计算。

（3）砂浆配合比试配、调整与确定。试配时应采用工程中实际使用的材料。水泥砂浆、混合砂浆搅拌时间≥120s；掺用粉煤灰和外加剂的砂浆，搅拌时间≥180s。按计算配合比进行试拌，测定拌合物的沉入度和分层度。若不能满足要求，则应调整材料用量，直到符合要求为止；由此得到的即为基准配合比。

检验砂浆强度时至少应采用 3 个不同的配合比，其中一个为基准配合比，另外两个配合比的水泥用量按基准配合比分别增加和减少 10%，在保证沉入度、分层度合格的条件下，可将用水量或掺合料用量作相应调整。三组配合比分别成型、养护、测定 28d 强度，由此选定符合配制强度要求的且水泥用量最低的配合比作为砂浆的试配配合比。

砂浆配合比确定后，当原材料有变更时，其配合比必须重新通过检测确定。

2. 砌筑砂浆配合比计算实例

【例】 某砌筑工程用水泥石灰混合砂浆，要求砂浆的强度等级为 M7.5，稠度为 70～90mm。原材料为：水泥用普通水泥 32.5 级，实测强度为 36.0MPa；砂用中砂，堆积密度为 $1450kg/m^3$，含水率为 2%；石灰膏的稠度为 120mm。施工水平一般。试计算砂浆的配合比。

解　（1）确定试配强度 $f_{m,0}$，查表 7-2 可得 $k=1.20$，则

$$f_{m,0}=kf_2=1.20\times7.5\text{MPa}=9.0\text{MPa}$$

（2）计算水泥用量 Q_C，由 $A=3.03$，$B=-15.09$ 得

$$Q_C = 1000(f_{m,0} - B)/A \cdot f_{ce} = 1000 \times (9.0 + 15.09)/3.03 \times 36.0\text{kg} = 221\text{kg}$$

（3）计算石灰膏用量 Q_D，取 $Q_A = 350\text{kg}$，则

$$Q_D = Q_A - Q_C = 350\text{kg} - 221\text{kg} = 129\text{kg}$$

（4）确定砂子用量 Q_S

$$Q_S = 1450\text{kg} \times (1 + 2\%) = 1479\text{kg}$$

（5）确定用水量 Q_W，可选取 280kg，扣除砂中所含的水量，拌合用水量为

$$Q_W = 280\text{kg} - 1450\text{kg} \times 2\% = 251\text{kg}$$

砂浆的配合比为：$Q_C : Q_D : Q_S : Q_W = 221 : 129 : 1479 : 251 = 1 : 0.58 : 6.69 : 1.14$

7.1.4 砌筑砂浆的应用

水泥砂浆宜用于砌筑潮湿环境（如地下）及强度要求较高的砌体；水泥石灰混合砂浆和石灰砂浆不宜用在潮湿环境，一般都用于地上砌体。

7.2 抹面砂浆

抹面砂浆是以薄层涂抹在建筑物或构筑物表面的砂浆，又称抹灰砂浆。按其功能可分为一般抹面砂浆、装饰抹面砂浆、防水抹面砂浆及其他特种抹面砂浆；按所用材料又分为水泥砂浆、混合砂浆、石灰砂浆和水泥细石砂浆等。它们的基本功能都是粘结于基体之上，抹平、封闭基体，且具有不同的装饰与保护功能。

7.2.1 普通抹面砂浆

1. 普通抹面砂浆的组成材料

普通抹面砂浆是几乎所有建筑工程中都会使用的。它的功能是抹平表面，光洁美观，包裹并保护基体，免受风雨破坏与液、气相介质的腐蚀，延长使用寿命。同时还兼有保温、调湿功能。其组成材料的特点如下。

（1）胶凝材料。通用水泥的 6 个品种均可使用。用于底层的石灰膏需“陈伏”两周以上，用于罩面的石灰膏需“陈伏”一个月以上。

（2）砂子。宜用中砂，或使用中砂与粗砂的混合物。在缺乏中砂、粗砂的地区，可以使用细砂，但不能单独使用粉砂。一般抹灰分三层（或两层）进行，底层、中层用砂的最大粒径为 2.5mm，面层的最大粒径为 1.2mm。

（3）加筋材料。加筋材料包括麻刀、纸筋、玻璃纤维等。麻刀是絮状短麻纤维，长约 30mm。石灰膏麻刀灰由 100 份石灰膏加 1 份（质量比）麻刀拌合而成。纸筋灰由 100 份石灰膏掺加 3 份（质量比）纸筋拌合而成。玻璃纤维剪切成 10mm 左右，以 100 份石灰膏掺加 0.25 份玻纤丝制成。

（4）胶料。为提高砂浆粘结力，有时还掺加白乳胶或 107 胶。

2. 普通抹面砂浆的配合比

对于抹面砂浆一般无具体强度要求。但对其流动性、保水性、粘结力却要求很高。通常是选择经验配比，而不作计算（表 7-5）。

表 7-5　常见抹面砂浆配合比参考表

材　料	配合比(体积比)	应用范围
石灰:砂	1:2～1:4	用于砖石墙表面(檐口、勒脚、女儿墙以及潮湿房间的墙除外)
石灰:粘土:砂	1:1:4～1:1:8	用于干燥环境的墙表面
石灰:石膏:砂	1:0.4:2～1:1:3	用于不潮湿房间木质表面
石灰:石膏:砂	1:0.6:2～1:1:3	用于不潮湿房间的墙及顶棚
石灰:石膏:砂	1:2:2～1:2:4	用于不潮湿房间的线脚及其他修饰工程
石灰:水泥:砂	1:0.5:4.5～1:1:5	用于檐口、勒脚、女儿墙外脚以及比较潮湿的部位
水泥:砂	1:3～1:2.5	用于浴室、潮湿车间等墙裙、勒脚等或地面基层
水泥:砂	1:2～1:1.5	用于地面、顶棚或墙面面层
水泥:砂	1:0.5～1:1	用于混凝土地面随时压光
水泥:石膏:砂:锯末	1:1:3:5	用于吸声粉刷
水泥:白石子	1:2～1:1	用于水磨石(打底用1:2.5水泥砂浆)

7.2.2　装饰砂浆

装饰砂浆是直接用于建筑物内外表面，以提高建筑物装饰艺术性为主要目的的抹面砂浆。它是常用的装饰手段之一。装饰砂浆的底层和中层抹灰与普通抹面砂浆基本相同，主要是装饰砂浆的面层，要选用具有一定颜色的胶凝材料和骨料以及采用某种特殊的操作工艺，使表面呈现出各种不同的色彩、线条与花纹等装饰效果。

1. 装饰砂浆的主要组成材料

(1) 水泥。常使用的水泥品种有：普通硅酸盐水泥、白色水泥、彩色水泥和铝酸盐水泥。在干粘石、水刷石、水磨石、剁斧石、拉毛、划槽及塑型砂浆饰件等作法中，都使用普通硅酸盐水泥。其常用水泥等级是32.5级、42.5级。白水泥可配制白色或彩色灰浆、砂浆及混凝土。彩色水泥是由工厂专门生产的带色（灰色之外）的水泥。彩色水泥主要用作工程内外粉刷、艺术雕塑和制景，所配的彩色灰浆、砂浆可制作彩色水磨石、水刷石及水泥铺地花砖等。铝酸盐水泥的水化产物中的氢氧化铝凝胶是细腻、光泽的膜层，又不易被水溶。铝酸盐水泥可提高制品表面装饰效果。

(2) 合成树脂。合成树脂可作为一种有机胶凝材料（俗称“胶料”），在灰浆、砂浆、混凝土中使用。既可以单独使用，也可以与水泥等无机胶凝材料混合使用，达到互补和强化的目的。

建筑砂浆中常用的合成树脂主要品种有：环氧树脂、不饱和聚酯树脂、聚醋酸乙烯（白乳胶）和聚乙烯醇缩甲醛（107胶）等。

使用胶料时，应注意其固化条件。有的在常温下不易固化（如环氧树脂），需加入胺类、酸酐类硬化剂和催化剂，必要时使用二甲苯、丙酮、酒精类溶剂，以及其他辅料。一般是将其加热、加溶剂或加水，调配成易流动的粘液状态，然后同粉料、集料混匀，成型固化。

(3) 砂、小粒石。装饰砂浆，特别是外露集料的作法中，对砂和小粒石及粉状料是有要求的。首先是品种选择，对色调要求稍灰暗时，用天然砂、石的本色；要求形成天然色的混合效果时，由有色差的小豆石掺配而成；要求色艳、明快和质感效果时采用天然或人造的黑、白和彩色砂、石。

人工彩砂，其粒径多为5mm，是近十多年出现的人造着色细集料。它适宜作干粘石、水刷石、彩砂喷施涂料，对内、外墙及屋面进行装修。人工彩砂按其生产工艺不同，划分为有机颜料染色砂、着色树脂涂层砂，以及彩釉砂三种。彩砂色调有许多，如咖啡、赤红、肉红、橘黄、深黄、浅黄、牙黄、玉绿、浅绿、草绿、海蓝、天蓝、钴蓝，等等。

石渣，是小粒石中最常用的，又称石米或米石。石渣是用质地良好的天然矿物碎石经再次破碎加工而成的、粒径不大的一类细碎集料。其粒径属于细小石子及粗粒砂。按粒径，人们又将其划分为：大二分（20mm）、分半（15mm）、大八厘（8mm）、中八厘（6mm）、小八厘（4mm）和米粒石（0.3～1.2mm）。石渣常由白云岩、玄武岩、大理岩、花岗岩、硅岩等岩石破碎而得。对石渣粒径的选择，因对实施效果的要求而异。如，用粗石渣表观粗犷、质感强烈；用细石渣则趋于细腻。石渣色泽多样，方解石岩类的呈白色调，赤石的红色调，铜尾矿的黑色调，松香石的棕黄色调，等等。实用上对色石渣的粒径、色彩要求很严，必须保证清洁、纯正，需可靠地包装运输，工地上妥为保管。石渣多做外露集料装修的主要原材料。

石屑是比石渣粒径更小的细砂状或粗粉状石质原料，常用的有白云石屑、松香石屑等。

2. 装饰砂浆的工艺特点

（1）彩色灰浆。彩色灰浆是将水泥等粉料调成浆状或稀糊状，用刷、抹、喷等方法装修窗套、腰线、墙面。

配制彩色水泥浆，分头道用浆与二道用浆。材料配比，头道浆是彩色水泥(100)∶水(75)∶无水氯化钙(1～2)∶107胶(7)；二道浆是彩色水泥(100)∶水(65)∶无水氯化钙(1～2)∶107胶(7)。可采用硬棕刷刷浆法施工。待头道浆刷毕且有足够强度后再刷二道浆，其总厚度应为0.5mm左右，浆面终凝后开始洒水，养护3d。

（2）水磨石。装饰砂浆大致划分为浇抹整体成型方式与板式制品镶贴方式。饰面手法有早期（凝结、硬化前）塑形与硬化后加工造型两种。早期塑形方式有抹、粘、植、洗、压、模、拉、划、扫、塑等；后期造型方式有斩、磨、劈、拼、镶、粘、涂等。其中水磨石、干粘石、水刷石、剁斧石等是露集料装饰砂浆，现仍普遍采用。

水磨石是按设计要求在彩色水泥或普通灰水泥中加入一定规格、比例、色调的色砂或彩色石渣，加水拌匀作为面层材料，敷设在普通水泥砂浆或混凝土基层之上，经成型、养护、硬化后，再经洒水粗磨、细磨、抛光、切边（预制板）、打蜡而成的仿石饰面。水磨石强度高、耐久，面光而平，石渣显现自然色之美，装修操作灵活，所以应用广泛。它可以在墙面、地面、柱面、台面、踢脚、踏步、隔断、水池等处使用。北京地铁的各个车站大量而又系列地采用了彩色水磨石装修，如今仍光彩夺目，华丽高雅。

水磨石面层用料，水泥与石渣体积之比为1∶2～1∶3，石渣粒径不大于面层厚度的2/3，水灰比控制在0.45～0.55。拌匀后按序摊铺、滚压、拍抹整平。地面等处一般按设计要求用分格条划分方块或拼组花型。分格嵌缝条可用黄铜、铝、不锈钢或玻璃条。预先用水泥准确固定分格条，其高与水磨石面层设计厚度一致，一般是10～15mm。面层终凝后洒水养护2～4周。待强度达到设计要求的70%后，经试磨成功，可正式磨平、磨光。大面积的用磨石机，小面积的或局部转角、窄边的可手工磨光。全部磨光后，清洗，表面上蜡或涂丙烯酸类树脂保护膜。水磨石的配料、分层尺寸、操作要求见表7-6。

（3）剁斧石。又称剁假石、斩假石。它与质感细腻的水磨石不同，是一种将凝固后的水泥石渣面层剁琢变毛，呈现粗琢面具天然石材质感的一种饰面。最大特点是，它极象天然石材，可以假乱真。剁斧石常用于勒脚、柱面、柱基、石阶、栏杆、花坛、矮墙等部位。

剁斧石用料，32.5级以上的矿渣硅酸盐水泥或白水泥，纯洁粗砂或粒径小于2.5mm的中砂，中八厘或小八厘石渣和石屑粉。欲获花岗石效果，须另加入适量3～5mm粒径的黑色或深色小粒矿石，以及无机矿物颜料和净水。剁斧石的配料、分层尺寸及操作要求见表7-6。

（4）水刷石。它是用水刷洗、冲淋以去掉凝结后的水泥浆，使石渣外露的一种石质装饰层。其石质感比剁斧石强，且显粗犷。为了减轻普通灰水泥的沉暗色调，可在水泥中掺入适量优质石灰膏（冬季不掺）。用白水泥或彩色水泥底的水刷石，装饰效果更好。水刷石最常用的部位是墙面或勒脚。其配料、分层、操作见表7-6。

（5）干粘石。其施工操作比水磨石、剁斧石、水刷石等都简单。它是将石渣直接甩、洒并拍入粘结砂浆层内的外露石饰面。与水刷石相比，一般可节省水泥30%～40%，节约石渣50%。其配料、分层、操作见表7-6。

（6）拉毛、扫毛、喷甩云片。拉毛抹灰多用于礼堂或家庭视听室的墙面、顶棚或外墙面上。它的操作是在抹灰底层做后随即用毛刷、麻线刷或铁抹子垂直墙面上，将粘稠的浆体一沾一带，一点一拉地拉出毛茬来。一般的拉毛长4～20mm。

扫毛是用竹扫帚在未硬化的砂浆面层上按设计组合，扫出不同方向或直或曲的细密条纹装饰面。

机喷、手甩云朵片，形成类似于树皮状的砂浆凸起拉毛，然后用铁抹子或胶辊压平一部分凸起浆块，产生一个个不规则又很美观的小平台面，似树皮纹，又象云朵，立体感很强。云朵片上还可给平面部分或全部墙面滚、喷涂料，变换色彩。

拉毛、扫毛、喷甩云朵片的配料、分层作法、操作要点见表7-6。

表7-6　装饰砂浆操作要点

名称	分层作法	厚度/mm	施工要点
水磨石	1. 做底层，用1∶3水泥砂浆或细石混凝土 2. 铺抹面层，1∶2水泥石渣。石渣用中、小八厘	12 8	1. 底层面需扫毛或划槽 2. 试磨时间以石渣不松动为准。气温为10～20℃时开磨时间，机磨约3d，人工磨约1～2d 3. 磨三遍作法：①磨头遍，磨至石渣外露，水洗净，稍干，擦同色水泥浆，养护2d；②二遍，洒水磨至平滑，水洗净，养护2d；③三遍，洒水磨至面光亮，水洗净，干后涂草酸，改油石细磨，水洗晒干。发白时可打蜡
剁斧石	1. 做底层，1∶3水泥砂浆 2. 刮浆，底灰上刮抹素水泥浆一道 3. 罩面层，1∶1.25～2水泥石渣（石渣内可有30%石屑粉，2%～3%黑色煤棱）	12 1～2 12	1. 抹底灰1d后浇水养护 2. 刮浆一罩面层连续施工 3. 罩面层养护2～3d 4. 水泥强度不大，斧剁罩面层的水泥，留下石渣且外露 5. 剁琢纹路一致，均匀，两遍成活 6. 棱角和分格缝周边留15～20mm的不剁平面作边

（续）

名称	分层作法	厚度/mm	施工要点
水刷石	1. 做底层,1∶3 水泥砂浆 2. 刮浆,素水泥浆一道 3. 面层浆料,水泥石∶石渣为 1∶1(大八厘石渣)、1∶1.25(中八厘石渣)、1∶5(小八厘石渣)	12 1～2 8～15	1. 底层上弹线分格,粘贴木线条或塑料条 2. 面层凝固时,从上而下地用水刷、冲淋面上水泥浆,直至石渣外露近半
干粘石	1. 做底层,1∶3 水泥砂浆 2. 找平层,1∶2～2.5 3. 粘结层,水泥∶石灰膏∶砂∶107 胶=1∶0.5∶2∶0.05～0.15 4. 湿润石渣(小八厘或中八厘)	12 6 7～8	1. 抹底灰 1d 后浇水养护 2. 弹线分格,粘贴木线条 3. 用木拍铲往粘结层上甩石渣 4. 甩均,甩满后,即用铁抹拍石入浆,拍平压实,不出浆,不溢渣 5. 粘结层凝结后,洒水养护
拉毛	1. 做底层,1∶0.5∶4 水泥石灰砂浆 2. 做拉毛灰∶纸筋灰,混合砂浆,水泥砂浆。拉粗毛灰,掺 5% 纸筋石灰膏;拉中毛灰,掺 10%～20% 纸筋石灰膏;拉细毛灰,掺 25%～30% 纸筋石灰膏及细砂	12 拉粗毛 4～5	1. 拉粗毛用铁抹子;拉细毛可用棕刷 2. 毛刷或铁抹落点均匀,用力一致 3. 一个平面内免留施工缝。用料应一致,减少色差
甩(喷)云片	1. 做底灰,1∶3 水泥砂浆 2. 刷水泥色浆一道 3. 1∶1 水泥细砂砂浆或水泥净浆用来甩云片	15 压平后 3～5	1. 洒水湿润底层 2. 甩云片浆调成上墙易粘,不流淌。竹丝刷粘浆甩洒墙面 3. 铁抹或胶辊轻压平,形成分散的云朵图形 4. 凸起云片上可喷涂色涂料

7.3 其他品种的砂浆

1. 防水砂浆

防水砂浆是一种抗渗性高的砂浆，又称防水砂浆层。适用于不受振动和具有一定刚度的混凝土或砖石砌体的表面，对于变形较大或可能发生不均匀沉陷的建筑物，都不宜采用刚性防水层。

防水砂浆按其组成成分可分为：多层抹面水泥砂浆（也称五层抹面法或四层抹面法）、掺防水剂防水砂浆、膨胀水泥防水砂浆及掺聚合物防水砂浆等 4 类。

常用的防水剂有氯化物金属盐类防水剂、水玻璃类防水剂和金属皂类防水剂等。

氯化物金属盐类防水剂主要由氯化钙、氯化铝等金属盐和水按一定比例配成的有色液体。其配合比为氯化铝：氯化钙：水 =1∶10∶11，掺量一般为水泥质量的 3%～5%。这种防水剂在水泥凝结硬化过程中生成不透水的复盐，起促进结构密实作用，从而提高砂浆的抗渗性能。

水玻璃类防水剂是以水玻璃为基料，加入两种或四种矾的水溶液，又称二矾或四矾防水剂，其中四矾防水剂凝结速度快，一般不超过 1min。水玻璃类防水剂适用于防水堵漏，但不能用于大面积施工。

金属皂类防水剂是由硬脂酸、氨水、氢氧化钾（或碳酸钾）和水按一定比例混合加热皂化而成的有色浆状物。这种防水剂掺入到混凝土或水泥砂浆中，起堵塞毛细通道和填充微小空隙的作用，增加砂浆的密实性，使砂浆具有防水性。但由于憎水物质属非胶凝性的，会使砂浆强度降低，因而其掺量不宜过多，一般为水泥质量的3%左右。

防水砂浆的防渗效果在很大程度上取决于施工质量，因此施工时要严格控制原材料质量和配合比。防水砂浆层一般分4层或5层施工，每层约5mm厚，每层在初凝前压实一遍，最后一层要进行压光。抹完后要加强养护，防止脱水过快造成干裂。总之，刚性防水层必须保证砂浆的密实性，对施工操作要求高，否则难以获得理想的防水效果。

2. 保温砂浆

保温砂浆又称绝热砂浆，是采用水泥、石灰、石膏等胶凝材料与膨胀珍珠岩或膨胀蛭石、陶砂等轻质多孔骨料按一定比例配合制成的砂浆。保温砂浆具有轻质、保温隔热、吸声等性能，可用于屋面保温层、保温墙壁以及供热管道保温层等处。

常用的保温砂浆有水泥膨胀珍珠岩砂浆、水泥膨胀蛭石砂浆、水泥石灰膨胀蛭石砂浆等。

3. 吸声砂浆

一般绝热砂浆是由轻质多孔骨料制成的，都具有吸声性能。另外，也可以用水泥、石膏、砂、锯末按体积比为1:1:3:5配制成吸声砂浆，或在石灰、石膏砂浆中掺入玻璃纤维、矿棉等松软纤维材料制成。吸声砂浆主要用于室内墙壁和平顶的吸声。

4. 耐酸砂浆

用水玻璃（硅酸钠）与氟硅酸钠拌制成耐酸砂浆，有时也可掺入石英岩、花岗岩、铸石等粉状细骨料。水玻璃硬化后具有很好的耐酸性能。耐酸砂浆多用作衬砌材料、耐酸地面和耐酸容器的内壁防护层。

7.4 建筑砂浆基本性能检测（JGJ/T 70—2009）

7.4.1 砂浆和易性检测

1. 主要仪器设备

（1）砂浆稠度仪：由试锥、容器和支支座三部分组成（图7-1）。试锥高度为145mm，锥底直径为75mm，试锥连同滑杆的质量为300g；盛砂浆容器高为180mm，锥底内径为150mm；支座分底座、支架及稠度显示三个部分。

（2）钢制捣棒：直径10mm，长350mm，端部磨圆。

（3）秒表等。

（4）砂浆分层度测定仪（图7-2）。

2. 试样及其制备

（1）拌制砂浆前，应将拌和铁板、拌铲、抹刀等工具表面用水润湿，注意拌合铁板上不得有积水。

（2）将称好的砂子倒在拌板上，然后加上水泥，用拌铲拌合至混合物颜色均匀为止。

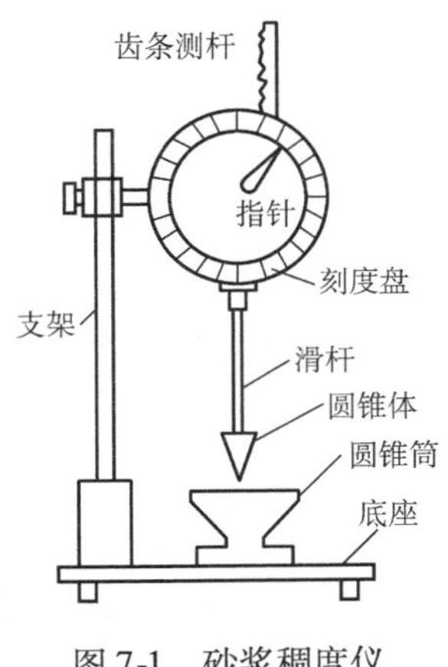

图 7-1　砂浆稠度仪

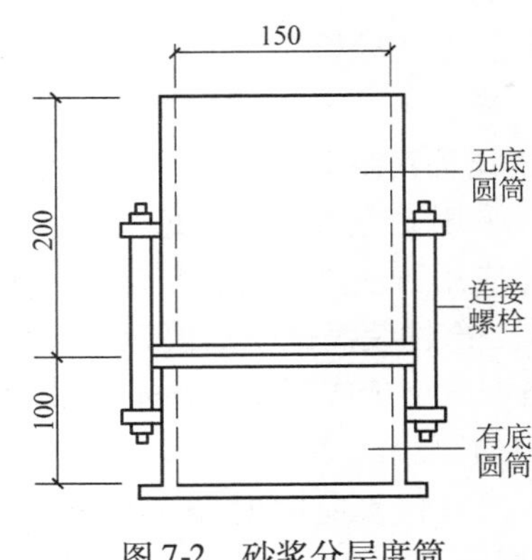

图 7-2　砂浆分层度筒

（3）将混合物堆成堆，在中间作一凹槽，将称好的水倒入一半，拌合至拌合物色泽一致；水泥砂浆每翻拌一次，需用铲将全部砂浆压切一次。一般需拌和 3 ~ 5min（从加水完毕时算起）。

3. 检测步骤

稠度检测

（1）将盛浆容器和试锥表面用湿布擦干净，并用少量润滑油轻擦滑杆，后将滑杆上多余的油用吸油纸擦净，使滑杆能自由滑动。

（2）将砂浆拌合物一次装入容器，使砂浆表面低于容器口约 10mm 左右，用捣棒自容器中心向边缘插捣 25 次，然后轻轻地将容器摇动或敲击 5 ~ 6 下，使砂浆表面平整，随后将容器置于稠度测定仪的底座上。

（3）拧开试锥滑杆的制动螺丝，向下移动滑杆，当试锥尖端与砂浆表面刚接触时，拧紧制动螺丝，使齿条侧杆下端刚接触滑杆上端，并将指针对准零点上。

（4）拧开制动螺丝，同时计时间，待 10s 立即固定螺丝，将齿条测杆下端接触滑杆上端，从刻度盘上读出下沉深度（精确至 1mm），即为砂浆的稠度值。

分层度检测

（1）首先将砂浆拌和物按稠度检测方法测定稠度。

（2）将砂浆拌和物一次装入分层度筒内，待装满后，用木锤在容器周围距离大致相等的四个不同地方轻轻敲击 1 ~ 2 下，如砂浆沉落于筒口则应随时添加，然后刮去多余的砂浆并用抹刀抹平。

（3）静置 30min 后，去掉上节 200mm 砂浆，剩余的 100mm 砂浆倒出放在拌合锅内拌 2min，再按稠度检测方法测其稠度。前后测得的稠度之差即为该砂浆的分层度值(单位：mm)。

4. 检测结果处理

（1）取两次检测结果的算术平均值，计算值精确至 1mm。

（2）两次检测值之差如大于 20mm，则应另取砂浆搅拌后重新测定。

7.4.2　砂浆立方体抗压强度检测

1. 主要仪器设备

（1）试模：规格 70.7mm × 70.7mm × 70.7mm 的带底试模。

（2）捣棒。

（3）压力实验机。

（4）垫板。

2. 试样及其制备

（1）采用立方体试件，每组试件 3 个。

（2）应用黄油等密封材料涂抹试模的外接缝，试模内涂刷薄层机油或脱模剂，将拌制好的砂浆一次性装满砂浆试模，成型方法根据稠度而定。当稠度大于 50mm 时采用人工振捣成型，当稠度小于或等于 50mm 时采用振动台振实成型。

1）人工振捣：用捣棒均匀地由边缘向中心按螺旋方式插捣 25 次，插捣过程中如砂浆沉落低于试模口，应随时添加砂浆，可用油灰刀插捣数次，并用手将试模一边抬高 5 ~ 10mm 各振动 5 次，使砂浆高出试模顶面 6 ~ 8mm。

2）机械振动：将砂浆一次装满试模，放置到振动台上，振动时试模不得跳动，振动 5 ~ 10s 或持续到表面出浆为止；不得过振。

（3）待表面水分稍干后，将高出试模部分的砂浆沿试模顶面刮去并抹平。

（4）当砂浆表面开始出现麻斑状态时（约 15 ~ 30min），将高出部分的砂浆沿试模顶面削去抹平。

（5）试件制作后应在（20 ±5）℃温度环境下停一昼夜（24 ±2）h，当气温较低时，可适当延长时间，但不应超过两昼夜，然后对试件进行编号并拆模。试件拆模后，应在标准养护条件下，继续养护至 28d，然后进行试压。

3. 检测步骤

（1）试件从养护地点取出后，应尽快进行检测，以免试件内部的温湿度发生显著变化。检测前先将试件擦拭干净，测量尺寸，并检查外观。试件尺寸测量精确至 1mm，并据此计算试件的承压面积。如实测尺寸与公称尺寸之差不超过 1mm，可按公称尺寸进行计算。

（2）将试件安放在实验机的下压板上，试件的承压面应与成型时的顶面垂直，试件中心应与实验机下压板中心对准。开动实验机，当上压板与试件接近时，调整球座，使接触面均衡受压。承压过程应连续而均匀地加荷，加荷速度应为 0.25 ~ 1.5kN/s，当试件接近破坏而开始迅速变形时，停止调整实验机油门，直至试件破坏，记录破坏荷载 N_u（N）。

4. 检测结果处理

（1）砂浆立方体抗压强度应按下列公式计算：

$$f_{m,cu} = \frac{N_u}{A} \tag{7-7}$$

式中 $f_{m,cu}$——砂浆立方体抗压强度（MPa）；

N_u——试件破坏荷载（N）；

A——试件承压面积（mm^2）。

（2）砂浆立方体抗压强度计算应精确至 0.1MPa。以三个试件测值的算术平均值的 1.3 倍（f_2）作为该组试件的砂浆立方体试件抗压强度平均值（精确至 0.1MPa）。

（3）当 3 个测值的最大值或最小值中如有一个与中间值的差值超过中间值的 15% 时，则把最大值及最小值一并舍除，取中间值作为该组试件的抗压强度值；如有两个测值与中间值的差值均超过中间值的 15% 时，则该组试件的检测结果无效。

思考题与习题

1. 新拌砂浆的和易性包括哪些含义？各用什么指标表示？砂浆的保水性不良对其质量有何影响？

2. 检测砌筑砂浆强度的标准试件尺寸是多少？如何确定砂浆的强度等级？

3. 对抹面砂浆有哪些基本要求？

4. 何谓防水砂浆？防水砂浆中常用哪些防水剂？

5. 某工程需配制M7.5、稠度70~100mm的砌筑砂浆，采用强度等级为32.5的普通水泥，石灰膏的稠度为120mm，含水率为2%的砂的堆积密度为1450kg/m^3，施工水平优良。试确定该砂浆的配合比。

第8章　墙 体 材 料

学 习 要 求

了解常用墙体材料的类型、特点及应用；掌握烧结砖的主要品种、规格尺寸、产品标记及技术性质，熟悉烧结砖强度等级的检测方法和计算过程；熟悉现行标准中对各种砖、常用砌块、墙板的主要技术要求。

一幢普通建筑物上所使用的各类建筑材料中，“墙体材料”无论是在质量或价值上所占的比例都是举足轻重的，而这里的墙体材料往往指的是那些广为人们所熟知的、素有“秦砖汉瓦”之美誉的实心粘土砖。由于烧结粘土砖的生产能耗高、耗用农田、影响农业生产和生态环境、不符合可持续发展要求，因此我们就必须大力开发与推广节土、节能、利废且又多功能、有利于环保、符合可持续发展战略的新型墙体材料。

所谓新型墙体材料，是指那些凡是不同于传统实心粘土砖的墙体材料的统称。新型墙体材料工业虽然起步较晚，但因其日益显示出的强大生命力，现已逐渐发展成为一个新兴的朝阳产业。与传统的实心粘土砖相比，它不以消耗大量的资源，如土地、煤炭等为代价，同时新型墙材还可大量使用工业和生活的废弃物，如煤矸石、粉煤灰、灰渣等，既可净化环境，又不会带来新的污染。

由于新型墙体材料有着一系列的优良性能：质轻、热导率较小、保温隔热性能好，因此可以减少墙体的厚度及建筑物的自身质量，从而缩小了建筑物的基础尺寸，提高了土地的利用率，节省了材料。同时，采用新型墙体材料还有利于构件的预制化，可以提高建筑施工的效率，降低施工成本。除此之外，由于整个建筑物的自重下降了，其抗震的能力也就提高了，从而进一步推动了住宅现代化的进程。

新型墙体材料在我国发展的历史较短，由于处在发展的初期，因此产品的品种多而杂，规格也参差不齐，性能上的差异也很大。现在人们往往按照墙体材料的形状及尺寸将墙体材料分为砖、砌块和板材三大类。

8.1　砌墙砖

8.1.1　烧结砖

砖坯体经窑内预热、焙烧、保温、冷却而成的制品均为烧结砖。烧结砖根据所用原料不同，可分为烧结粘土砖（符号为N）、烧结页岩砖（Y）、烧结煤矸石砖（M）和烧结粉煤灰砖（F）。根据外形形状可分为烧结普通砖、烧结多孔砖和烧结空心砖。

1. 烧结普通砖

（1）原料、规格及标记。烧结普通砖是指以粘土、页岩、煤矸石或粉煤灰为主要原料，经焙烧而成的普通实心砖。烧结普通砖为矩形体，标准尺寸是240mm×115 mm×53mm，如图8-1所示。若加上砌筑灰缝厚度（10mm），则4个砖长、8个砖宽、16个砖厚都恰好是1m。这样，每立方米砌体的理论需用砖数是512块。

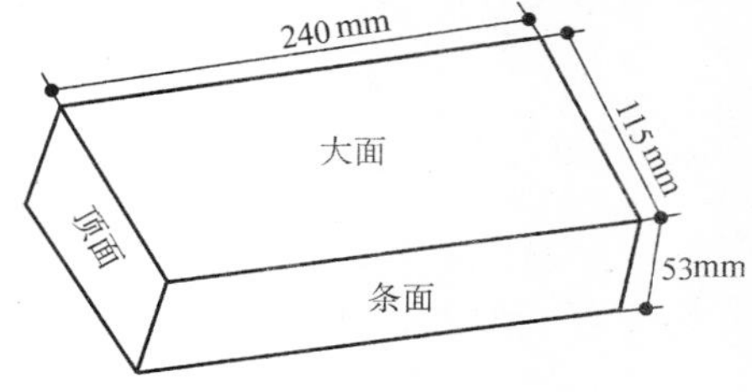

图8-1　砖的尺寸及平面名称

当以粘土为原料，在烧砖时，若使窑内氧气充足，使之在氧化气氛中焙烧，则粘土中的铁元素被氧化成高价的Fe_2O_3，可制得红砖。若在焙烧的最后阶段浇水闷窑，使窑内燃烧气氛呈还原气氛，砖中的高价氧化铁（Fe_2O_3）被还原为青灰色的低价氧化铁（FeO），即可制得青砖。青砖比红砖结实、耐久，但价格较红砖高。

按照《烧结普通砖》（GB 5101—2003）的规定，强度、抗风化性能和放射性物质合格的砖，根据尺寸偏差、外观质量、泛霜和石灰爆裂分为优等品（A）、一等品（B）、合格品（C）三个质量等级。

烧结普通砖的产品标记按照产品名称、类别、强度等级、质量等级和标准编号的顺序编写。例如，烧结普通砖，强度等级MU15，一等品的粘土砖，则其标记为：

烧结普通砖　N　MU15　B　GB 5101

（2）技术要求（参照《烧结普通砖》（GB 5101—2003））。烧结普通砖的技术要求包括尺寸偏差、外观质量、强度等级、抗风化性、泛霜和石灰爆裂等。

1）尺寸偏差。为保证砌筑质量，要求砖的尺寸偏差应符合表8-1的规定。

表8-1　烧结普通砖的尺寸允许偏差　（单位：mm）

公称尺寸	优等品		一等品		合格品	
	样本平均偏差	样本极差≤	样本平均偏差	样本极差≤	样本平均偏差	样本极差≤
240	±2.0	6	±2.5	7	±3.0	8
115	±1.5	5	±2.0	6	±2.5	7
53	±1.5	4	±1.6	5	±2.0	6

2）外观质量。砖的外观质量包括：两条面高度差、弯曲、杂质凸出高度、缺棱掉角、裂纹、完整面等项内容，应符合表8-2的规定。此外，优等品的颜色应基本一致。

表8-2　烧结普通砖的外观质量　（单位：mm）

项　目		优等品	一等品	合格品
两条面高度差≤		2	3	4
弯曲≤		2	3	4
杂质凸出高度		2	3	4
缺棱掉角的三个破坏尺寸不得同时大于		5	20	30
裂纹长度≤	1. 大面上宽度方向及其延伸至条面的长度	30	60	80
	2. 大面上长度方向及其延伸至顶面的长度或条顶面上水平裂纹的长度	50	80	100
完整面不得少于		二条面和二顶面	一条面和一顶面	—
颜色		基本一致	—	—

注：1. 为装饰而施加的色差、凸凹纹、拉毛、压花等不算作缺陷。

2. 凡有下列缺陷之一者，不得称为完整面：

1）缺损在条面或顶面上造成的破坏尺寸同时大于10mm×10mm。

2）条面或顶面上裂纹宽度大于1mm，其长度超过30mm。

3）压陷、粘底、焦花在条面或顶面上的凹陷或凸出超过2mm，区域尺寸同时大于10mm×10mm。

3）强度等级。烧结砖强度的检测方法为：试样数量为 10 块，加荷速度为（5 ±0.5）kN/s。检测后根据式（8-1）和式（8-2）计算标准差 s 和强度变异系数 δ。

$$s = \sqrt{\frac{1}{9}\sum_{i=1}^{10}(f_i - \bar{f})^2} \tag{8-1}$$

$$\delta = \frac{s}{\bar{f}} \tag{8-2}$$

式中 $\bar{f}$——10 块砖样的抗压强度算术平均值，精确至 0.1MPa；

δ——砖强度的变异系数，精确至 0.01；

s——10 块砖样的抗压强度标准差，精确至 0.01MPa；

f_i——单块砖样抗压强度的测定值，精确至 0.01MPa。

强度等级的计算与评定根据变异系数 δ 的大小，有平均值—标准值方法（$\delta \leqslant 0.21$）评定和平均值—最小值方法（$\delta > 0.21$）评定。其中标准值的计算方法见式（8-3）：

$$f_k = \bar{f} - 1.83s \tag{8-3}$$

式中 f_k——强度标准值，精确至 0.1MPa。

根据上述计算方法，将烧结普通砖分为 MU30、MU25、MU20、MU15、MU10 五个等级，各强度等级的砖应符合表 8-3 的规定。

表 8-3 烧结普通砖的强度等级 （单位：MPa）

强度等级	抗压强度平均值 $\bar{f} \geqslant$	变异系数 $\delta \leqslant 0.21$	变异系数 $\delta > 0.21$
		强度标准值 $f_k \geqslant$	单块最小抗压强度值 $f_{min} \geqslant$
MU30	30.0	22.0	25.0
MU25	25.0	18.0	22.0
MU20	20.0	14.0	16.0
MU15	15.0	10.0	12.0
MU10	10.0	6.5	7.5

4）抗风化性能。抗风化性能是指能抵抗干湿变化、温度变化、冻融变化等气候作用的性能。抗风化性与砖的使用寿命密切相关，抗风化性能好的砖其使用寿命长。砖的抗风化性能除了与砖本身性质有关外，与所处环境的风化指数也有关。

风化指数是指日气温从正温降至负温或负温升至正温的每年平均天数与每年从霜冻之日起至消失霜冻之日止这一期间降雨总量（以 mm 计）的平均值的乘积。风化区用风化指数进行划分，风化指数大于等于 12700 为严重风化区，风化指数小于 12700 为非严重风化区。我国的风化区划分见表 8-4。

表 8-4 我国风化区的划分

严重风化区		非严重风化区	
1. 黑龙江省 2. 吉林省 3. 辽宁省 4. 内蒙古自治区 5. 新疆维吾尔自治区 6. 宁夏回族自治区 7. 甘肃省 8. 青海省 9. 陕西省 10. 山西省	11. 河北省 12. 北京市 13. 天津市	1. 山东省 2. 河南省 3. 安徽省 4. 江苏省 5. 湖北省 6. 江西省 7. 浙江省 8. 四川省 9. 贵州省 10. 湖南省	11. 福建省 12. 台湾省 13. 广东省 14. 香港特别行政区 15. 广西壮族自治区 16. 海南省 17. 云南省 18. 西藏自治区 19. 上海市 20. 重庆市

严重风化区中的1、2、3、4、5地区的砖必须进行冻融检测试验，其他地区的砖抗风化性能符合表8-5的规定时可不做冻融试验，否则，必须进行冻融检测试验。15次（5块砖样）冻融检测后，每块砖样不允许出现裂纹、分层、掉皮、缺棱、掉角等冻坏现象；质量损失不得大于2%。

表8-5　烧结普通砖的抗风化性能

砖种类	严重风化区				非严重风化区			
	5h沸煮吸水率(%)≤		饱和系数≤		5h沸煮吸水率(%)≤		饱和系数≤	
	平均值	单块最大值	平均值	单块最大值	平均值	单块最大值	平均值	单块最大值
粘土砖	18	20	0.85	0.87	19	20	0.88	0.90
粉煤灰砖	21	23			23	25		
页岩砖 煤矸石砖	16	18	0.74	0.77	18	20	0.78	0.80

注：粉煤灰掺入量（体积比）小于30%时，抗风化性能指标按粘土砖规定。

5）泛霜。泛霜是指粘土原料中的可溶性盐类，随着砖内水分蒸发而在砖表面产生的盐析现象，一般在砖表面形成絮团状斑点的白色粉末。轻微泛霜就会对清水墙建筑外观产生较大的影响。中等泛霜的砖用于建筑中的潮湿部位时，7~8年后因盐析结晶膨胀将使砖体表面产生粉化剥落，在干燥的环境中使用约10年后也将脱落。严重泛霜对建筑结构的破坏性更大。《烧结普通砖》（GB 5101—2003）规定：优等品无泛霜；一等品不允许出现中等泛霜；合格品不允许出现严重泛霜。

6）石灰爆裂。石灰爆裂是指砖内含有过烧生石灰时，过烧生石灰会在砖内吸收外界的水分，消化并产生体积膨胀，导致砖发生膨胀性破坏。《烧结普通砖》（GB 5101—2003）规定：优等品不允许出现最大破坏尺寸大于2mm的爆裂区域；一等品最大破坏尺寸大于2mm且小于等于10mm的爆裂区域，每组砖样不得多于15处，不允许出现最大破坏尺寸大于10mm的爆裂区域；合格品最大破坏尺寸大于2mm且小于等于15mm的爆裂区域，每组砖样不得多于15处，其中大于10mm的不得多于7处，不允许出现最大破坏尺寸大于15mm的爆裂区域。

7）产品中不允许有欠火砖、酥砖、螺旋纹砖。欠火砖是生产中砖坯烧制温度过低时产生的成品砖，其特点是色浅、声哑、孔隙率大、强度低、耐久性差。

酥砖是生产中砖坯淋雨、受潮、受冻，或焙烧中预热过急、冷却太快等原因，使成品砖产生大量不等的网状裂纹，严重降低砖的强度和抗冻性。

螺旋纹砖是生产中挤泥机挤出的泥条上存有螺旋纹，它在烧结时难以被消除而使成品砖上形成螺旋纹裂纹，导致砖的强度降低，受冻后会产生层层脱皮现象。

（3）烧结普通砖的应用。烧结普通砖既有一定的强度和耐久性，又有良好的保温隔热性能，是传统的墙体材料，还可用于砌筑柱、拱、烟囱及基础等。《烧结普通砖》（GB 5101—2003）规定：优等品用于清水墙和墙体装饰；一等品、合格品用于混水墙；中等泛霜的砖不能用于处于潮湿环境的工程部位。

2. 烧结多孔砖

烧结多孔砖为大面（240mm×115mm的面）有孔洞的砖。孔的尺寸较小（圆孔直径

≤22mm；非圆孔内切圆直径≤15mm；手抓孔（30～40）mm×（75～85）mm，使用时孔洞垂直于受压面。其孔洞率≥33%，因为它的强度较高，主要用于建筑物的承重部位。

根据《烧结多孔砖和多孔砌块》（GB 13544—2003）的规定，烧结多孔砖的外形为直角六面体，其长度、宽度、高度尺寸应符合下列要求：290mm、240mm、190mm、180mm、140mm、115mm、90mm。其中最常用的为 190mm×190mm×90mm（M 型）和 240mm×115mm×90mm（P 型）两种规格，如图 8-2 所示。

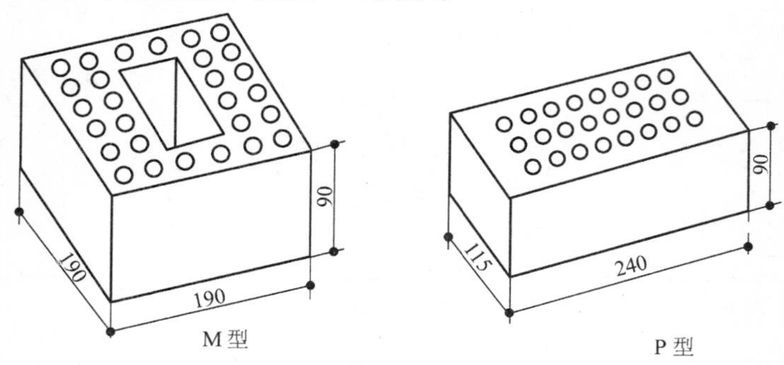

图 8-2 烧结多孔砖（单位：mm）

根据《烧结多孔砖和多孔砌块》（GB 13544—2003）规定，烧结多孔砖的技术要求包括尺寸允许偏差、外观质量、孔型孔结构及孔洞率、泛霜和石灰爆裂等方面。抗风化性能合格的砖，按抗压强度和强度标准值划分为 MU30、MU25、MU20、MU15、MU10 五个等级，按 3 块砖干燥表观密度平均值划分为 1000、1100、1200、1300 四个等级。

烧结多孔砖的产品标记按照产品名称、品种、规格、强度等级、密度等级和标准编号的顺序编写。例如，规格尺寸 290mm×140mm×90mm、强度等级 MU25，密度级别 1200，则其标记为：

烧结多孔砖 N　290×140×90　MU25　1200　GB 13544—2003

此外，烧结多孔砖的抗风化性能、泛霜和石灰爆裂程度应符合《烧结多孔砖》（GB 13544—2003）的规定，并且产品中不允许有欠火砖、酥砖和螺纹砖。

3. 烧结空心砖

（1）规格及标记。烧结空心砖和空心砌块（简称空心砖）为顶面有孔洞的砖或块，如图 8-3 所示，孔的尺寸大而数量少，其孔洞率≥40%。孔洞垂直于顶面而平行于条面，使用时大面受压，所以这种砖的孔洞与承压面平行。由于孔洞大、自重轻、强度低，因此主要用于非承重部位，例如多层建筑的内墙或框架结构的填充墙等。

根据《烧结空心砖和空心砌块》（GB 13545—2003）的规定，烧结空心砖和空心砌块的外形为直角六面体，其长度、宽度、高度尺寸应符合下列要求：390mm、290mm、240mm、190mm、180（175）mm、140mm、115mm、90mm。其他规格尺寸由供需双方协商确定。

按照《烧结空心砖和空心砌块》（GB 13545—2003）的规定，强度、密度、抗风化性能和放射性物质合格的砖和砌块，根据尺寸偏差、外观质量、孔洞排列及其结构、泛霜和石灰爆裂、吸水率分为优等品（A）、一等品（B）、合格品（C）三个质量等级。

烧结空心砖和砌块产品标记按照产品名称、类别、规格、密度等级、强度等级、质量等级和标准编号的顺序编写。例如，规格尺寸 290mm×190mm×90mm、密度等级 800，强度等级 MU7.5，优等品的页岩空心砖，则其标记为：

烧结空心砖 Y（290×190×90） 800 MU7.5A GB 13545—2003

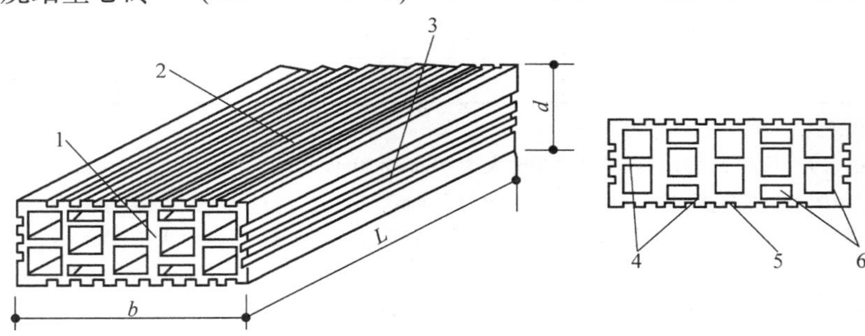

图 8-3 烧结空心砖外形

1—顶面 2—大面 3—条面 4—肋 5—凹线槽 6—外壁

L—长度 b—宽度 d—高度

又如，规格尺寸 290mm×290mm×190mm、密度等级 1000，强度等级 MU3.5，一等品的粘土空心砌块，则其标记为：

烧结空心砌块 N（290×290×190） 1000 MU3.5B GB 13545—2003

（2）技术要求（参照《烧结空心砖和空心砌块》（GB 13545—2003））。烧结空心砖的技术要求包括尺寸偏差、外观质量、强度等级、密度等级、孔洞排列及其结构、泛霜、石灰爆裂、吸水率、抗风化性能等。

1）尺寸偏差。空心砖的尺寸允许偏差应符合表 8-6 的规定。

表 8-6 烧结空心砖的尺寸允许偏差 （单位：mm）

尺寸	优等品		一等品		合格品	
	样本平均偏差	样本极差≤	样本平均偏差	样本极差≤	样本平均偏差	样本极差≤
>300	±2.5	6.0	±3.0	7.0	±3.5	8.0
>200~300	±2.0	5.0	±2.5	6.0	±3.0	7.0
100~200	±1.6	4.0	±2.0	5.0	±2.6	6.0
<100	±1.5	3.0	±1.7	4.0	±2.0	5.0

2）外观质量。空心砖的外观质量应符合表 8-7 的规定。

表 8-7 烧结空心砖的外观质量 （单位：mm）

项目		优等品	一等品	合格品
弯曲≤		3	4	5
缺棱掉角的 3 个破坏尺寸不得同时大于		15	30	40
垂直度差≤		3	4	5
未贯穿裂纹长度≤	大面上宽度方向及其延伸到条面的长度	不允许	100	120
	大面上长度方向或条面上水平方向的长度	不允许	120	140
贯穿裂纹长度	大面上宽度方向及其延伸到条面的长度	不允许	40	60
	壁、肋沿长度、宽度方向及其水平方向的长度	不允许	40	60

（续）

项　　目	优等品	一等品	合格品
肋、壁内残缺长度≤	不允许	40	60
完整面不少于	一条面和一大面	一条面或一大面	—

注：凡有下列缺陷之一者，不得称为完整面：

1）缺损在大面、条面上造成的破坏尺寸同时大于20mm×30mm。

2）大面、条面上裂纹宽度大于1mm，其长度超过70mm。

3）压陷、粘底、焦花在大面或条面上的凹陷或凸出超过2mm，区域尺寸同时大于20mm×30mm。

3）强度等级。根据抗压强度将烧结空心砖分为MU10.0、MU7.5、MU5、MU3.5、MU2.5五个等级，其强度等级确定方法同烧结普通砖，各强度等级的砖应符合表8-8的规定。

表8-8　烧结空心砖的强度等级　（单位：MPa）

强度等级	抗压强度/MPa			密度等级范围/(kg/m³)
	抗压强度平均值 $\bar{f}\geqslant$	变异系数 $\delta\leqslant0.21$	变异系数 $\delta>0.21$	
		强度标准值 $f_k\geqslant$	单块最小抗压强度值 $f_{min}\geqslant$	
MU10.0	10.0	7.0	8.0	≤1100
MU7.5	7.5	5.0	5.8	
MU5.0	5.0	3.5	4.0	
MU3.5	3.5	2.5	2.8	
MU2.5	2.5	1.6	1.8	≤800

4）密度等级。根据体积密度将烧结空心砖分为800、900、1000和1100四个密度级别，各密度等级的砖应符合表8-9的规定。

表8-9　烧结空心砖的密度等级　（单位：kg/m³）

密度等级	5块密度平均值	密度等级	5块密度平均值
800	≤800	1000	901~1000
900	801~900	1100	1001~1100

孔洞排列及其结构、泛霜、石灰爆裂、吸水率、抗风化性能等应符合GB 13545—2003的规定。

4. 烧结砖的检验规则

烧结砖产品检验分出厂检验和型式检验。烧结普通砖和烧结多孔砖出厂检验项目为尺寸偏差、外观质量和强度等级；烧结空心砖产品出厂检验项目为尺寸偏差、外观质量和强度等级和密度等级。型式检验项目包括标准《烧结普通砖》（GB 5101—2003）、《烧结多孔砖和多孔砌块》（GB 13544—2011）、《烧结空心砖和空心砌块》（GB 13545—2003）技术要求的全部项目。

烧结砖检验批的构成原则和批量为3.5万~15万块为一批，不足3.5万块按一批计。烧结砖产品应按品种、强度等级、质量等级分别整齐堆放，不得混杂；装卸时要轻拿轻放，避免碰撞摔打。

8.1.2 非烧结砖

不经过焙烧而成的砖称为非烧结砖，如蒸养蒸压砖、免烧免蒸砖、碳化砖等。目前在建筑工程中应用较多的是蒸养砖，主要品种有灰砂砖、粉煤灰砖、炉渣砖等。

1. 蒸压灰砂砖

蒸压灰砂砖是以石灰和砂为主要原料，允许掺入颜料和外加剂，经搅拌混合、陈伏、加压成型，再经蒸压养护而成的实心砖，简称灰砂砖。

灰砂砖的规格尺寸与烧结普通砖相同，为240mm×115mm×53mm。其表观密度为1800～1900kg/m^3，导热系数为0.61W/(m·K)。根据灰砂砖的颜色分为彩色（Co）和本色（N）两类；根据《蒸压灰砂砖》（GB 11945—1999）的规定，按砖的尺寸偏差、外观质量、强度等级及抗冻性分为优等品（A）、一等品（B）、合格品（C）。

灰砂砖的产品标记采用产品名称（LSB）、颜色、强度等级、产品等级、标准编号的顺序编写。例如强度级别为MU20，优等品的彩色灰砂砖，则其标记为：

LSB　Co　20A　GB11945

根据灰砂砖浸水24h后的抗压强度和抗折强度分为MU25、MU20、MU15和MU10四个强度等级，每个强度等级分别有相应有抗冻指标，优等品的强度等级不得小于MU15。

因为灰砂砖中的一些组分（如水化硅酸钙、氢氧化钙、碳酸钙等）不耐酸，也不耐热，如果长期受热会发生分解、脱水，甚至还会使石英发生晶型转变，因此灰砂砖应避免用于长期受热高于200℃、受急冷急热交替作用或有酸性介质侵蚀的建筑部位。此外，灰砂砖中的氢氧化钙等组分会被流水冲失，所以灰砂砖不能用于有流水冲刷的地方。

灰砂砖的表面光滑，与砂浆的粘结力差，所以其砌体的抗剪性能不如粘土砖砌体好，在砌筑时必须采取相应措施，以防止出现渗雨、漏水和墙体开裂；灰砂砖的含水率也会影响砖与砂浆的粘结力，因此灰砂砖的含水率应控制在7%～12%。砌筑砂浆宜用混合砂浆，刚出釜的灰砂砖不宜立即使用，一般宜存放一个月左右再使用。

《蒸压灰砂砖》（GB 11945—1999）规定了灰砂砖尺寸偏差和外观要求，灰砂砖各强度级别的抗压强度和抗折强度指标应符合表8-10的规定。

表8-10　蒸压灰砂砖的技术性能

强度等级	抗压强度/MPa		抗折强度/MPa		抗冻性	
	平均值≥	单块值≥	平均值≥	单块值≥	冻后抗压强度/MPa平均值≥	单块砖的干质量损失(%)≤
MU25	25.0	20.0	5.0	4.0	20.0	2.0
MU20	20.0	16.0	4.0	3.2	16.0	2.0
MU15	15.0	12.0	3.3	2.6	12.0	2.0
MU10	10.0	8.0	2.5	2.0	8.0	2.0

2. 蒸压（养）粉煤灰砖（粉煤灰砖）

蒸压（养）粉煤灰砖是以粉煤灰和石灰为主要原料，掺加适量石膏和骨料坯料制备、加压成型、再经常压或高压蒸汽养护而成的实心砖，简称粉煤灰砖。

粉煤灰砖的规格尺寸与烧结普通砖相同，为240mm×115mm×53mm。其表观密度为

1500kg/m³ 左右，呈深灰色。根据行业标准《粉煤灰砖》（JC 239—2001）的规定，按砖的尺寸偏差、外观质量、强度等级、抗冻性及干燥收缩值分为优等品（A）、一等品（B）、合格品（C）。

根据粉煤灰砖的抗压强度和抗折强度分为 MU30、MU25、MU20、MU15、MU10 五个强度等级，每个强度等级分别有相应的抗冻指标。优等品的强度等级不得小于 MU15，干燥收缩值应不大于 0.60mm/m；一等品的强度等级不得小于 MU15，干燥收缩值应不大于 0.75mm/m；合格品的干燥收缩值应不大于 0.85mm/m。刚出釜的粉煤灰砖不宜立即使用，一般宜存放一个星期左右再使用。粉煤灰砖可用于工业与民用建筑的墙体和基础，但用于基础或易受冻融和干湿交替作用的建筑部位必须使用优等砖和一等砖。粉煤灰砖应避免用于长期受热高于 200℃、受急冷急热交替作用或有酸性介质侵蚀的建筑部位。用粉煤灰砖砌筑的建筑物，应适当增设圈梁及伸缩缝，以减少或避免收缩裂缝的产生。粉煤灰砖可浇水润湿至含水率大于 10% 时砌筑，也可以干砖砌筑，砌筑砂浆可用掺加适量粉煤灰的混合砂浆。

《粉煤灰砖》（JC 239—2001）规定了粉煤灰砖的砖尺寸偏差和外观要求，粉煤灰砖各强度级别的抗压强度和抗折强度指标及抗冻性应符合表 8-11 的规定。

表 8-11　粉煤灰砖强度指标和抗冻性指标

强度等级	抗压强度/MPa		抗折强度/MPa		抗冻性	
	10 块平均值 ≥	单块值 ≥	10 块平均值 ≥	单块值 ≥	抗压强度/MPa 平均值≥	单块砖的干质量损失(%)≤
MU30	30.0	24.0	6.2	5.0	24.0	2.0
MU25	25.0	20.0	5.0	4.0	20.0	
MU20	20.0	16.0	4.0	3.2	16.0	
MU15	15.0	12.0	3.3	2.6	12.0	
MU10	10.0	8.0	2.5	2.0	8.0	

8.2　砌块

8.2.1　砌块的分类

砌块是用于砌筑的、形体大于砌墙砖的人造块材，一般为直角六面体，也有各种异形的。砌块系列中主规格的长度、宽度或高度有一项或一项以上分别大于 365mm、240mm 或 115mm。砌块高度一般不大于长度或宽度的 6 倍，长度一般不超过高度的 3 倍。

砌块的分类方法很多，按产品主规格的尺寸可分为大型砌块（高度 >980mm）、中型砌块（高度为 380 ~ 980mm）和小型砌块（高度为 115 ~ 380mm）；若按用途可分承重砌块和非承重砌块；按有无孔洞可分为实心砌块（无孔洞或空心率 <25%）和空心砌块（空心率 >25%）；按材质又可分为硅酸盐砌块、轻骨料混凝土砌块、加气混凝土砌块、混凝土砌块等。

8.2.2　砌块的特性

砌块是一种新型墙体材料，可以充分利用地方资源和工业废渣，并可节省土资源和改善环境。其具有生产工艺简单、原料来源广、适应性强、制作及使用方便灵活、可改善墙体功能等特点，因此发展较快。

8.2.3 常用的砌块简介

1. 蒸压加气混凝土砌块

蒸压加气混凝土砌块是以钙质材料（水泥、石灰等）和硅质材料（砂、矿渣、粉煤灰等）以及加气剂（铝粉）等，经配料、搅拌、浇注、发气、切割和蒸压养护而成的多孔轻质块体材料。

根据采用的主要原料不同，蒸压加气混凝土砌块可分为水泥—矿渣—砂；水泥—石灰—砂；水泥—石灰—粉煤灰等多种。

按《蒸压加气混凝土砌块》（GB 11968—2006）的规定，砌块按尺寸偏差与外观质量、干密度、抗压强度和抗冻性分为优等品（A）、合格品（B）两个等级；按砌块抗压强度分为A1.0、A2.0、A2.5、A3.5、A5.0、A7.5、A10七个级别；按砌块干密度分为B03、B04、B05、B06、B07、B08六个级别。

蒸压加气混凝土砌块的产品标记采用产品名称（ACB）、强度等级、干密度等级、规格尺寸、质量等级及标准编号的顺序编写。

例如强度级别为A3.5、干密度级别为B05、优等品、尺寸为600mm×200mm×250mm的蒸压加气混凝土砌块，其标记为：

ACB　A3.5　B05　600×200×250A　GB 11968

2. 粉煤灰砌块

粉煤灰砌块是以粉煤灰、石灰、石膏和骨料（炉渣、矿渣）等为原料，经配料、加水搅拌、振动成型、蒸汽养护而制成的密实砌块。其主规格尺寸有880mm×380mm×240mm和880mm×420mm×240mm两种。

《粉煤灰砌块》（JC 238—1991）中规定：砌块按其立方体试件的抗压强度分为MU10和MU13两个强度等级；按外观质量、尺寸偏差和干缩性能分为一等品（B）和合格品（C）两个质量等级。

3. 普通混凝土小型空心砌块

混凝土小型空心砌块主要是以普通混凝土拌合物为原料，经成型、养护而成的空心块体墙材。有承重砌块和非承重砌块两类。为减轻自重，非承重砌块可用炉渣或其他轻质骨料配制，根据《普通混凝土小型空心砌块》（GB 8239—1997）的规定，砌块按尺寸偏差和外观质量分为优等品（A）、一等品（B）、合格品（C）三个质量等级。按抗压强度分为MU3.5、MU5.0、MU7.5、MU10.0、MU15.0、MU20.0六个强度等级，砌块的抗压强度是用砌块受压面的毛面积除破坏荷载求得的。常用混凝土砌块外形如图8-4所示。

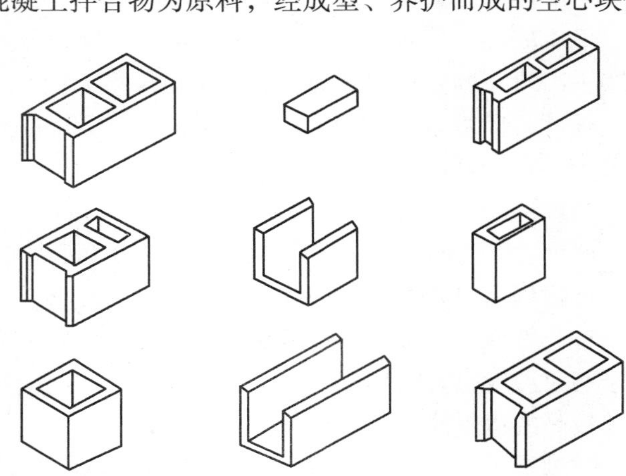

图8-4　几种混凝土空心砌块外形示意图

混凝土小型空心砌块的尺寸规格：主规格为390mm×190mm×190mm，其他规格尺寸可由供需双方协商。

8.3 轻质墙板

8.3.1 轻质墙板的分类

墙体材料除砌墙砖与砌块外，还有墙用板材。这里讲的轻质墙板是指用于墙体的、密度较混凝土制品低的、采用不同工艺预制而成的一类建筑制品。常用的轻质墙板大致有轻质面板和轻质条板两大类。

1. 轻质面板

轻质面板是指那些厚度较薄，断面为实心的平板，其长度在2400~3000mm之间、宽度为1220mm、厚度在4~25mm之间。轻质面板由于自身的强度和刚度均较低，一般不能单独作为墙体使用，常依附于其他的结构件（如龙骨、结构墙等）作面层板使用。

2. 轻质条板

轻质条板是指那些面密度较小，厚度相对较大，可单独作为隔墙使用的一类板材，条板长度一般在2500~3000mm之间、宽度600mm、厚度大于50mm（常见的有60mm、90mm、120mm几种）。

8.3.2 常用轻质墙板简介

1. 石膏板

石膏制品有许多优点，石膏类板材在轻质墙体材料中占有很大比例，主要有纸面石膏板、纤维石膏板及石膏空心条板三种。

纸面石膏板是以建筑石膏为主要原料，并掺入一些纤维和外加剂所组成的芯材，和与芯材牢固地结合在一起的护面纸组成的建筑板材。主要包括普通纸面石膏板（代号P）、防火纸面石膏板（代号H）和防水纸面石膏板（代号S）三个品种。纸面石膏板具有自重轻、隔热、隔声、防火、抗震、可调节室内湿度、加工性好、施工简便等优点，但其用纸量较大、成本较高。纸面石膏板的质量要求和性能指标应满足标准《纸面石膏板》（GB/T 9775—2008）的要求。纸面石膏板常用规格为：

长度：1500mm、1800mm、2100mm、2400mm、2440mm、2700mm、3000mm、3300mm、3600mm和3660mm。

宽度：600mm、900mm、1200mm和1220mm。

厚度：9.5mm、12.0mm、15.0mm、18.0mm、21.0mm和25.0mm。

可根据用户要求，生产其他规格尺寸的板材。

普通纸面石膏板可作室内隔墙板、复合外墙板的内壁板、天花板等。防水纸面石膏板可用于相对湿度较大的环境（≥75%），如厕所、盥洗室等。防火纸面石膏板主要用于对防火要求较高的房屋建筑中。

纤维石膏板是以石膏为主要原料，加入适量有机或无机纤维增强材料和外加剂，经打浆、铺浆脱水、成型、干燥而成的一种板材。纤维石膏板可节省护面纸，具有轻质、高强、耐火、隔声、韧性高、可加工性好的性能，主要用于工业与民用建筑的非承重内墙、天棚吊顶及内墙贴面。其尺寸规格和用途与纸面石膏板相同。

石膏空心条板是以建筑石膏为主要原料，掺加适量轻质填充料（粉煤灰、膨胀珍珠岩等）和纤维材料后，经料浆拌和、浇筑成型、抽芯、干燥等工序加工而成的一种空心板材。其长度为2500～3000mm，宽度为500～600mm，厚度为60～90mm。石膏空心板的面密度为$(40\pm5)kg/m^2$，抗弯破坏荷载不小于800N，热导率约为0.22W/(m·K)，隔声指数大于30dB，耐火极限为1～2.25h。这种板材具有轻质、强度高、隔热、隔声、防水等性能，可锯、可刨、可钻，施工简便。安装时不用龙骨，施工效率比纸面石膏板更高，是发展比较快的一种轻质板材，主要用于非承重内墙和隔墙。但若用于相对湿度大于75%的环境中，则板材表面应作防水等相应处理。

2. 纤维水泥平板

纤维水泥平板是以水泥和某些纤维材料为原料，经过制浆、成坯、养护等工序而制成的一种板材。按照所用纤维的不同，纤维水泥平板分为石棉水泥平板、混合纤维水泥平板和无石棉纤维水泥板；按所用水泥的不同分为普通水泥板、低碱度水泥板；按产品的密度不同又可分为高密度板、中密度板和轻板等几种。其中高密度板又称加压板，是在板坯成型后经再次加压而形成的，中密度板则未经过再次加压，而轻板则是指那些原料中添加有轻集料，成型又未经再次加压而成的板材。

纤维水泥平板具有防潮、防水、防霉、防蛀及可加工等一系列优点。高密度板由于强度高、干缩值小、抗渗性和抗冻性好等特点，经过表面处理后，可用作建筑物外墙的面板，而中密度板和轻板则主要用于做隔墙。

3. 水泥刨花板

水泥刨花板是以水泥为胶凝材料，木质的刨花碎片作为增强材料，外加适量的化学助剂和水，经过搅拌、成型、加压、养护，采用半干法生产工艺制成的一种轻质板材，该板具有密度小、强度高以及耐水、可加工、热导率小等一系列优点。可用于建筑物隔墙的面板等处。

4. 硅酸钙板

纤维增强硅酸钙板（硅酸钙板），是由硅质材料、钙质材料、增强纤维作为主要原料，经过制浆、成坯、蒸压养护等工序制成的一种轻质板材。硅酸钙板综合性能较好，具有强度高、密度小、隔热、防火、可加工等许多优点。可用作高层与多层建筑的隔墙，经过表面处理后也可用于建筑物的外墙。硅酸钙板按密度分为D0.8、D1.0、D1.3三类。

5. 玻璃纤维增强水泥轻质多孔隔墙条板（GRC多孔条板）

GRC多孔条板是以低碱度的硫铝酸盐水泥为胶结料、耐碱玻璃纤维或其网格布为增强材料，膨胀珍珠岩为骨料（也可用炉渣、粉煤灰等），并配以发泡剂和防水剂等，经配料、搅拌、浇注、振动成型、脱水、养护而成。长度为3000mm，宽度为600mm，厚度为60mm、90mm、120mm。

GRC多孔条板具有质轻、高强、抗冲击、寿命较长、加工方便等优点，可用于工业和民用建筑的内隔墙及复合墙体的外堵面。

6. 蒸压加气混凝土条板

蒸压加气混凝土条板是由硅质材料、钙质材料、石膏、发气剂、水和钢筋等材料制成的一种轻质板材。其中，主要原料硅质材料和钙质材料直接影响材料的物理性能；掺入石膏可以改善料浆的流动性和制品的物理性能；发气剂可用铝粉，铝与碱作用可产生气体；钢筋起增强作用，可提高板材的抗弯强度。

蒸压加气混凝土条板内部含有大量微小的非连通气孔，孔隙率可达70%～80%，因而自身质量轻，隔热保温性能好，同时还具有较好的耐火性及一定的承载能力，可作为建筑内墙板及外墙板。

8.4 烧结砖的技术性能检测

8.4.1 烧结普通砖外观质量检测

烧结普通砖的外观质量检测包括：尺寸偏差、缺损、裂纹、弯曲、杂质在砖表面上的凸出高度等，为判断砖的质量等级提供依据。

1. 取样

尺寸偏差抽取砖样20块，外观质量抽取砖样50块。

2. 主要仪器设备

（1）砖用卡尺（分度值为0.5mm）。

（2）钢直尺（分度值为1mm）。

3. 检测步骤

（1）尺寸量法。长度应在砖的两个大面的中间处分别测量两个尺寸；宽度应在砖的两个大面的中间处分别测量两个尺寸；高度应该在两个条面中间处分别测量两个尺寸。当被测处有缺陷或凸出时，可在其旁边测量，但应选择不利的一侧，精确至0.5mm。

（2）外观质量检查包括：缺损、裂纹、弯曲、杂物凸出高度、色差等。

4. 检测结果评定

外观测量以mm为单位，不足1mm者，按1mm计。

（1）尺寸测量。每一方向尺寸以两个测量值的算术平均值表示，精确至1mm。

（2）外观质量。裂纹：裂纹长度以三个方向上分别测得的最长裂纹作为测量结果；弯曲：以弯曲中测得的较大者作为测量结果；色差：以目测结果评定。

依据检测结果，按（GB 5101—2003）规定对照检查和评定。

8.4.2 烧结普通砖抗压强度检测

检测烧结普通砖的抗压强度，为评定砖的强度等级、评定砖的强度是否合格提供依据。

1. 取样

强度等级检测抽取砖样10块。

2. 主要仪器设备

（1）锯砖机、直尺、镘刀。

（2）压力机，量程300～600kN。

3. 试样及其制备

（1）烧结普通砖：将砖样由中间锯成两个半截砖，每半截砖的边长不得小于10cm。将半截砖放入室温的净水中浸 10 ~30min 后取出，并以断口相反方向叠放，中间抹以厚度不超过 5mm 的水泥净浆粘结（水泥强度等级≥32.5），上下两面用厚度不超过 3mm 的同种水泥净浆抹平，并使试件的上下两个面相互平行，且垂直于侧面。

（2）烧结多孔砖：多孔砖均以单块整砖沿竖孔方向加压。多孔砖的试件制作采用坐浆法，即在玻璃板上铺一张湿的垫纸，纸上铺一层厚度不超过 3mm 的水泥净浆，再将在水中浸泡 10 ~30min 的砖样平稳地坐放在水泥浆上，稍加压力使砖样与水泥净浆互相粘结，并使砖样侧面垂直于玻璃板。待水泥净浆凝固后，将砖样连同玻璃板翻起进行另一面的坐浆，注意校正两块玻璃板的平行。

（3）砖试件均为 10 块。

（4）制作完成的试件放于不通风的室内养护 3d，室温不得低于 10℃。

4. 检测步骤

（1）测量每个试件粘结面的长、宽尺寸各两个，精确至 1mm，取其平均值计算受荷面积 A。

（2）将试件平放在压力机的承压板中心，均匀平稳地加荷。不能发生冲击或振动，加荷速度以 2 ~6kN/s 为宜，压至试件破坏，记录极限破坏荷载 F。

5. 检测结果处理

（1）计算砖试件的抗压度 f（精确至 0.1MPa）

$$f=\frac{F}{A} \tag{8-4}$$

式中 F——极限破坏荷载（N）；

A——受压面积（mm^2）。

（2）烧结普通砖或烧结多孔砖的抗压强度以 10 块试件的抗压强度算术平均值 $\bar{f}$ 和标准值 f_k 表示。

$$f_k=\bar{f}-1.83S \tag{8-5}$$

式中 S——抗压强度分布的标准差。

（3）烧结普通砖或烧结多孔砖强度等级评定按表 8-12 进行。

表 8-12 烧结普通砖或烧结多孔砖的强度等级（GB 5101—2003、GB 13544—2011）

强度等级	$\bar{f}$ 平均值/MPa≥	$\delta \leq 0.21$	$\delta > 0.21$
		f_k/MPa≥	单块最小值 f_{min}/MPa≥
MU30	30.0	22.0	25.0
MU25	25.0	18.0	22.0
MU20	20.0	14.0	16.0
MU15	15.0	10.0	12.0
MU10	10.0	6.5	7.5

注：δ——抗压强度分布的变异系数，$\delta=\frac{S}{\bar{f}}$。

思考题与习题

1. 砌墙砖有哪几类？它们各有什么特性？
2. 何谓烧结普通砖的泛霜和石灰爆裂？它们对建筑物有何影响？

3. 建筑墙体采用烧结多孔砖和烧结空心砖有何优点？

4. 按材质分类，墙用砌块有哪几类？

5. 砌块与烧结普通砖相比，有哪些优点？

6. 试计算砌筑4000m^2 的二四砖墙（即墙厚240mm）时，需用烧结普通砖多少块？（考虑有2%的材料损耗）

7. 某工地送来一批烧结普通砖检测其强度等级，经过抽样测得其抗压破坏荷载分别为：254、270、218、183、238、259、151、280、220、254（kN），砖的受压面积为120mm × 115mm。试评定该批砖的强度等级。

第9章 建筑钢材

学习要求

了解钢材的冶炼和分类；掌握钢材的力学性能、工艺性能、钢材化学成分对钢材性能的影响以及钢材的强化；熟悉常用建筑钢材的技术标准、检测方法以及选用要求。

建筑钢材是指建筑工程中所用的各种钢材，包括用于钢结构工程中的各种型钢（如角钢、槽钢、工字钢等）、钢板和用于钢筋混凝土结构工程中的各种钢筋及钢丝。以外，还有大量的钢材被用作门窗和建筑五金等。

建筑钢材是在严格的技术条件下生产的材料，具有以下的优点：

1. 质量均匀，性能可靠

钢材既可铸造、锻造、切割，又可进行压力加工，还可以通过冷加工或热处理方法，在很大范围内改变或控制钢材的性能，另外还可以用焊接、铆接等多种连接方式进行装配式施工。

2. 强度和硬度高

钢材的抗拉、抗压、抗弯、抗剪强度以及硬度都很高，适用于制作各种承载较大的构件和结构，如钢结构、钢筋混凝土结构、预应力钢筋混凝土结构等；钢轨和机械加工用的切割工具都是由硬度很高的钢材制成的。

3. 塑性和韧性好

常温下钢材能承受较大的塑性变形，便于冷弯、冷拉、冷拔及冷轧等各种冷加工。良好的塑性，使得钢材在常温下可以承受较大的冲击作用，适用于制作吊车梁等受动荷载的结构和构件。

钢材的主要缺点是易锈蚀、维护费用高和耐火性差。

9.1 钢材的冶炼及分类

9.1.1 钢材的冶炼

1. 钢材的冶炼原理

由于铁和碳的化合力极强，所以工业上很难得到纯铁。含碳量低于0.04%的铁称为熟铁，熟铁软而易于加工，但力学强度很低。含碳量在2.0%以上的铁称为生铁，并含有较多的硅、硫、磷、锰等杂质。将生铁中的碳含量降至2.0%以下，使硫和磷等杂质降至一定范围内即成为钢。

2. 钢材的冶炼过程

钢材的冶炼过程为除碳、造渣和脱氧。除碳过程是通过氧化法，将一部分铁变为气体而逸出，反应式如下。

$$2Fe + O_2 \rightarrow 2FeO$$

$$FeO + C \rightarrow Fe + CO \tag{9-1}$$

造渣过程为在氧化还原反应中可将生铁中硅和锰变为钢渣，浮于钢水之上而排出。铁水中的硫和磷杂质只能在碱性条件下才能除去，通常加入一定量的石灰石，反应式如下。

$$FeO + Mn \rightarrow Fe + MnO$$

$$2FeO + Si \rightarrow Fe + SiO_2 \tag{9-2}$$

因为锰、硅、铝与氧的结合力大于氧和铁的结合能力，所以脱氧过程是在钢水中加入一定量的锰铁、硅铁或铝锭作为还原剂，将钢水中的 FeO 还原为铁，使氧变为锰、硅或铝的氧化物而进入钢渣，其反应式如下。脱氧减少了钢材中的气泡，并克服了元素分布不均（通常是偏析）的缺点，可明显改善钢材的性质。

$$5FeO + 2P + 3CaO \rightarrow 5Fe + Ca_3(PO_4)_2$$

$$FeS + CaO \rightarrow FeO + CaS \tag{9-3}$$

3. 钢材的冶炼方法

根据炼钢所用炉种的不同，钢材的冶炼方法可分为平炉炼钢、氧气顶吹转炉炼钢和电炉炼钢三种。

平炉炼钢是应用较早的一种炼钢方法，该方法冶炼得到的钢质量高，但是该冶炼方法炼钢周期长，效率低，成本高。

氧气顶吹转炉炼钢得到的钢材质量稳定，另外该方法冶炼周期短，所以被广泛应用。

电炉炼钢是可以精确控制成分，所生产的钢杂质含量低，质量最好，但成本也最高。

9.1.2 钢材的分类

对于钢材可以按照不同的角度进行分类。

1. 按化学成分分类

（1）碳素钢。以铁碳合金为主体，含碳量低于 2.11%（含碳量高于 2.11% 为生铁），除含有极少量的硅、锰和微量的硫、磷之外，不含有别的合金元素的钢称为碳素钢。根据含碳量的高低，将碳素钢分为低碳钢（碳含量低于 0.25%）、中碳钢（碳含量为 0.25% ~ 0.60%）和高碳钢（碳含量高于 0.60%）。

（2）合金钢。在碳素钢中，加入了一定量的合金元素，如硅、锰、钛、钒及铬等的钢材称为合金钢。根据合金元素含量的高低，将合金钢分为低合金钢（合金含量低于 5.0%）、中合金钢（合金含量介于 5% ~10%）和高合金钢（合金含量高于 10%）。

2. 按杂质含量分类

质量等级主要是根据硫和磷杂质含量的高低来确定的，可分为优质钢（硫和磷含量不高于 0.035%）、高级优质钢（硫和磷含量不高于 0.030%）和特级优质钢（硫含量不大于 0.020%，磷含量不大于 0.025%）。

3. 按冶炼方式分类

可分为平炉钢、氧气转炉钢和电炉钢。

4. 按冶炼脱氧程度分类

（1）沸腾钢。一种脱氧不完全的钢，其抗蚀性、冲击韧性和可焊性较差，尤其是低温时冲击韧性降低更显著。

（2）镇静钢。镇静钢是脱氧充分的钢。由于钢液中氧已经很少，当钢液浇铸后在锭模内呈静止状态，故称为镇静钢。其优点是化学成分均匀、机械性能稳定、焊接性能和塑性较好、抗蚀性也较强。多用于承受冲击荷载及其他重要的结构上。

（3）特殊镇静钢。是一种脱氧程度比镇静钢更充分的钢，其性能与质量比镇静钢更好。

5. 按用途分类

钢材按用途可分为结构钢、工具钢、专门用途钢和特殊性能钢。其中结构钢主要是指建筑钢材；工具钢分为量具钢、刃具钢和模具钢；专门用途钢应用在各个领域，如铁道用钢、压力容器用钢、船舶用钢、桥梁用钢等；特殊性能钢包括不锈钢、耐热钢、耐磨钢、电工用钢等。

建筑用钢按用途一般分为钢结构用钢和混凝土结构用钢两种。目前，在建筑工程中常用的钢种是碳素结构钢中的低碳钢和合金钢中的低合金钢。

9.2 钢材的力学性能

9.2.1 抗拉性能

抗拉性能是钢材的主要性能。由拉力试验测定的屈服强度、抗拉强度和伸长率是钢材的主要技术指标。

钢材的抗拉性能，可通过低碳钢受拉的应力—应变图说明，如图 9-1 所示。其拉伸过程可分为四个阶段：弹性阶段（O-A）、屈服阶段（A-B）、强化阶段（B-C）和颈缩阶段（C-D）。

（1）弹性阶段。在 O-A 范围内应力与应变成正比例关系，如果卸去外力，试件则恢复原状而无残余变形，这种性质称为弹性，这个阶段称为弹性阶段。

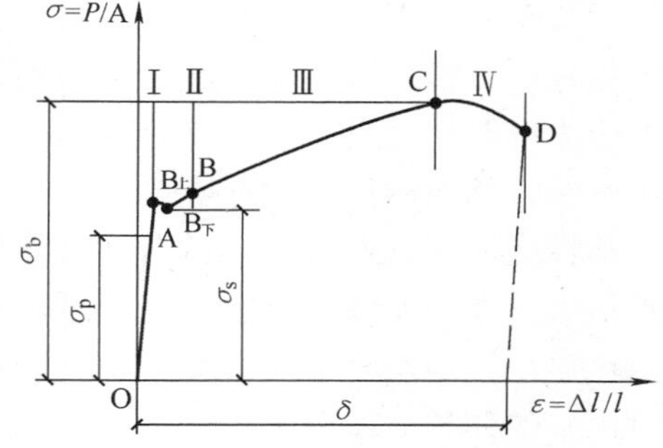

图 9-1　低碳钢的应力—应变图（拉伸）

弹性阶段的最高点（A 点）所对应的应力称为比例极限或弹性极限，用 σ_p 表示。应力与应变的比值为常数，称为弹性模量，用 E 表示，即 $E=\sigma/\varepsilon$。弹性模量反应钢材的刚度，即产生单位弹性应变时所需应力的大小，它是计算钢结构变形的重要指标。建筑工程中广泛使用的 Q235 碳素结构钢的弹性模量 E 一般为（2.0～2.1）$\times10^5$MPa。

（2）屈服阶段。当应力超过比例极限后，应力和应变不再成正比关系，即应力的增长滞后于应变的增长，从 $B_上$ 至 $B_下$ 点甚至出现了应力减小的情况，这一现象称为屈服。这一阶段称为屈服阶段。

在屈服阶段内，若卸去外力，则试件变形不能完全恢复，即产生了塑性变形。$B_上$ 点所对应的应力称为屈服上限，$B_下$ 点所对应的应力称为屈服下限。由于 $B_下$ 点比较稳定且容易测定，故常以屈服下限作为钢材的屈服强度，用 σ_s 表示。

钢材受力达到屈服强度后，尽管尚未断裂，但由于变形的迅速增长，已不能满足使用要求，故设计中一般以屈服强度作为钢材强度取值的依据。

对于在外力作用下屈服现象不明显的钢材（如某些合金钢或含碳量高的钢材），则有规定非比例伸长应力，如可将产生残余变形为 0.2% 原标距长度时的应力作为该钢材的非比例伸长应力，用 $\sigma_{0.2}$ 表示（图 9-2）。

（3）强化阶段。当钢材屈服到一定程度以后，由于内部晶格扭曲、晶粒破碎等原因，阻止了塑性变形的进一步发展，钢材抵抗外力的能力重新提高，表现在应力—应变图上曲线从 $\text{B}_{下}$ 点开始上升直至最高点 C，这一过程通常称为强化阶段，对应于最高点 C 的应力称为极限抗拉强度（即抗拉强度），用 σ_b 表示。它是钢材所能承受的最大拉应力。

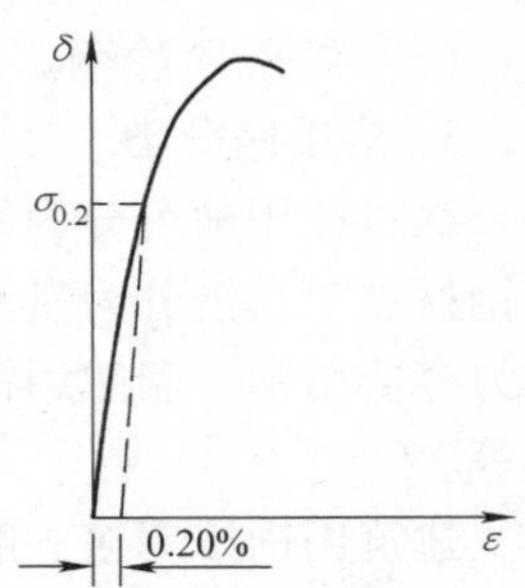

图 9-2　硬钢的非比例伸长应力 $\sigma_{0.2}$

抗拉强度在设计计算中虽然不能直接利用，但是屈服强度与抗拉强度之比（即 σ_s/σ_b），却是评价钢材受力特征的一个参数。屈强比 σ_s/σ_b 越小，反映钢材受力超过屈服点工作时的可靠性越大，安全性越高，但是该比值过小，又说明钢材强度的利用率偏低，浪费钢材。钢材的屈强比一般为 0.60 ~ 0.75。

（4）颈缩阶段。当钢材强化达到 C 点后，在试件薄弱处的断面将显著减小，塑性变形急剧增加，产生“颈缩”现象而很快断裂（图 9-3）。将断裂后的试件拼合起来，便可量出标距范围的长度 l_1，l_1 与试件受力前原标距长度 l_0 之差为塑性变形值，它与 l_0 之比称为伸长率 δ。可按下式计算：

$$\delta = \frac{l - l_0}{l_0} \times 100\% \tag{9-4}$$

伸长率表示钢材塑性变形能力的大小，是钢材的重要技术指标。尽管结构是在弹性范围内使用，但其应力集中处的应力可能超过屈服点。良好的塑性变形能力，可使应力重分布，从而避免结构过早破坏。

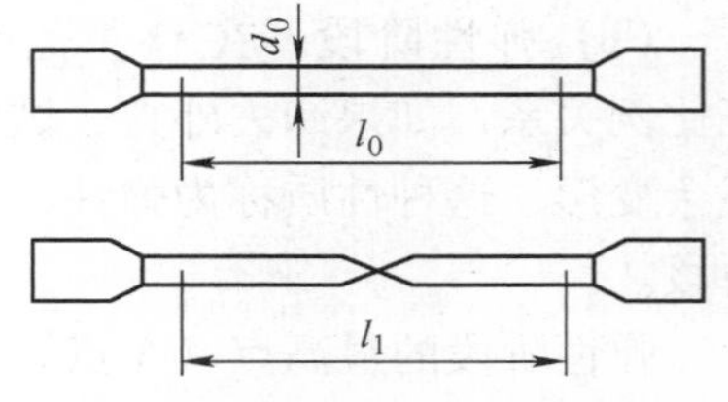

图 9-3　断裂前后的抗拉试件

塑性变形在试件标距内的分布是不均匀的，颈缩处的变形最大，离颈缩部位越远其变形越小。所以原标距与直径之比愈小，则颈缩处伸长值在整个伸长值中的比重愈大，计算出来的伸长率就会大些。通常以 δ_5 和 δ_{10} 分别表示 $l_0 = 5d_0$ 和 $l_0 = 10d_0$ 时的伸长率。由上述分析可知，对于同一种钢材，其 δ_5 大于 δ_{10}。

通过拉力试验，还可测定另一个表示钢材塑性变形能力的指标—断面收缩率 ψ。它是试件断裂后，颈缩处断面积收缩值与原断面积的百分比，即：

$$\psi = \frac{A_0 - A}{A_0} \times 100\% \tag{9-5}$$

式中　A_0 和 A——颈缩处断裂前、后的断面积。

9.2.2　冲击韧性

冲击韧性指钢材抵抗冲击荷载的能力。冲击韧性指标是通过标准试件的弯曲冲击韧性试验确定的（图 9-4）。试验时，以摆锤冲击试件刻槽的背面，将其打断，试件单位截面积上所消耗的功即为钢材的冲击韧性指标，以 a_k 表示（J/cm^2）。a_k 值越大，表明钢材的冲击韧性越好。

试验表明，钢材在常温下并不显示脆性，但随着温度下降到一定程度则可以发生脆性断裂，这一性质称为钢材的冷脆性。

冲击韧性随温度降低而下降的规律是开始下降缓慢，当达到一定温度时则突然下降。这时的温度范围称为脆性转变温度或脆性临界温度（图9-5），其数值越低，表明钢材的低温冲击韧性越好。所以在负温条件下使用的结构，应当选用脆性转变温度较使用温度为低的钢材。

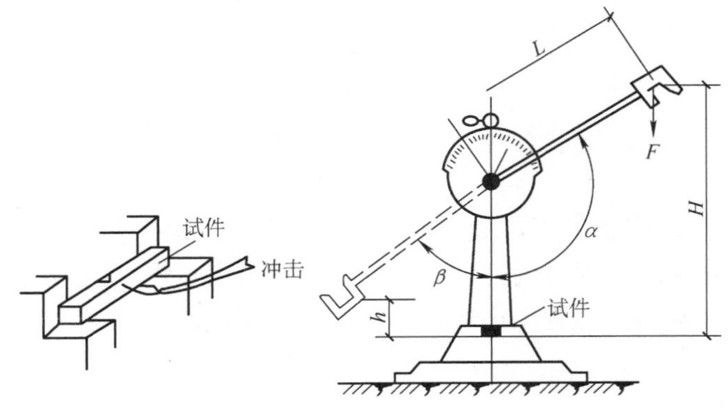

图9-4　摆锤式冲击韧性试验

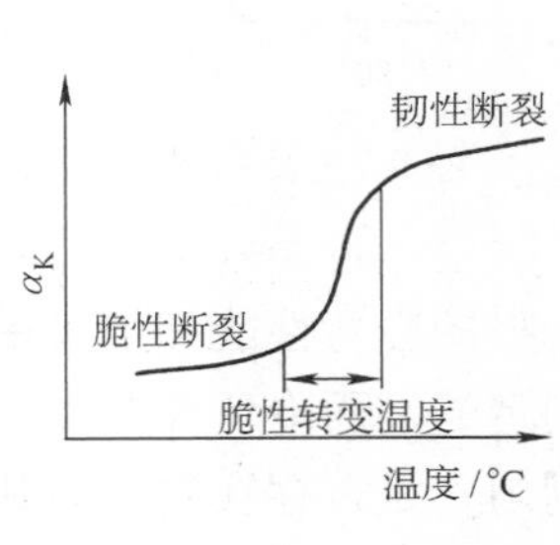

图9-5　钢材的脆性转变温度

9.2.3　耐疲劳性

钢材在交变荷载反复多次作用下，可在最大应力远低于屈服强度的情况下突然破坏。这种破坏称为疲劳破坏。研究表明，钢材承受的交变应力 σ_{max} 越大，则断裂时的交变次数 N 越少，相反 σ_{max} 越小则 N 越多，如图9-6所示。对钢材而言，一般将承受交变荷载达 10^7 周次时不破坏的最大应力定义为疲劳强度。

钢材的疲劳破坏是拉应力引起的。首先在局部开始形成微细裂纹，其后由于裂纹尖端处产生应力集中而使裂纹逐渐扩展直至疲劳断裂。钢材内部的晶体结构、成分偏析以及最大应力处的表面光洁程度等因素均会明显影响疲劳强度。

在设计承受反复荷载且须进行疲劳验算的结构时，应当了解所用钢材的疲劳强度。

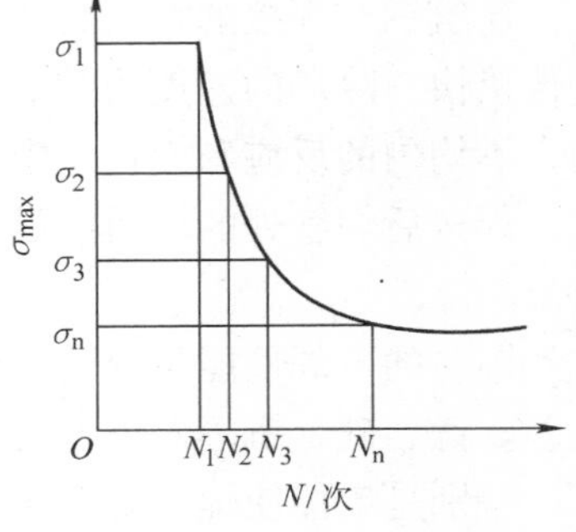

图9-6　钢材的疲劳曲线

9.3　钢材的工艺性能

建筑钢材不仅应有优良的力学性能，而且还应有良好的工艺性能，以满足施工工艺的要求。其中冷弯性能和焊接性能是钢材的重要工艺性能。

9.3.1　冷弯性能

冷弯性能指钢材在常温下承受弯曲变形的能力，是钢材的工艺性能指标。

钢材的冷弯性能，常用弯曲的角度 α 和弯心直径 d 与试件直径（或厚度）a 的比值来表示，如图 9-7 和图 9-8 所示。弯曲角度越大，d/a 越小，说明试件受弯程度越高。钢材的技术标准中对不同钢材的冷弯指标均有具体规定。当按规定的弯曲角度 α 和 d/a 值对试件进行冷弯时，试件受弯处不发生裂缝、断裂或起层，即认为冷弯性能合格。

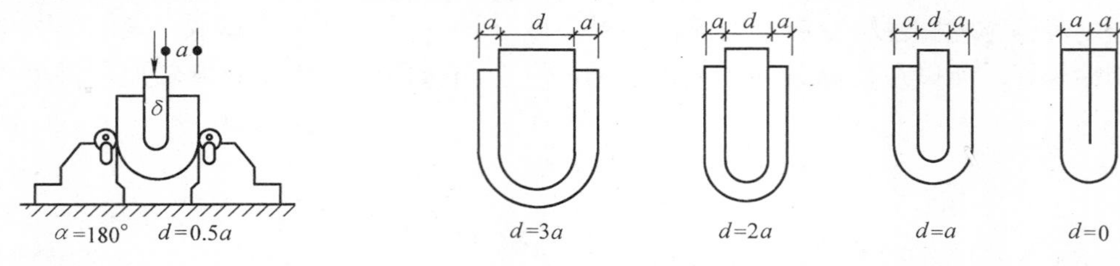

图 9-7　冷弯试验

图 9-8　α 为 180°、不同 d/a 时的弯曲

钢材的冷弯性能和伸长率均是塑性变形能力的反映。但伸长率是在试件轴向均匀变形条件下测定的，而冷弯性能则是在更严格条件下钢材局部变形的能力。它可揭示钢材内部结构是否均匀，是否存在内应力和夹杂物等缺陷。工程中还经常用冷弯试验来检验建筑钢材各种焊接接头的焊接质量。

9.3.2　焊接性能

在工业与民用建筑中焊接连接是钢结构的主要连接方式；在钢筋混凝土工程中，焊接则是广泛应用于钢筋接头、钢筋网、钢筋骨架和预埋件的焊接，以及装配式构件的安装。因此，要求建筑钢材要有良好的可焊性。

建筑钢材焊接的特点是：在很短的时间内达到很高的温度；钢件熔化的体积小；由于钢件传热快，冷却的速度也快，所以存在着剧烈的膨胀和收缩。因此，在焊件中常发生复杂的、不均匀的反应和变化、内应力组织的变化和局部硬脆性倾向等缺陷。对可焊性良好的钢材，焊接后焊缝处的性质应尽可能与母材一致，这样才能获得焊接牢固可靠、硬脆倾向小的效果。

钢材的可焊性能主要受其化学成分及含量的影响。当含碳量超过 0.3% 后，钢的可焊性变差。锰、硅、钒等对钢的可焊性能也都有影响。其他杂质含量增多，也会使可焊性能下降，特别是硫能使焊缝处产生热裂纹并硬脆，这种现象称为热脆性。

由于焊接件在使用过程中要求的主要力学性能是强度、塑性、韧性和耐疲劳性，因此，对性能影响最大的焊接缺陷是焊件中的裂纹、缺口和因硬化而引起的塑性和冲击韧性的降低。

采取焊前预热和焊后热处理的方法，可以使可焊性较差的钢材的焊接质量得以提高。此外，正确选用焊接材料和焊接工艺，也是提高焊接质量的重要措施。

9.4　钢材的化学成分对钢材性能的影响

钢材中除铁、碳两种基本化学元素外，还含有硅、锰、磷、硫、氧、氮以及一些合金元素。这些元素都可对钢材的性能产生不同的影响。

（1）碳。碳是决定钢材性质的重要元素。含碳量增加，钢的强度和硬度增加，塑性和韧性下降。但含碳量大于1.0%时，由于钢材变脆，强度反而下降了。

含碳量增加，还会使焊接性能、耐锈蚀性能下降并增加钢的冷脆性和时效敏感性。含碳量大于0.3%时，可焊性明显下降。

（2）硫。硫是钢材中最主要的有害元素之一。它以FeS的形式存在，在800～1000℃时熔化，焊接或热加工时会引起裂纹，使钢材变脆，称为热脆性。热脆性严重损害了钢的可焊性和热加工性。

硫还会降低钢材所有的物理力学性能，如冲击韧性、耐疲劳性、抗腐蚀性等，因此一般不得超过0.055%。硫含量也是区分钢材品质的重要指标之一。

（3）磷。磷是钢材的另一主要有害元素，含量一般不得超过0.045%，也是区分钢材品质的重要指标之一。

磷的偏析较严重，含量高时可与铁形成不稳定的固溶体Fe_3P夹杂物。磷可提高钢材强度，但会大大降低塑性和韧性，使钢材在低温时变脆，引发裂纹，称为冷脆性。磷是钢的冷脆性增加、可焊性下降的重要原因。

磷还可使钢材的强度、耐磨性、耐蚀性提高，尤其与铜等合金元素共存时效果更为明显。

（4）硅和锰。硅和锰均是为了脱氧去硫而加入的元素。因为硅、锰和氧的结合力大于铁与氧的结合力，锰与硫的结合力大于铁与硫的结合力，所以可使有害的FeO和FeS分别形成SiO_2、MnO及MnS而进入钢渣中。硫的减少可使钢材的热脆性下降，力学性能得到改善。

硅是钢的主要合金元素，含量常在1.0%以内，能使铁素体结晶均匀，晶粒细化，一定范围内可提高钢材强度，而塑性和韧性有所降低。含量过高（>1.0%）时，则会使钢材变脆，降低可焊性和抗锈蚀性能。

锰是低合金结构钢的主要合金元素，含量常为1.0%～2.0%，可提高钢材强度。含量过高会使钢材变脆，影响焊接性能。

（5）氧和氮。氧和氮都是在炼钢过程中带入的。未除尽的氧、氮大部分以化合物的形式存在，如FeO、Fe_4N等。这些非金属化合物、夹杂物降低了钢材的强度、冷弯性能和焊接性能。氧还使热脆性增加，氮使冷脆性及时效敏感性增加。因此氧、氮均属有害元素，氧含量不得超过0.05%，氮含量不得超过0.035%。

当钢中存在少量铝、钒、锆等合金元素时，可与氮形成氮化物，可改善钢的性能，这时氮不应视为有害元素。

（6）钛和钒。钛是强脱氧剂，能细化晶粒，显著提高钢的强度并改善韧性，减小时效敏感性，改善可焊性，但塑性稍有降低，是常用的合金元素。

钒可细化晶粒，有效地提高强度，减少钢材时效敏感性。钒与碳、氮、氧等有害元素的亲和力很强，会增加焊接时的淬硬倾向。

9.5 钢材的强化

9.5.1 钢材的冷加工及时效

在钢材使用前，于常温条件下进行加工，使其性能发生变化的工艺过程称为冷加工。冷加工的主要目的是提高钢材的屈服强度，节约钢材。但冷加工往往导致塑性、韧性及弹性模量的降低。工程中常用的冷加工形式有冷拉、冷拔和冷轧。以冷拉和冷拔应用最为广泛。

随着时间延长，钢材强度逐渐提高，塑性、韧性下降的现象，称为“时效”。将冷拉过的钢材试件在常温下存放 15 ~20d 或在 100 ~200℃条件下存放很短时间，都可使钢材的强度得到提高，而其塑性和韧性则将降低。前者为自然时效，后者为人工时效。时效还可使冷拉损失的弹性模量基本恢复，硬度增加，但塑性和韧性将进一步降低。

图 9-9 为钢筋的冷拉及时效曲线。图中 OBCD 为未经冷拉时的应力应变曲线。将试件拉至超过屈服点 B 的 K 点，然后卸去荷载，由于试件已经产生塑性变形，故曲线沿 KO′下降而不能回到原点。如将此试件立即重新拉伸，则新的应力应变曲线为 O′KCD，即以 K 点为新的屈服点。屈服强度得到了提高。若从 K 点卸荷后，不立即重新拉伸，而将试件进行时效处理，然后重新拉伸，其应力应变曲线为 $O'KK_1CD$，即 K_1 点成为新的屈服点。

钢材的时效是普遍而长期的过程。未经冷拉的钢材同样存在时效问题。冷拉只是加速了时效发展而已。

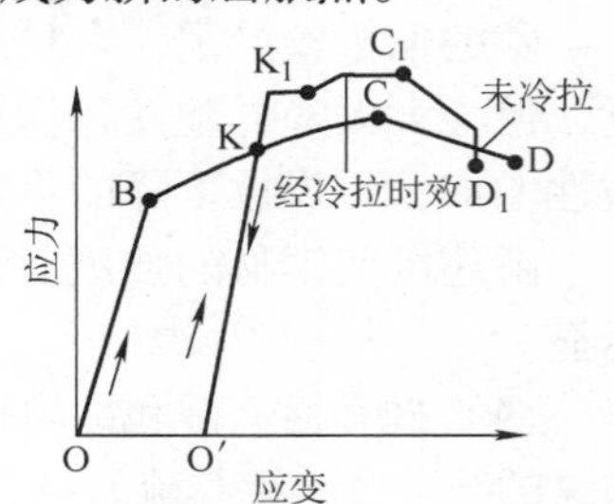

图 9-9　钢筋的冷拉及时效

冷拔是将低碳钢丝（ϕ6mm 以下的盘条）从孔径略小于被拔钢丝直径的硬质拔丝模中强力拔出，使钢丝断面减小，长度伸长的工艺过程。

冷轧是使低碳钢丝通过硬质轧辊，在钢丝表面轧制出呈一定规律分布的轧痕。冷拔、冷轧后的钢丝，强度、硬度明显提高，塑性、韧性则显著下降。

建筑工程中的冷加工，主要是对钢筋的冷拉和钢丝的冷拔。其意义在于：

（1）冷加工具有明显的经济效益。如冷拉后屈服强度可提高 15% ~20%，冷拔后屈服强度可提高 40% ~90%。作为钢筋混凝土中的受力主筋，可适当减小设计截面或减少配筋量，节约钢材。

（2）冷拉可简化施工工艺。冷拉一方面提高了强度，节约了钢材，同时可使盘条钢筋的开盘、矫直、冷拉三道工序合为一道工序，直条钢筋则可使矫直、除锈、冷拉合为一道工序。

（3）冷加工和时效一般同时采用。应通过试验确定冷拉控制参数和时效方式。一般来讲，强度较低的钢筋宜采用自然时效，强度较高的钢筋则应采用人工时效。

9.5.2　钢材的热处理

热处理是按照一定的制度对钢材进行加热、保温、冷却，以使钢材性能按要求而改变的过程。热处理可改变钢的晶体组织及显微结构，或消除由于冷加工在材料内部产生的内应力，从而改变钢材的力学性能。常用处理方法有以下四种：

1. 淬火

将钢材加热到 723 ~910℃以上（依含碳量而定），保温使其晶体组织完全转变后，立即在水或油中淬冷。淬火后的钢材，硬度大为提高，塑性和韧性明显下降。

2. 回火

将淬火后的钢材在 723℃以下的温度范围内重新加热，保温后按一定速度冷却至室温。回火可消除淬火产生的内应力，恢复塑性和韧性，但硬度下降。根据加热温度可分为高温回火（500～650℃）、中温回火（300～500℃）和低温回火（150～300℃）。加热温度越高，硬度降低越多，塑性和韧性恢复越好。在淬火后随即采用高温回火，称为调质处理。经调质处理的钢材，在强度、塑性和韧性方面均有改善。

3. 退火

将钢材加热到723～910℃以上（依含碳量而定），然后在退火炉中保温，缓慢冷却。退火能消除钢材中的内应力，改善钢的显微结构，细化晶粒，以达到降低硬度、提高塑性和韧性的目的。冷加工后的低碳钢，常在650～700℃的温度下进行退火，提高其塑性和韧性。

4. 正火

正火也称正常化处理，将钢材加热到对723～910℃或更高温度，然后在空气中冷却。正火处理后的钢材，能获得均匀细致的显微结构，与退火处理相比较，钢材的强度和硬度提高，但塑性下降。

9.6　常用建筑钢材的性能

建筑工程中应用的钢材主要分为钢结构用钢和钢筋混凝土结构用钢两大类。

9.6.1　钢结构用钢的性能及选用

钢结构用钢主要有碳素结构钢、优质碳素结构钢与低合金结构钢。

1. 钢结构用钢的性能

（1）碳素结构钢。普通碳素结构钢简称为碳素结构钢。

1）钢牌号表示方法、代号、符号。根据《碳素结构钢》（GB/T 700—2006）规定，碳素结构钢分为Q195、Q215、Q235、Q275四种牌号。牌号由代表钢材屈服强度的字母“Q”、屈服强度数值、质量等级符号（A、B、C、D）和脱氧程度符号四个部分按顺序组成。沸腾钢用“F”表示；镇静钢用“Z”表示；特殊镇静钢用“TZ”表示。当为镇静钢或特殊镇静钢时，“Z”与“TZ”可以省略。

例如：Q235—AF，表示屈服强度为不小于235MPa，质量等级为A级的沸腾碳素结构钢；Q235—A则表示屈服强度、质量等级均相同的镇静或特殊镇静碳素结构钢。

2）技术要求。碳素结构钢的化学成分、拉伸、冲击韧性和弯曲性能应分别符合表9-1、表9-2、表9-3的要求。

表9-1　碳素结构钢的化学成分（GB/T 700—2006）

牌号	统一数字代号①	等级	厚度（或直径）/mm	脱氧方式	化学成分（质量分数）（%）≤				
					C	Si	Mn	P	S
Q195	U11952	—	—	F、Z	0.12	0.30	0.50	0.035	0.040
Q215	U12152	A	—	F、Z	0.15	0.35	1.20	0.045	0.050
	U12155	B							0.045
Q235	U12352	A	—	F、Z	0.22	0.35	1.40	0.045	0.050
	U12355	B			0.20②				0.045
	U12358	C		Z	0.17			0.040	0.040
	U12359	D		TZ				0.035	0.035

（续）

牌号	统一数字代号①	等级	厚度（或直径）/mm	脱氧方式	化学成分（质量分数）（%）≤				
					C	Si	Mn	P	S
Q275	U12752	A	—	F、Z	0.24	0.35	1.50	0.045	0.050
	U12755	B	≤40	Z	0.21			0.045	0.045
			>40		0.22				
	U12758	C	—	Z	0.20			0.040	0.040
	U12759	D		TZ				0.035	0.035

① 表中为镇静钢、特殊镇静钢牌号的统一数字。

② 经需方同意，Q235B 的碳含量可不大于 0.22%。

表 9-2　碳素结构钢的拉伸、冲击性能（GB/T 700—2006）

牌号	等级	屈服强度① R_{eH}/(N/mm²)≤						抗拉强度② R_m/(N/mm²)	断后伸长率 A(%)≥					冲击试验(V 型缺口)	
		厚度(或直径)/mm							厚度(或直径)/mm					温度/℃	冲击吸收功(纵向)/J，不小于
		≤16	>16~40	>40~60	>60~100	>100~150	>150~200		≤16	>16~40	>40~60	>60~100	>100~150		
Q195	—	195	185	—	—	—	—	315~430	33	—	—	—	—	—	—
Q215	A	215	205	195	185	175	165	335~450	31	30	29	27	26	—	—
	B													+20	27
Q235	A	235	225	215	215	195	185	370~500	26	25	24	22	21	—	27③
	B													+20	
	C													0	
	D													-20	
Q275	A	275	265	255	245	225	215	410~540	22	21	20	18	17	—	27
	B													+20	
	C													0	
	D													-20	

① Q195 的屈服强度值仅供参考，不作交货条件。符号 R_{eH} 力学性能名称应为上屈服强度。

② 厚度大于 100mm 的钢材，抗拉强度下限允许降低 20N/mm²。宽带钢（包括剪切钢板）抗拉强度上限不作交货条件。

③ 厚度小于 25mm 的 Q235B 级钢材，如供方能保证冲击吸收功值合格，经需方同意，可不作检验。

表 9-3　碳素结构钢的冷弯试验（GB/T 700—2006）

牌号	试样方向	冷弯试验 180°，$B=2a$①		牌号	试样方向	冷弯试验 180°，$B=2a$①	
		钢材厚度（或直径）②/mm				钢材厚度（或直径）②/mm	
		≤60	>60~100			≤60	>60~100
		弯心直径 d				弯心直径 d	
Q195	纵	0	—	Q235	纵	a	$2a$
	横	$0.5a$			横	$1.5a$	$2.5a$
Q215	纵	$0.5a$	$1.5a$	Q275	纵	$1.5a$	$2.5a$
	横	a	$2a$		横	$2a$	$3a$

① B 为试样宽度，a 为试样厚度（或直径）。

② 钢材试样厚度（或直径）大于 100mm 时，弯曲试验由双方协商确定。

从表9-1和9-2可以看出，钢的牌号越高，含碳量越高，强度和硬度也越高，但伸长率越低。

普通建筑工程中使用的Q235号钢最多，Q215号钢和Q275号钢次之。Q195及Q215号钢强度低，塑性和韧性好，易于冷弯加工，常用作钢钉、铆钉、螺栓及铁丝等。

Q235号钢含碳量为0.14%~0.22%，属于低碳钢，具有较高的强度，良好的塑性、韧性和可焊性，能满足一般钢结构和钢筋混凝土用钢的要求，加之冶炼方便，成本较低，所以应用十分广泛。

Q275号钢，强度高但塑性和韧性较差，可焊性也差，不易焊接和冷弯加工，可用于轧制钢筋、作螺栓配件等，更多地用于机械零件和工具等。

（2）优质碳素结构钢。优质碳素结构钢按国家标准（GB/T 699—1999）的规定，根据其含锰量不同可分为：普通含锰量钢（含锰量小于0.8%，共20个钢号）和较高含锰量钢（含锰量0.7%~1.2%，共11个钢号）两组。

优质碳素结构钢一般以热轧状态供应，硫、磷等杂质含量比普通碳素钢少，其他缺陷限制也较严格，所以性能好，质量稳定。

优质碳素结构钢的钢号用两位数字表示，它表示钢中平均含碳量的万分数。如45号钢，表示钢中平均含碳量为0.45%。数字后若有“锰”字或“Mn”，则表示属较高含锰量钢，否则为普通含锰量钢。如35Mn钢，表示平均含碳量为0.35%，含锰量为0.7%~1.2%。若是沸腾钢，还应在钢号后面加写“沸”（或F）。

优质碳素结构钢成本较高，在建筑工程上应用不多，仅用于重要结构的钢铸件及高强度螺栓等。如用30、35、40及45号钢作高强度螺栓，45号钢还常用作预应力钢筋的锚具。65、70、75、80号钢可用来生产预应力混凝土用的碳素钢丝、刻痕钢丝和钢绞线。

（3）低合金结构钢。在碳素钢的基础上，加入总量小于5%的合金元素炼成的钢，称为低合金高强度结构钢，简称低合金结构钢。常用的合金元素有硅、锰、钛、钒、铬、镍、铜等。

1）牌号及表示方法。按照《低合金高强度结构钢》（GB/T 1591—2008）规定共分20个钢号。牌号由代表钢材屈服强度的字母“Q”、屈服强度数值、质量等级符号（A、B、C、D、E）三个部分按顺序组成。

例如：Q345D，表示屈服强度为不小于345MPa，质量等级为D级的低合金结构钢。

2）技术要求。表9-4列出了低合金结构钢的力学性能。

3）低合金高强度结构钢的特点。低合金高强度结构钢的含碳量都小于或等于0.2%，多为用氧气转炉、平炉或电炉冶炼的镇静钢，有害杂质少，质量较高且稳定，具有良好的塑性、韧性与适当的可焊性。从表9-4可知，低合金钢的力学性能大大优于普通碳素钢，因此和碳素结构钢相比，采用低合金结构钢可以减轻结构自重，加大结构跨度，节约钢材，经久耐用，特别适合于高层建筑或大跨度结构，是结构钢的发展方向。

2. 钢结构用钢的选择

选择钢材的目的是要做到结构安全可靠，同时用材经济合理。为此，在选择钢材时应考虑下列各因素：

（1）结构或构件的重要性；荷载性质（静载或动载）；连接方法（焊接、铆接或螺栓连接）；工作条件（温度及腐蚀介质）。

表 9-4　低合金高强度结构钢的力学性能（GB/T 1591—2008）

牌号	质量等级	拉伸试验																							冲击试验 冲击吸收能量/J，≥			
		屈服强度/MPa，≥									抗拉强度/MPa，≥								断后伸长率（%），≥						温度/℃	公称厚度		
		≤16	16 ~ 40	40 ~ 63	63 ~ 80	80 ~ 100	100 ~ 150	150 ~ 200	200 ~ 250	250 ~ 400	≤40	40 ~ 63	63 ~ 80	80 ~ 100	100 ~ 150	150 ~ 250	250 ~ 400	≤40	40 ~ 63	63 ~ 80	80 ~ 100	100 ~ 150	150 ~ 250		12 ~ 150	150 ~ 250	250 ~ 400
Q345	A	345	335	325	315	305	285	275	265	—	470 ~ 630	470 ~ 630	470 ~ 630	470 ~ 630	450 ~ 600	450 ~ 600	—	20	19	19	18	17	—	—	—	—	—
	B																							20	34	34	—
	C																	21	20	20	19	18	17	0			
	D									265							450 ~ 600							-20			27
	E																							-40			
Q390	A	390	370	350	330	330	310	—	—	—	490 ~ 650	490 ~ 650	490 ~ 650	490 ~ 650	470 ~ 620	—	—	20	19	19	18	—	—	—	—	—	—
	B																							20	34	—	—
	C																							0			
	D																							-20			
	E																							-40			
Q420	A	420	400	380	360	360	340	—	—	—	520 ~ 680	520 ~ 680	520 ~ 680	520 ~ 680	500 ~ 650	—	—	19	18	18	18	—	—	—	—	—	—
	B																							20	34	—	—
	C																							0			
	D																							-20			
	E																							-40			

（续）

牌号	质量等级	拉伸试验																							冲击试验 冲击吸收能量/J，≥			
		屈服强度/MPa，≥									抗拉强度/MPa，≥							断后伸长率（%），≥						温度/℃	公称厚度		
		≤16	16 ~ 40	40 ~ 63	63 ~ 80	80 ~ 100	100 ~ 150	150 ~ 200	200 ~ 250	250 ~ 400	≤40	40 ~ 63	63 ~ 80	80 ~ 100	100 ~ 150	150 ~ 250	250 ~ 400	≤40	40 ~ 63	63 ~ 80	80 ~ 100	100 ~ 150	150 ~ 250		12 ~ 150	150 ~ 250	250 ~ 400
Q460	C																							0			
	D	460	440	420	400	400	380	—	—	—	550 ~ 720	550 ~ 720	550 ~ 720	550 ~ 720	530 ~ 700	—	—	17	16	16	16	—	—	-20	34	—	—
	E																							-40			
Q500	C																							0	55	—	—
	D	500	480	470	450	440	—	—	—	—	610 ~ 770	600 ~ 760	590 ~ 750	540 ~ 730	—	—	—	17	17	17	—	—	—	-20	47	—	—
	E																							-40	31	—	—
Q550	C																							0	55	—	—
	D	550	530	520	500	490	—	—	—	—	670 ~ 830	620 ~ 810	600 ~ 790	590 ~ 780	—	—	—	16	16	16	—	—	—	-20	47	—	—
	E																							-40	31	—	—
Q620	C																							0	55	—	—
	D	620	600	590	570	—	—	—	—	—	710 ~ 880	690 ~ 880	670 ~ 880	—	—	—	—	15	15	15	—	—	—	-20	47	—	—
	E																							-40	31	—	—
Q690	C																							0	55	—	—
	D	690	670	660	640	—	—	—	—	—	770 ~ 940	750 ~ 920	730 ~ 900	—	—	—	—	14	14	14	—	—	—	-20	47	—	—
	E																							-40	31	—	—

注：表中钢材厚度单位均为 mm。

（2）对于重要结构、直接承受动荷载的结构、处于低温条件下的结构及焊接结构，应选用质量较好的钢材。

在Q235A钢的保证项目中，碳含量、冷弯试验合格和冲击韧性值并未作为必要的保证条件，所以只宜用于不直接承受动力作用的结构中。当用于焊接结构时，其质量证明书中应注明碳含量不超过0.2%。对于需要验算疲劳的焊接结构，应采用具有常温冲击韧性合格证的B级钢。当这类结构冬季处于温度较低的环境时，若工作温度在0℃和-20℃之间，Q235和Q345应选用具有0℃冲击韧性合格的C级钢，Q390和Q420则应选用-20℃冲击韧性合格的D级钢。若工作温度低于-20℃，则钢材的质量级别还要提高一个等级，Q235和Q345选用D级钢而Q390和Q420选用E级钢。非焊接的构件发生脆性断裂的危险性比焊接结构小些，对材质的要求可比焊接结构适当放宽，但需要验算疲劳的构件仍应选用有常温冲击韧性保证的B级钢。当工作温度等于或低于-20℃时，Q235和Q345应选用C级钢，Q390和Q420则应选用D级钢。

当选用Q235A、B级钢时，还需要选定钢材的脱氧方法。在采用钢模浇铸的年代，镇静钢的价格高于沸腾钢，凡是沸腾钢能够胜任的场合就不采用镇静钢。目前大量采用连续浇铸，镇静钢价格高的问题不再存在。因此，可以在一般情况下都用镇静钢。而由于沸腾钢的性能不如镇静钢，因此，沸腾钢不能用于需要验算疲劳的焊接工程、处于低温的焊接工程和需要验算疲劳并且处于低温的非焊接工程。

3. 型钢和钢板的种类及规格

钢结构构件一般宜直接选用型钢，这样可以减少制造工作量，降低造价。型钢尺寸不够合适或构件很大时则用钢板制作。构件间或直接连接或附以连接钢板进行连接。所以，钢结构中的元件是型钢及钢板。型钢有热轧及冷轧两种。

（1）热轧钢板。热轧钢板分厚板和薄板两种，厚板的厚度为4.5～60mm，薄板厚度为0.35～4mm。前者广泛用来组成焊接构件和连接钢板，后者是冷弯薄壁型钢的原料。在图纸中钢板用“厚×宽×长”（单位为mm），前面附加钢板横断面的方法表示，如-12×800×2100等。

（2）热轧型钢。

1）角钢。有等边和不等边角钢两种。等边角钢（也称等肢角钢），以边宽和厚度表示，如L100×10为肢宽100mm、厚10mm的等边角钢。不等边角钢（也叫不等肢角钢）则以两边宽度和厚度表示，如L100×80×8等。我国目前生产的等边角钢，其肢宽为20～200mm，不等边角钢的肢宽为25×16mm～200×125mm。

2）槽钢。我国槽钢有两种尺寸系列，即热轧普通槽钢与热轧轻型槽钢。前者的表示方法如［30a，指槽钢外廓高度为30cm且腹板厚度为最薄的一种；后者的表示方法如［25Q，表示外廓高度为25cm，Q是汉语拼音“轻”的拼音字首。同样号数时，轻型者由于腹板薄及翼缘宽而薄，因而截面积小但回转半径大，能节约钢材减少自重。不过轻型系列的实际产品较少。

3）工字钢。与槽钢相同，工字钢也分为上述的两种尺寸系列：普通型和轻型。与槽钢一样，工字钢外轮廓高度的厘米数即为型号，普通型者当型号较大时腹板厚度分a、b及c三种。轻型的由于壁厚已薄故不再按厚度划分。两种工字钢的表示法如：I32c，I32Q等。

4）H型钢和剖分T型钢。

热轧 H 型钢分为三类：宽翼缘 H 型钢（HW）、中翼缘 H 型钢（HM）和窄翼缘 H 型钢（HN）。H 型钢型号的表示方法是先用符号 HW、HM 和 HN 表示 H 型钢的类别，后面加“高度（mm）×宽度（mm）”，例如 HW300×300，即为截面高度为 300mm，翼缘宽度为 300mm 的宽翼缘 H 型钢。

剖分 T 型钢也分为三类：宽翼缘剖分 T 型钢（TW）、中翼缘剖分 T 型钢（TM）和窄翼缘剖分 T 型钢（TN）。剖分 T 型钢是由对应的 H 型钢沿腹板中部对等剖分而成。其表示方法与 H 型钢类同，如 TN225×200 即表示截面高度为 225mm、翼缘宽度为 200mm 的窄翼缘剖分 T 型钢。

（3）冷弯薄壁型钢。是用 2～6mm 厚的薄钢板经冷弯或模压而成型的。在国外，冷弯型钢所用钢板的厚度有加大范围的趋势，如美国可用到 1in（25.4mm）厚。压型钢板是近年来开始使用的薄壁型材，所用钢板厚度为 0.4～2mm，用作轻型屋面等构件。

9.6.2 钢筋混凝土用钢的性能

按生产方式不同，钢筋混凝土结构用钢可分为热轧钢筋、热处理钢筋、冷拉钢筋、冷轧带肋钢筋、冷轧扭钢筋、冷拔低碳钢丝、预应力钢丝与钢绞线等多种。

1. 热轧钢筋

根据表面特征不同，热轧钢筋分为光圆钢筋和带肋钢筋。根据强度的高低，热轧钢筋又分为不同的强度等级，各强度等级热轧钢筋的技术标准见表 9-5。

表 9-5 钢筋混凝土用热轧钢筋的力学性能与冷弯性能

（GB 1499.1—2008、GB 1499.2—2007）

表面形状	牌号	公称直径/mm	σ_s/MPa	σ_b/MPa	δ_5/MPa	180°冷弯，d 为弯心直径，a 为钢筋公称直径
			不小于			
光圆	HPB300	6～12 14～22	300	420	25	$d=a$
带肋钢筋	HRB335 HRBF335	6～25 28～40 >40～50	335	455	17	$d=3a$ $d=4a$ $d=5a$
	HRB400 HRBF400	6～25 28～40 >40～50	400	540	16	$d=4a$ $d=5a$ $d=6a$
	HRB500 HRBF500	6～25 28～40 >40～50	500	630	15	$d=6a$ $d=7a$ $d=8a$

表 9-5 中，HPB300 为光圆钢筋，其余为热轧带肋钢筋。其牌号由 HPB、HRB 或 HPBF 和规定屈服强度最小值构成。H、P、R、B、F 分别为热轧（Hot rolled）、光圆（Plain）、肋（Ribbed）、钢筋（Bars）、细（Fine）的英文名称的第一个字母。光圆钢筋有 HPB300 一个牌号，热轧带肋钢筋分为 HRB335、HRB400、HRB500 和 HRBF335、HRBF400、HRBF500 等牌号。

钢筋混凝土用热轧钢筋除光圆钢筋为低碳钢外，其余均为低合金钢。HPB300 钢筋主要用作非预应力混凝土的受力筋或构造筋。HRB335、HRB400、HRBF335、HRBF400 钢筋由于强度较高，塑性和可焊性也好，可用于大中型钢筋混凝土结构的受力筋。HRB500、HRBF500 钢筋虽然强度高，但塑性及可焊性较差，可用作预应力钢筋。

2. 冷轧带肋钢筋

冷轧带肋钢筋是以普通低碳钢或低合金钢热轧盘条为母材，经多道冷轧（拔）减径和一道压痕而成的两面有肋的钢筋。具有较高的强度和较大的伸长率，且粘结锚固性好。这种钢材在国外早已普遍使用，是冷拔低碳钢丝和热轧小型圆钢理想的替代产品。其牌号由 CRB 和钢筋的抗拉强度等级数值表示，CRB 分别是冷轧（Cold rolled）、带肋（Ribbed）和钢筋（Bar）的英文单词的第一个字母。

CRB550 的公称直径范围为 4～12mm，CRB650 及以上的公称直径范围为 4mm、5mm、6mm。其力学性能和工艺性能应符合表 9-6 的要求。

表 9-6 冷轧带肋钢筋的力学性能和工艺性能（GB 13788—2008）

牌号	$R_{P0.2}$/MPa，≥	R_m/MPa，≥	伸长率/%，≥		180°弯曲试验	反复弯曲次数	松弛率初始应力 $\sigma_{con}=0.70\sigma_b$
			$A_{11.3}$	A_{100}			1000h（%），≤
CRB550	500	550	8.0	—	$D=3d$	—	—
CRB650	585	650	—	4.0	—	3	8
CRB800	720	800	—	4.0	—	3	8
CRB970	875	970	—	4.0	—	3	8

注：1. 表中 D 为弯心直径，d 为钢筋公称直径。

2. 反复弯曲试验时，公称直径为 4mm，弯曲直径为 10mm；公称直径为 5mm 和 6mm，弯曲直径为 15mm。

冷轧带肋钢筋可用于没有振动荷载和重复荷载的工业与民用建筑和一般构筑物的钢筋混凝土结构。CRB550 级用作普通钢筋混凝土结构，其他牌号用于预应力混凝土结构。

3. 冷轧扭钢筋

冷轧扭钢筋是由低碳钢热轧圆盘条经专用钢筋冷轧扭机调直、冷轧并冷扭（或冷滚）一次成型，具有规定截面形式和相应节距的连续螺旋状钢筋。

冷轧扭钢筋按其截面形状不同分为三种类型：近似矩形截面为Ⅰ型；近似正方形截面为Ⅱ型；近似球形截面为Ⅲ型。按其强度级别不同分为二级：550 级和 650 级。冷轧扭钢筋的标记由产品名称代号［CTB，冷轧（Cold rolled）、扭转（Twisted）和钢筋（Bars）英文单词的第一个字母］、强度级别代号、标志代号（Φ^T）、主参数代号（标志直径）及类型代号（Ⅰ、Ⅱ、Ⅲ）组成。如 CTB550Φ^T10—Ⅱ，表示冷轧扭钢筋 550 级Ⅱ型，标志直径 10mm。

冷轧扭钢筋刚度大，不易变形，与混凝土粘结握裹力强，可避免混凝土收缩裂缝，保证现浇构件质量，适用于小型梁和板类构件。采用冷轧扭钢筋可减小板类构件的设计厚度、节约混凝土和钢材用量，减轻自重。冷轧扭钢筋还可按下料尺寸成型，根据施工需要和计划进度，将成品钢筋直接供应现场铺设，免除现场加工钢筋的困难，变传统的现场钢筋加工为适度规模的工厂化和机械化生产，节约加工场地。

冷轧扭钢筋的力学性能和工艺性能应符合表 9-7 的要求。

表 9-7　冷轧扭钢筋的力学性能和工艺性能（JG 190—2006）

强度级别	型号	抗拉强度/MPa，不小于	伸长率 A（%），不小于	180°弯曲试验（弯心直径 $=3d$）	应力松弛率（%）（当 $\sigma_{con}=0.70f_{ptk}$）	
					10h	1000h
CTB550	Ⅰ	550	$A_{11.3}\geqslant4.5$	受弯曲部位钢筋表面不得产生裂纹	—	—
	Ⅱ	550	$A\geqslant10$		—	—
	Ⅲ	550	$A\geqslant12$		—	—
CTB650	Ⅲ	650	$A_{100}\geqslant4$		$\leqslant5$	$\leqslant8$

注：1. d 为冷轧扭钢筋的标志直径。

2. A、$A_{11.3}$ 分别表示以标距 $5.65\ (S_0)^{0.5}$ 或 $11.3\ (S_0)^{0.5}$（S_0 为试样原始截面积）的试样拉断伸长率；A_{100} 表示表距为 100mm 的试样拉断伸长率。

3. σ_{con} 为预应力钢筋张拉控制应力；f_{ptk} 为预应力冷轧扭钢筋抗拉强度标准值。

4. 预应力混凝土用钢丝

预应力混凝土用钢丝是用牌号为 60 ~ 80 号的优质碳素钢盘条，经酸洗、冷拉或冷拉再回火等工艺制成，故分为冷拉钢丝与消除应力钢丝两种供货名称。

为了增加钢丝与混凝土间的握裹力，还可制成螺旋肋钢丝和刻痕钢丝。

根据《预应力混凝土用钢丝》（GB/T 5223—2002）规定，钢丝按加工状态分为冷拉钢丝（WCD）和消除应力钢丝两类。消除应力钢丝按松弛性能又分为低松弛级钢丝（WLR）和普通松弛级钢丝（WNR）。钢丝按外形分为光圆（P）、螺旋肋（H）和刻痕（I）三种。标记内容包括预应力钢丝、公称直径、抗拉强度等级、加工状态代号、外形代号和标准号。如预应力钢丝 7.00-1570-WLR-H-GB/T 5223—2002，表示直径为 7.00mm，抗拉强度为 1570MPa 低松弛的螺旋肋钢丝。

预应力混凝土用钢丝主要用在桥梁、电杆、轨枕、吊车梁等预应力混凝土工程。

5. 预应力混凝土用钢棒

预应力混凝土用钢棒（PCB）是用低合金热轧盘圆条经冷加工后（或不经冷加工）淬火和回火制成的钢材。按照钢棒表面形状分为光圆钢棒（P）、螺旋槽钢棒（HG）、螺旋肋钢棒（HR）和带肋钢棒（R）四种。

根据 GB/T 5223.3—2005，标记内容包括预应力钢棒、公称直径、公称抗拉强度、代号、延性级别（延性 35 或延性 25）、松弛（普通松弛 N 或低松弛 L）、标准号。如 PCB9-1420-35-L-HG-GB/T 5223.3 表示公称直径为 9mm，公称抗拉强度为 1420MPa，35 级延性，低松弛预应力混凝土用螺旋槽钢棒。

6. 预应力混凝土用钢绞线

钢绞线是由 2、3 或 7 根 2.5 ~ 5.0mm 的冷拉碳素钢丝绞捻后经一定热处理而制成。其力学性能应符合《预应力混凝土用钢绞线》（GB/T 5224—2004）的规定。

这些产品均属预应力混凝土专用产品，具有强度高、安全可靠、柔性好、与混凝土握裹力强等特点，主要用于薄腹梁、吊车梁、电杆、大型屋架、大型桥梁等预应力混凝土结构中。

钢绞线品种主要有标准型钢绞线（S）、刻痕型钢绞线（I）和模拔型钢绞线（C）。分别是由冷拔光圆钢丝捻制成的钢绞线、由刻痕钢丝捻制成的钢绞线和捻制后再经冷拔成钢绞线。

钢绞线按结构分为五类：用两根钢丝捻制的钢绞线（1×2）；用三根钢丝捻制的钢绞线（1×3）；用三根刻痕钢丝捻制的钢绞线（1×3I）；用七根钢丝捻制的标准型钢绞线（1×7）和用七根钢丝捻制又经模拔的钢绞线（(1×7) C）。标记内容包括：预应力钢绞线、结构代号、公称直径、强度级别和标准号。如：预应力钢绞线 1×7-15.20-1860-GB/T 5224—2003 表示公称直径为 15.20mm，强度级别为 1860MPa 的七根钢丝捻制的标准型钢绞线。

7. 预应力混凝土用螺纹钢筋

预应力混凝土用螺纹钢筋，也称为精轧螺纹钢筋，是一种经采用热轧、轧后余热处理或热处理等工艺生产的钢筋。这种钢筋经热轧后带有不连续的外螺纹，在任意截面处，均可带有匹配形状的内螺纹的连接器或锚具进行连接或锚固。

钢筋强度等级代号为 PSB，是预应力（Prestressing）、螺纹（Screw）和钢筋（Bars）的英文首位字母。如 PSB830 表示屈服强度最小值为 830MPa 的钢筋。

9.7 建筑钢材的验收和储存

9.7.1 建筑钢材验收的基本要求

建筑钢材从钢厂到施工现场经过了商品流通的多道环节，建筑钢材的检验验收是质量管理中必不可少的环节。建筑钢材必须按批进行验收，并达到下述四项基本要求。

1. 订货和发货资料应与实物一致

检验发货码单和质量证明书内容是否与建筑钢材标码标志上的内容相符。对于钢筋混凝土用热轧钢筋、冷轧带肋钢筋和预应力混凝土用钢材（钢丝、钢棒和钢绞线等）必须检查其是否有《全国工业产品生产许可证》。

2. 检查包装

除大中型型钢外，不论是钢筋还是型钢，都必须成捆交货，每捆必须用钢带、盘条或铁丝均匀捆扎结实，端面要求平齐，不得有异常钢材混装现象。

每一捆扎件上一般都拴有两个标牌，上面标有生产企业名称或厂标、牌号、规格、炉罐号、生产日期、带肋钢筋生产许可证和编号等内容。

3. 对建筑钢材质量证明书内容进行审核

质量证明书必须字迹清楚，证明书中应注明：供方名称或厂标；需方名称；发货日期；合同书；标准号及水平等级；牌号；炉罐（批）号、交货状态、加工用途、重量、支数或件数；品种名称、规格尺寸（型号）和级别；标准中所规定的各项检测结果（包括参考性指标）；技术监督部门印记等。

质量证明书应加盖生产单位公章或质检部门检验专用章。若建筑钢材是通过中间供应商购买的，则证明书复印件上应注明购买时间、供应数量、买受人名称、质量证明书原件存放单位，在质量证明书复印件上必须加盖中间供应商的红色印章，并有送交人的签名。

4. 建立材料台帐

建筑钢材进厂后，施工单位应及时建立“建设工程材料采购验收检验使用综合台帐”。监理单位可设立“建设工程材料建立监督台帐”。内容包括：材料名称、规格品种、生产单位、供应单位、进货日期、送货单编号、实收数量、生产许可证编号、质量证明书编号、产品标识（标志）、外观质量情况、材料检验日期、检验报告编号、材料检测结果、工程材料报审表签认日期、使用部位、审核人员签名等。

建筑钢材的实物质量主要是看所送检的钢材是否满足规范及相关标准要求；现场所检测的建筑钢材尺寸偏差是否符合产品标准规定；外观缺陷是否在标准规定的范围内；对于建筑钢材的锈蚀现象各方也应引起足够的重视。

9.7.2 建筑钢材的储存

钢材与周围环境发生化学、电化学和物理等作用，极易产生锈蚀。按锈蚀的环境条件不同，可分为大气锈蚀、海水锈蚀、淡水锈蚀、土壤锈蚀、生物微生物锈蚀、工业介质锈蚀等。

在保管工作中，设法消除或减少介质中的有害组分，如去湿、防尘，以消除空气中所含的水蒸气、二氧化硫、尘土等有害组分，防止钢材的锈蚀，是作好保管工作的核心。

1. 选择适宜的存放处所

风吹、日晒、雨淋等自然因素，对钢材的性能有较大影响，应入库存放；对只忌雨淋，风吹、日晒、潮湿不十分敏感的钢材，可入棚存放；自然因素对其性能影响轻微，或使用前可通过加工措施，消除影响的钢材，可在露天存放。

存放处所，应尽量远离有害气体和粉尘的污染，避免受酸、碱、盐及其气体的侵蚀。

2. 保持库房干燥通风

库、棚地面的种类，影响钢材的锈蚀速度，土地面和砖地面都易返潮，加上采光不好，库、棚内会比露天料场还要潮湿，因此，库棚内应采用水泥地面，正式库房还应作地面防潮处理。

根据库房内、外的温度和湿度情况，进行通风、降潮。有条件的，应加吸潮剂。

相对湿度小时。钢材的锈蚀速度甚微；但相对湿度大到某一限度时，会使锈蚀速度明显加快，称此时的相对湿度为临界湿度。当环境高于临界湿度时，温度越高，锈蚀越快，钢材的临界湿度约为70%。

3. 合理码垛

料垛应稳固，垛位的质量不应超过地面的承载力，垛底要垫高30~50cm。有条件的要采用料架。根据钢材的形状、大小和多少，确定平放、坡放、立放等不同方法。垛形应整齐，便于清点，防止不同品种的混乱。

4. 保持料场清洁

尘土、碎布、杂物都能吸收水分，应注意及时清除。杂草根部易存水，阻碍通风。夜间能排放二氧化碳，必须彻底清除。

5. 加强防护措施

有保管条件的，应以箱、架、垛为单位，进行密封保管。表面涂敷防护剂，是防止锈蚀的有效措施。油性防锈剂易粘土，且不是所有的钢材都能采用，应采用使用方便、效果较好的防锈涂料。

6. 加强计划管理

制定合理的库存周期计划和储备定额，制定严格的库存锈蚀检查计划。

9.8 建筑钢材的技术性能检测

9.8.1 钢筋拉伸性能检测（GB/T 228—2002）

1. 主要仪器设备

（1）万能实验机。

（2）游标卡尺。

2. 试样及其制备

抗拉检测用钢筋试件不得进行车削加工，钢筋试样长度 $L \geqslant L_0 + 3a + 2h$，其中 a 为钢筋直径，原始标距 $L_0 = 5a$，h 为夹持长度。可以用两个或一系列等分小冲击点或细划线标出原始标距（图 9-10），测量标距长度 L_0（精确至 0.1mm）。

3. 检测步骤

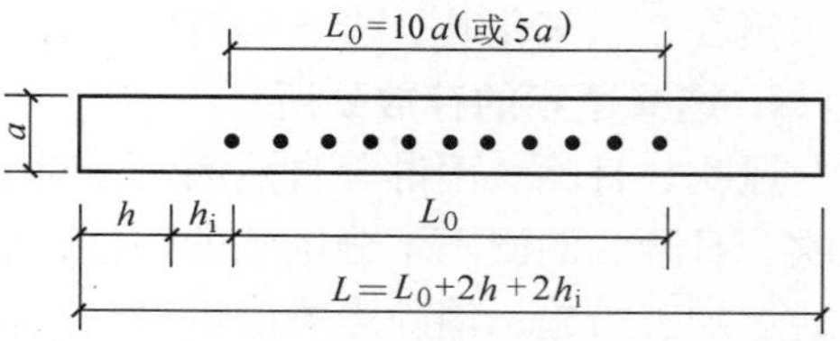

图 9-10　钢筋拉伸试件试验

（1）屈服强度和抗拉强度的检测

1）调整实验机测力度盘的指针对准零点。

2）将试件固定在实验机夹头内，开动实验机进行拉伸。

3）拉伸中，测力度盘的指针停止转动时的恒定荷载，或第一次回转时的最小荷载，即为所求的屈服点荷载 F_{eL}（N）。

4）试件连续施荷直至拉断，由测力度盘读出的最大荷载 F_m（N），即抗拉强度的负荷。

（2）伸长率检测

1）取拉伸前标记间距为 $5a$ 的两个标记为原始标距的标记。原则上只有断裂部位处在原始标距中间 1/3 的范围内为有效。但断后伸长率大于或等于规定值，不管断裂位置处于何处，测量均为有效。

2）将试样断裂的部分仔细地配接在一起，使其轴线处于同一直线上，并确保试样断裂部分适当接触后测量试样断裂后标距 L_u，准确至 ±0.25mm。

4. 检测结果处理

（1）按下两式计算下屈服强度、抗拉强度

$$R_{eL} = \frac{F_{eL}}{S_0} \qquad R_m = \frac{F_m}{S_0} \tag{9-6}$$

式中　R_{eL}——下屈服强度（MPa）；

R_m——抗拉强度（MPa）；

S_0——钢筋的公称横截面积（mm^2）；

F_{eL}——屈服阶段的最小力（N）；

F_m——实验过程中的最大力（N）。

（2）按下式计算断后伸长率

$$A = \frac{L_u - L_0}{L_0} \times 100\% \tag{9-7}$$

式中　A——断后伸长率；

L_u——断后标距（mm）；

L_0——原始标距（mm）。

9.8.2 钢筋弯曲性能检测（GB/T 232—2010）

1. 主要仪器设备

（1）压力机或万能实验机。

（2）弯曲装置。

（3）游标卡尺等。

2. 试样及其制备

检查试件尺寸是否合格，试件长度通常按下式确定：$L \approx 5a + 150\text{mm}$（$a$ 为试件原始直径）。

3. 检测步骤

（1）半导向弯曲。试样一端固定，绕弯心直径进行弯曲，如图 9-11a 所示，试样弯曲到规定的弯曲角度或出现裂纹、裂缝或断裂为止。

（2）导向弯曲

1）试样放置于两个支点上，将一定直径的弯心在试样的两个支点中间施加压力，使试样弯曲到规定的角度，如图 9-11b 所示或出现裂纹、裂缝或断裂为止。

2）试样在两个支点按一定弯心直径弯曲至两臂平行时可一次完成实验，亦可先弯曲到图 9-11b 所示的状态，然后放置在实验机平板之间继续施加压力，压至试样两臂平行。此时可以加与弯心直径相同尺寸的衬垫进实验，如图 9-11c 所示。

当试样需要弯曲至两臂接触时，首先将试样弯曲到试图 9-11b 所示的状态，然后放置在实验机两平板间继续施加压力，直至两臂接触，如图 9-11d 所示。

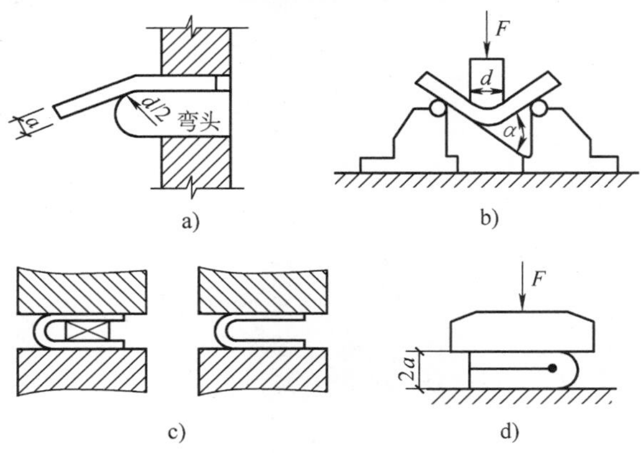

图 9-11　弯曲实验示意图

3）检测应在平稳压力作用下，缓慢施加压力。两支辊间距离为（$d + 3a$）$\pm 0.5a$，并且在检测过程中不允许有变化。

4. 检测结果处理

弯曲后，按有关标准规定检查试样弯曲外表面，进行结果评定。若无裂纹、起皮、裂缝或断裂，则评定试样合格。

思考题与习题

1. 画出低碳钢拉伸时的应力—应变图，并指出弹性极限、屈服强度和抗拉强度，说明屈强比的实用意义。

2. 什么是建筑钢材的冷加工和时效处理？钢筋经冷拉及时效处理后，性能发生了怎样的变化？

3. 简述钢材中碳、硫、磷化学元素对钢材性能的影响规律。

4. 碳素结构钢和优质碳素结构钢是怎样划分牌号的？

5. 在同一批直径为25mm 的钢筋中任意抽取2 根，取样做拉伸试验，测得屈服点荷载分别为171kN、172.8kN，其原始标距长度为125mm，钢筋拉断时的荷载分别为260kN、262kN，拉断后的标距长度分别为147.5mm、149mm。计算该钢筋的屈服强度、抗拉强度和伸长率。

第 10 章　防水防腐工程材料

学 习 要 求

了解石油沥青的组成、胶体结构技术性质及应用特点以及防水防腐材料的分类和特点；掌握常见沥青基防水材料和合成高分子材料的品种、性能和应用，并熟悉与之相关的防水卷材的技术性能测试方法。

防水防腐工程材料（简称防水材料）是用于建筑物的屋面、地下室及水利、地铁、隧道、道路和桥梁等工程，能够防止渗透、渗漏和侵蚀的一大类材料。国内外使用沥青作为防水材料已有很久的历史，直至现在，仍然是以沥青基防水层为主。近年来，防水材料已向改性沥青系列及橡胶和树脂基防水材料发展，防水层的构造已由多层向单层防水方向发展，施工方法已由热熔法向冷粘贴法发展。防水材料品种繁多，其特点各不相同，按材料品种可大致如表 10-1 进行分类。

表 10-1　防水材料的分类及特点

种类	形式	特　　点
防水卷材	1. 无胎体卷材 2. 以纸或织物等为胎体的卷材	1. 拉伸强度高，抵抗基层和结构物变形能力强，防水层不易开裂 2. 防水层厚度可按防水工程质量要求控制 3. 防水层较厚，使用年限长 4. 便于大面积施工
防水涂料	1. 水乳型 2. 溶剂型	1. 防水层薄、重量轻，可减轻屋面荷载 2. 有利于基层形状不规则部位的施工 3. 施工简便，一般为冷施工 4. 抵抗变形能力较差，使用年限短
嵌缝材料	1. 膏状或糊状 2. 固体带状或片状	1. 使用时为膏状或糊状，经过一定时间或氧化处理后为塑性、弹塑性或弹性体 2. 适用于任何形状的接缝和孔槽
		1. 埋入接缝两侧的混凝土中间能与混凝土紧密结合 2. 抵抗变形能力大 3. 防水效果可靠

10.1　沥青

沥青是一种暗褐色至黑色的有机胶凝材料，它是由一些复杂的碳氢化合物及其非金属衍生物组成的混合物，能溶于苯或二硫化碳等溶剂。在常温下呈固体、半固体或液体。

沥青属憎水性材料，它与矿物质材料有较强的粘结力，具有良好的防水、抗渗、耐化学腐蚀性，广泛用于屋面或地下防水工程、防腐蚀工程、道面工程等。

沥青按其获得方式可分为天然沥青、石油沥青和焦油沥青三大类。天然沥青是石油在自然条件下，长时间经受各种地球物理作用而形成的，在自然界中主要以沥青脉、沥青湖及浸泡在多孔岩石或沙土中而存在；石油沥青是石油油分分馏后的残渣加工制成的；焦油沥青则是多种有机物（煤、泥炭、木材等）经干馏得到的焦油，再经加工得到的产物。

10.1.1 石油沥青的组成

石油沥青是由许多高分子碳氢化合物及其非金属（主要为氧、硫、氮等）衍生物组成的复杂混合物。由于沥青的化学组成复杂，对组成进行分析很困难；同时化学组成还不能反映沥青物理性质的差异，因此一般不作沥青的化学分析，只是从使用角度，将沥青中化学成分及性质极为接近并且与物理力学性质有一定关系的成分，划分为若干个组，这些组即称为沥青的组分。在沥青中各组分含量的多少，与沥青的技术性质有着直接关系，石油沥青主要包含油分、树脂和地沥青质三大组分。有关石油沥青各组分的主要特征及其在沥青中的作用见表 10-2。

表 10-2 石油沥青的组分特征及其作用

组分		状态	颜色	比密度	含量/(%)	作用
油分		粘性液体	淡黄色-红褐色	<1	40~60	使沥青具有流动性
树脂	中性、酸性	粘稠的半固体	红褐色-黑褐色	≥1	15~30	中性树脂使沥青具有粘性和塑性；酸性树脂增加沥青与矿物表面的黏附性
地沥青质		粉末状固体颗粒	深褐色-黑褐色	>1	10~30	能提高沥青的粘性和耐热性，但含量增多时，将降低沥青的塑性

石油沥青中尚含有少量蜡。蜡对沥青的温度敏感性有较大影响，高温时使沥青容易发软，低温时会使沥青变得脆硬易裂。此外，蜡会使沥青与骨料的粘附性降低。

10.1.2 石油沥青的胶体结构

在沥青胶体结构中，地沥青质为胶核，树脂被吸附于其表面，并逐渐向外扩散形成胶团，胶团再分散于油分中，形成稳定的胶体体系。

根据沥青中各组分的含量和性质，可将沥青胶体结构分为三种类型：

1. 溶胶结构

沥青中地沥青质的含量很少，沥青胶团由于胶质的胶溶作用，地沥青质完全胶溶分散于油分的介质中，胶团之间没有吸引力或者吸引力极小。液体沥青多属溶胶型结构，这类沥青具有较好的自愈性和低温变形能力，但高温稳定性较差。

2. 溶-凝胶结构

沥青中地沥青质含量适当，并有较多的树脂作为保护物质，它们所组成的胶团之间有一定的吸引力。这类沥青在高温时具有较好的稳定性，低温时又有较好的抗裂性能。

3. 凝胶结构

沥青中地沥青质含量很高，并有相当数量的树脂来形成胶团，胶团互相接触而形成空间网络结构，这种沥青具有明显的弹性效应，温度较高时具有较好的稳定性，但低温时变形能力较差。

10.1.3 石油沥青的性能及应用

1. 石油沥青的技术性能

（1）粘滞性。粘滞性（简称粘性）是指沥青材料在外力作用下沥青粒子产生相互位移时抵抗变形的能力。沥青的粘性不但与沥青的组分有关，而且受温度的影响较大，一般随地沥青质含量增加而增大，随温度升高而降低。沥青的粘性通常用粘度表示，粘度是沥青等级（称为牌号或标号）划分的主要依据。

沥青粘度的测定方法可分为两类：一类为“绝对粘度法”，如用毛细管法测定运动粘度，用真空减压毛细管法测定动力粘度；另一类为“相对粘度法”，如标准粘度法和针入度法。这里重点介绍标准粘度法和针入度法。

1）标准粘度计法。对于液体石油沥青、乳化石油沥青和煤沥青等的相对粘度，可用标准粘度计法测定（图 10-1），它是测定在规定的温度下，通过规定孔径流出 50mL 沥青所需的时间（s），用符号 $C_{T,d}$表示［T 为试验温度（℃）；d 为孔径（mm）］。显然，试验条件相同时，流出时间越长，标准粘度值越大，表明沥青的粘性越大。

2）针入度法。对于粘稠或固体石油沥青的相对粘度，可用针入度仪测定并以针入度表示（图 10-2）。用针入度标准针，贯入规定温度的沥青试样中，贯入的深度（以 1/10mm 为单位计），称为针入度，用 $P_{T,m,t}$表示［T 为试验温度（℃）；m 为标准针、连杆及砝码的总质量（g）；t 为贯入时间（s）］。针入度值越小，表明沥青抵抗变形能力越大，粘性越大。

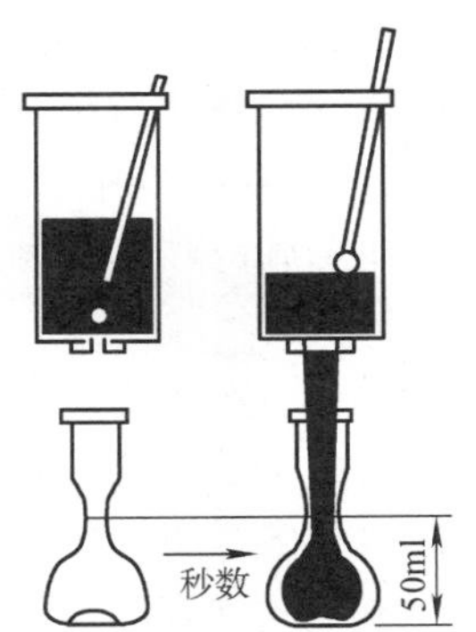

图 10-1　标准稠度测定示意图

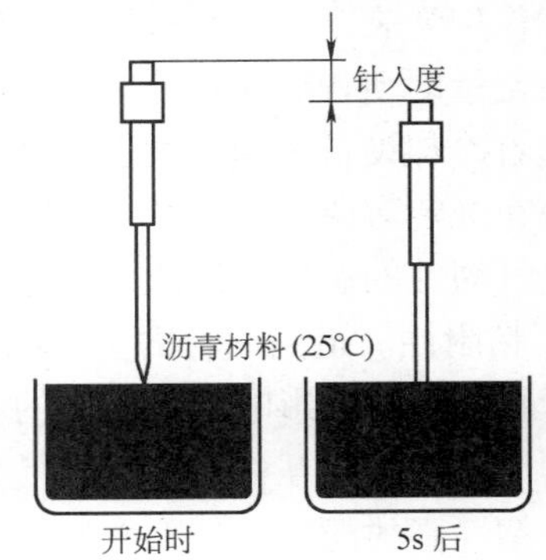

图 10-2　针入度测定示意图

（2）塑性。塑性指石油沥青在外力作用下，产生变形而不破坏，除去外力后，仍保持变形后形状的性质。沥青的塑性与其组分含量、环境温度等因素有关。地沥青质的含量增加，粘性增大，塑性降低；树脂含量较多，沥青胶团膜层增厚，则塑性提高；沥青塑性随温度的升高而增大。在常温下，塑性较好的沥青在产生裂缝时，也可能由于特有的粘塑性而自行愈合。故塑性还反映了沥青开裂后的自愈能力。沥青的塑性对冲击振动荷载有一定吸收能力，并能减少摩擦时的噪声，故沥青除用于制造防水材料外也是一种优良的路面材料。

用以衡量塑性的指标是延度。延度的试验方法是将沥青试样制成 8 字形标准试件，在规定温度下以规定拉伸速度拉断试件时的伸长值（以 cm 计）称为延度。沥青的延度用延度仪来测定（图 10-3）。沥青的延度越大，其塑性越好。沥青的延度决定于沥青的胶体结构和流变性质。沥青中含蜡量增加，会使其延度降低。沥青的复合流动系数 C 值越小，沥青的延度越小。

（3）温度敏感性。温度敏感性是指石油沥青的粘性和塑性随温度升降而变化的性能，主要包括石油沥青的高温稳定性和低温抗裂性。

软化点和脆点分别反映沥青在高温时的稳定性和低温时的抗裂性。

1）软化点。沥青是一种高分子非晶态物质，它没有敏锐的熔点，从固态转变为液态有很宽的温度间隔，故选取该温度间隔中的一个条件温度作为软化点，软化点用环与球法测定：将沥青试样熔融后装入铜环内，冷却后在上面放置一钢球，浸入规定温度的蒸馏水或甘油中，以规定升温速度加热，使沥青软化下坠，当下坠高度为 25. 4mm 时的温度称为软化点（图 10-4）。

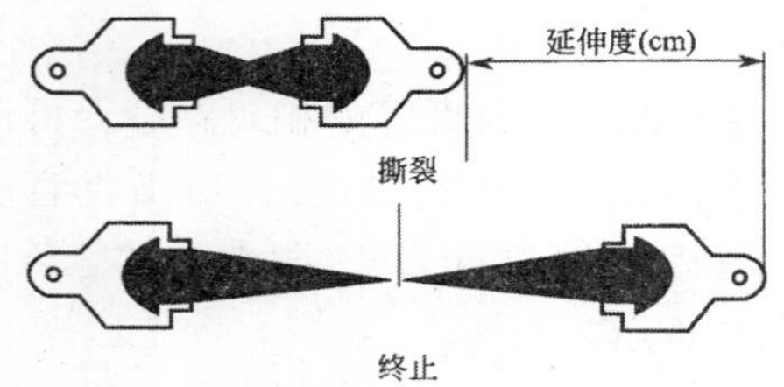

图 10-3　延度测定示意图

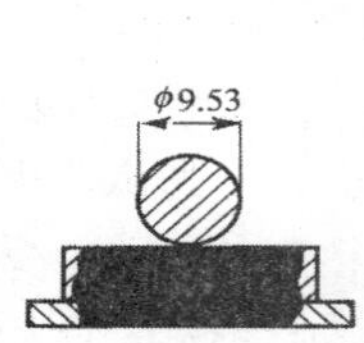

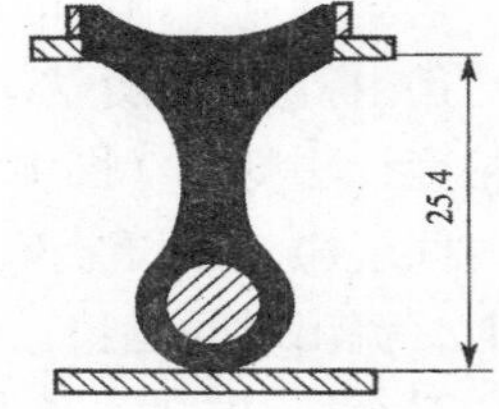

图 10-4　软化点测定示意图

2）脆点。沥青材料随温度的降低，其塑性逐渐降低，脆性逐渐增加。低温时沥青受到瞬时荷载作用常表现为脆性破坏。通常采用弗拉斯脆点作为条件脆性指标。弗拉斯脆点的测定是将一定量的沥青试样在一个标准的金属薄片上摊成光滑的薄膜，置于有冷却设备的脆点仪内。随着冷却设备中制冷剂温度降低，沥青薄膜的温度亦逐渐降低，当降至某一温度时，沥青薄膜在规定弯曲条件下产生裂缝时的温度，即为沥青的弗拉斯脆点。弗拉斯脆点反映了沥青丧失其塑性的温度，因此它也是表征沥青材料塑性的一种量度。

（4）粘附性。道路沥青的主要功能之一是作为粘结剂将骨料粘结成为一个整体。沥青与矿质骨料的粘附性影响沥青路面的质量和耐久性，因此，粘附性是沥青的重要性质。

沥青与骨料的相互作用是一个复杂的物理化学过程。极性组分含量越高的沥青，其粘附性越好；粘性高的沥青，粘附性好。沥青裹覆骨料后的抗水性不仅与沥青的性质有密切的关系，而且亦与骨料的性质有关。憎水性骨料与亲水性骨料相比有更好的抗剥落性能；骨料表面粗糙、孔隙适当，且干燥、洁净，将有利于提高其与沥青的粘附性。掺加抗剥离剂可提高沥青与骨料间的粘附性。

沥青与石料之间的粘附强度与它们之间的吸附作用有密切的关系。沥青中含有一定数量的阴离子型表面活性物质，即沥青酸和酸酐，这种表面活性物质与碳酸盐岩等碱性岩类接触时，能在它们的界面上产生很强的化学吸附作用，因而粘附力大，粘附得很牢固。当沥青与其他类型的骨料（如酸性石料）接触时则不能形成化学吸附，分子间的作用只是范德华力的物理吸附，而水对石料的吸附力很强，所以很易为水所剥落。

评价沥青与骨料粘附性的方法很多，最常用的是水煮法和水浸法，对最大粒径大于 13. 2mm 的骨料采用水煮法；小于或等于 13. 2mm 的骨料采用水浸法。水煮法是选取粒径为 13. 2 ~ 19mm 形状接近立方体的规则骨料 5 个，经沥青裹覆后，在微沸状态的水中浸煮 3min，按沥青膜剥落程度分为 5 个等级来评价沥青与骨料的粘附性。水浸法是选取 9. 5 ~

13.2mm 形状规则的烘干骨料 100g 与 5.5g 的沥青在规定温度条件下拌合，使骨料完全被沥青薄膜裹覆，取裹有沥青薄膜的骨料 20 个，冷却后浸入 80℃ 的恒温水槽中保持 30min，然后按剥离面积百分率来评定沥青与骨料的粘附性。

（5）耐侯性。沥青在自然因素（热、氧、光和水）的作用下，产生不可逆的化学变化，导致其性能劣化的过程，通常称之为“老化”。沥青在老化过程中，其组分会发生明显变化，即油分和树脂逐渐减少，而地沥青质逐渐增多，因此，沥青老化后，其塑性降低，脆性增大，粘附性减弱，性能变差。沥青在各种自然因素长期综合作用下抵抗老化的性能，称为沥青的耐侯性（或大气稳定性）。

沥青耐侯性可采用加热老化的方法来评定，即测定沥青加热前后质量、针入度等技术指标的变化，变化越小，表明耐侯性越好。

（6）安全性。沥青材料在使用时必须加热，当加热至一定温度时，沥青材料中挥发的油分蒸气与周围空气组成混合气体，此混合气体遇火焰则发生闪火。若继续加热，油分蒸气的饱和度增加，由于此种蒸气与空气组成的混合气体遇火焰极易燃烧，而引起溶油车间发生火灾或导致沥青烧坏的损失，为此，必须测定沥青加热闪火和燃烧的温度，即所谓闪点和燃点。

粘稠石油沥青、煤沥青用克利夫兰开口杯法测定闪点和燃点，液体石油沥青用泰格式开口杯法测定其闪点。克利夫兰开口杯法是将沥青试样注入试样杯中，按规定的升温速度加热试样，用规定的方法使点火器的火焰与试样受热时所蒸发的气体接触，初次发生一瞬即灭的蓝色火焰时的试样温度为闪点，试样继续加热时，蒸气接触火焰能持续燃烧时间不少于 5s 时的试样温度为燃点。

2. 石油沥青的技术标准及应用

石油沥青按针入度指标来划分牌号，牌号数字约为针入度的平均值。常用的建筑石油沥青和道路石油沥青的牌号与主要性质之间的关系是：牌号越高，其粘性越小（即针入度越大），塑性越大（即延度越大），温度稳定性越低（即软化点越低）。

（1）道路石油沥青。道路石油沥青适用于各类沥青路面的面层，高速公路、一级公路和城市快速路、主干路铺筑沥青路面时，石油沥青材料的质量要求应符合表 10-3 的规定。其他等级的公路与城市道路，石油沥青材料的质量要求应符合表 10-4 的规定。当沥青牌号不符合使用要求时，可采用几种不同牌号掺配的混合沥青，其掺配比例应由试验决定。掺配时应混合均匀，掺配后的混合沥青应符合表 10-3 或表 10-4 的要求。

表 10-3　重交通道路石油沥青质量要求

试验项目	AH-130	AH-110	AH-90	AH-70	AH-50
针入度(25℃,100g,5s)/0.1mm	120~140	100~120	80~100	60~80	40~60
延度(5cm/min,15℃)/cm,≥	100	100	100	100	80
软化点(环球法)/℃	40~50	41~51	42~52	44~54	45~55
闪点(COC)/℃,≥	230				
含蜡量(蒸馏法)/%,≤	3				
密度(15℃)/(g/cm^3)	实测记录				
溶解度(三氯乙烯)/%,≥	99.0				

（续）

试验项目		AH-130	AH-110	AH-90	AH-70	AH-50
薄膜加热试验 163℃,5h	质量损失/%,≤	1.3	1.2	1.0	0.8	0.6
	针入度比/%,≥	45	48	50	55	58
	延度(25℃)/cm,≥	75	75	75	50	40
	延度(15℃)/cm	实测记录				

表 10-4 中、轻交通道路石油沥青质量要求

试验项目		A-200	A-180	A-140	A-100 甲	A-100 乙	A-60 甲	A-60 乙
针入度/0.1mm(25℃,100g,5s)		200~300	160~200	120~160	90~120	80~120	50~80	40~80
延度(5cm/min,25℃)/cm,≥		—	100	100	90	60	70	40
软化点(环球法)/℃		30~45	35~45	38~48	42~52	42~52	45~55	45~55
闪点(COC)/℃,≥		180	200	230	230	230	230	230
溶解度(三氯乙烯)/%,≥		99.0						
蒸发损失试验 163℃,5h	质量损失/%,≤	1.0						
	针入度比/%,≥	50	60	60	65	65	70	70

沥青贮运站及沥青混合料拌和厂应将不同来源、不同牌号的沥青分开存放，不得混杂。在使用期间，贮存沥青的沥青罐或贮油池中的温度不宜低于130℃，并不得高于180℃。在冬季停止施工期间，沥青可在低温状态下存放。经较长时间存放的沥青在使用前应抽样检验，不符合质量要求的不得使用。

此外，粘性较大、软化点较高的道路石油沥青还可用作密封材料、胶粘剂或沥青涂料。

（2）建筑石油沥青。建筑石油沥青主要用于屋面及地下防水、沟槽防水和防腐工程。对高温地区及受日晒部位，为了防止沥青受热软化，应选用牌号较低的沥青；如作为屋面用沥青，其软化点应比本地区屋面可能达到的最高温度高20~25℃，以免夏季流淌。对寒冷地区，不仅要考虑冬季低温时沥青易脆裂而且要考虑受热软化，故宜选用中等牌号的沥青；对不受大气影响的部位，可选用牌号较高的沥青，如用于地下防水工程的沥青，其软化点可不低于40℃。当缺乏所需牌号的沥青时，可用不同牌号的沥青进行掺配。

（3）普通石油沥青。普通石油沥青含有害成分的蜡较多，一般含量大于5%，有的达20%以上，故又称多蜡石油沥青。普通石油沥青温度敏感性较大，达到液态时的温度与其软化点温度相差很小。与软化点大体相同的建筑石油沥青相比，粘性较小，塑性较差。故在土木工程上不宜直接使用。普通石油沥青可以采用吹气氧化法改善其性能，该法是将沥青加热脱水，加入少量（约1%）的氧化锌，再加热（不超过280℃）吹气进行处理的，使蜡分氧化和挥发。处理过程以沥青达到要求的软化点和针入度为止。

建筑石油沥青与普通石油沥青的技术标准见表10-5。

3. 沥青的掺配

某一种牌号的石油沥青往往不能满足工程技术要求，因此需用不同牌号沥青进行掺配。在进行掺配时，为了不使掺配后的沥青胶体结构破坏，应选用表面张力相近和化学性质相似的沥青。试验证明同产源的沥青容易保证掺配后的沥青胶体结构的均匀性。所谓同产源是指同属石油沥青，或同属煤沥青。

表 10-5　建筑石油沥青与普通石油沥青的技术标准

指标＼牌号	建筑石油沥青		普通石油沥青		
	30	10	75	65	55
针入度(25℃,100g,5s)/1/10mm	25~40	10~25	75	65	55
延度(25℃)/cm,≥	3	1.5	2	1.5	1
软化点(环球法)/℃,≥	70	95	60	80	100
溶解度(三氯乙烯,四氯化碳,或苯)/%,≥	99.5	99.5	98	98	98
蒸发损失(160℃,5h)/%,≤	1	1	—	—	—
蒸发后针入度比/%,≥	65	65	—	—	—
闪点(开口)/℃,≥	230	230	230	230	230

两种沥青掺配的比例可用下式估算：

$$Q_1 = \frac{T_2 - T}{T_2 - T_1} \times 100 \tag{10-1}$$

$$Q_2 = 100 - Q_1 \tag{10-2}$$

式中　Q_1——较软沥青用量（%）；

Q_2——较硬沥青用量（%）；

T——掺配后的沥青软化点（℃）；

T_1——较软沥青软化点（℃）；

T_2——较硬沥青软化点（℃）。

【例】 某工程需要用软化点为85℃的石油沥青，现有10号及60号两种，应如何掺配以满足工程需要？

解　由试验测得,10号石油沥青软化点为95℃；60号石油沥青软化点为45℃。

估算掺配用量：

$$60\text{号石油沥青用量} = \frac{95℃ - 85℃}{95℃ - 45℃} \times 100\% = 20\%;$$

$$10\text{号石油沥青用量} = 100\% - 20\% = 80\%。$$

根据估算的掺配比例和在其邻近的比例（5%~10%）进行试配（混合熬制均匀），测定掺配后沥青的软化点，然后绘制“掺配比——软化点”曲线，即可从曲线上确定所要求的掺配比例。

10.2　沥青基防水材料

沥青具有良好的塑性，能加工成良好的柔性防水材料。但沥青耐热性与耐寒性较差，即高温下强度低，低温下缺乏韧性，表现为高温易流淌、低温易脆裂。这是沥青防水屋面渗漏现象严重、使用寿命短的原因之一。沥青是由分子量几百到几千的大分子组成的复杂混合物，但分子量比通常高分子材料（几万到几百万或以上）小得多，而且其分子量最高（几千）的组分在沥青中的比例比较小，因而沥青材料的强度不高、弹性不好。为此，常添加高分子的聚合物对沥青进行改性。高分子的聚合物分子和沥青分子相互扩散、发生缠结，形成凝聚的网络混合结构，因而具有较高的强度和较好的弹性。

主要以改性沥青为基本原料的沥青基防水材料在防水防腐工程中应用广泛。

10.2.1 改性沥青

用于石油沥青改性的聚合物很多，按掺用高分子材料的不同，改性沥青可分为橡胶改性沥青、树脂改性沥青、橡胶树脂共混改性沥青3类。

1. 橡胶改性沥青

在沥青中掺入适量橡胶后，可使沥青在高温下变形性小，常温下弹性较好，低温下塑性较好。常用的橡胶有SBS橡胶、氯丁橡胶、废橡胶等。

2. 树脂改性沥青

在沥青中掺入适量树脂后，可使沥青具有较好的耐高低温性、粘结性和不透气性。常用的树脂有APP（无规聚丙烯）、聚乙烯、聚丙烯等。

3. 橡胶和树脂共混改性沥青

在沥青中掺入适量的橡胶和树脂后，沥青兼具橡胶和树脂的特性，常见的有氯化聚乙烯-橡胶共混改性沥青及聚氯乙烯-橡胶共混改性沥青等。

10.2.2 改性材料

1. SBS改性沥青防水卷材

SBS改性沥青防水卷材是以聚酯纤维无纺布为胎体，以SBS（苯乙烯-丁二烯-苯乙烯）弹性体改性沥青为浸渍涂盖层，以塑料薄膜或矿物细料为隔离层制成的防水卷材。这类卷材具有较高的弹性、延伸率、耐疲劳性和低温柔性，主要用于屋面及地下室防水，尤其适用寒冷地区。以冷法施工或热熔铺贴，适于单层铺设或复合使用。

2. APP改性沥青防水卷材

APP改性沥青防水卷材是以APP（无规聚丙烯）树脂改性沥青浸涂玻璃纤维或聚酯纤维（布或毡）胎基，上表面撒以细矿物粒料，下表面覆以塑料薄膜制成的防水卷材。这类卷材弹塑性好，具有突出的热稳定性和抗强光辐射性，适用于高温和有强烈太阳辐射地区的屋面防水。单层铺设，可冷、热施工。

3. 铝箔塑胶改性沥青防水卷材

铝箔塑胶改性沥青防水卷材是以玻璃纤维或聚酯纤维（布或毡）为胎基，用高分子（合成橡胶或树脂）改性沥青为浸渍涂盖层，以银白色铝箔为上表面反光保护层，以矿物粒料和塑料薄膜为底面隔离层制成的防水卷材。

这种卷材对阳光的反射率高，具有一定的抗拉强度和延伸率，弹性好，低温柔性好，在 −20 ~ 80℃温度范围内适应性较强，抗老化能力强，具有装饰功能，适用于外露防水面层，并且价格较低，是一种中档的新型防水材料。

其他常见的还有再生橡胶改性沥青防水卷材、丁苯橡胶改性沥青防水卷材、PVC改性煤焦油防水卷材等。

4. 溶剂型改性沥青防水涂料

溶剂型改性沥青防水涂料是以沥青、溶剂、改性材料、辅助材料所组成，主要用于防水、防潮和防腐，其耐水性、耐化学侵蚀性均好，涂膜光亮平整，丰满度高。主要品种有：再生橡胶沥青防水涂料、氯丁橡胶沥青防水涂料、丁基橡胶沥青防水涂料等，均为较好的防水涂料。其弹性大、延伸性好、抗拉强度高，能适应基层的变形，并有一定的抗冲击和抗老化性。但由于使用有机溶剂，不仅在配制时易引起火灾，且施工时要求基层必须干燥；有机溶剂挥发时，还会引起环境污染，加之目前溶剂价格不断上扬，因此，除特殊情况外，已较少使用。近年来，着力发展的是水性沥青防水涂料。

（1）溶剂型再生橡胶改性沥青防水涂料。以石油沥青为基料，以橡胶或再生橡胶为改性剂，以高标号汽油为溶剂制成的再生橡胶改性沥青防水涂料，适用于民用及工业建筑物的屋面防水工程、厕浴间、厨房防水；地下室、水池、冷库等的防水、防潮工程；旧油毡屋面的维修工程。

（2）溶剂型氯丁橡胶沥青防水涂料。以氯丁橡胶为改性剂，以芳烃为溶剂的氯丁橡胶改性沥青防水涂料，执行 JC 408AE-2 类材料标准，适用于民用及工业建筑的屋面防水工程、厕浴间、厨房防水；地下室、水池、冷库等的防水防潮工程；旧油毡屋面的维修工程。

5. 水乳型改性沥青防水涂料

（1）水乳型氯丁橡胶沥青防水涂料。以氯丁橡胶胶乳为改性剂，及助剂的配合与沥青乳液混合所形成的稳定橡胶沥青乳状液，适用于民用及工业建筑的屋面工程、厕浴间、厨房防水；地下室、水池等防水、防潮工程；旧油毡屋面的维修。

（2）水乳型再生橡胶沥青防水涂料。以再生橡胶的水分散体为改性剂，及助剂的配合与沥青乳液混合所形成的稳定再生橡胶沥青乳状液，适用于四级建筑的屋面工程、厕浴间、厨房防水；地下室、防潮工程；旧油毡屋面的维修。

6. 改性沥青密封材料

（1）改性沥青基嵌缝油膏。改性沥青基嵌缝油膏是以石油沥青为基料，加入橡胶改性材料及填充料等混合制成的冷用膏状材料。具有优良的防水防潮性能，粘结性好，延伸率高，能适应结构的适当伸缩变形，能自行结皮封膜。可用于嵌填建筑物的水平、垂直缝及各种构件的防水，使用很普遍。

（2）聚氯乙烯胶泥和塑料油膏。聚氯乙烯胶泥和塑料油膏是由煤焦油和聚氯乙烯树脂和增塑剂及其他填料加热塑化而成。胶泥是橡胶状弹性体，塑料油膏是在此基础上改进的热施工塑性材料，施工使用热熔后成为黑色的粘稠体。其特点是耐温性好，使用温度范围广，适合我国大部分地区的气候条件和坡度，粘结性好，延伸回复率高，耐老化，对钢筋无锈蚀。适用于各种建筑、构筑物的防水、接缝。

聚氯乙烯胶泥和塑料油膏原料易得，价格较低，除适用于一般性建筑嵌缝外，还适用于有硫酸、盐酸、硝酸和氢氧化钠等腐蚀性介质的屋面工程和地下管道工程。

10.3 合成高分子防水材料

合成高分子防水材料具有抗拉强度高、延伸率大、弹性强、高低温特性好、防水性能优异的特性。合成高分子基防水材料中常用的高分子有三元乙丙橡胶、氯丁橡胶、有机硅橡胶、聚氨酯、丙烯酸酯、聚氯乙烯树脂等。

合成高分子防水卷材是以合成橡胶、合成树脂或他们两者的共混体为基材，加入适量的化学助剂、填充料等，经过塑炼、混炼、压延或挤出成型、硫化、定型、检验、分卷、包装等工序加工制成的无胎防水材料。具有抗拉强度高、断裂延伸率大、抗撕裂强度好、耐热耐低温性能优良、耐腐蚀、耐老化、单层施工及冷作业等优点。是继改性石油沥青防水卷材之后发展起来的性能更优的新型高档防水材料，显示出独特的优异性。在我国虽仅有十余年的发展史，但发展十分迅猛。现在可生产三元乙丙橡胶、丁基橡胶、氯丁橡胶、再生橡胶、聚氯乙烯、氯化聚乙烯、氯磺化聚乙烯等几十个品种。

10.3.1 三元乙丙橡胶防水卷材

三元乙丙橡胶防水卷材是以乙烯、丙烯和双环戊二烯 3 种单体共聚合成的三元乙丙橡胶为主体，掺入适量的丁基橡胶、硫化剂、促进剂、软化剂、补强剂和填充剂等，经密炼、拉片、过滤、挤出（或压延）成型、硫化、检验、分卷、包装等工序加工制成的高弹性防水材料。三元乙丙橡胶防水卷材，与传统的沥青防水材料相比，具有防水性能优异，耐候性好，耐臭氧及耐化学腐蚀性强、弹性和抗拉强度高、对基层材料的伸缩或开裂变形适应性强、质量轻，使用温度范围宽（-60～+120℃），使用年限长（30～50 年），可以冷施工，施工成本低等优点。适宜高级建筑防水，既可单层使用，也可复合使用。施工用冷粘法或自粘法。

10.3.2 聚氯乙烯（PVC）防水卷材

聚氯乙烯防水卷材是以聚氯乙烯树脂为主要原料，加入一定量的稳定剂、增塑剂、改性剂、抗氧剂及紫外线吸收剂等辅助材料，经捏合、混炼、造粒、挤出或压延等工序制成的防水卷材，是我国目前用量较大的一种卷材。这种卷材具有较高的拉伸和撕裂强度，延伸率较大，耐老化性能好，耐腐蚀性强。其原料丰富、价格便宜、容易粘结，适用屋面、地下防水工程和防腐工程。单层或复合使用，冷粘法或热风焊接法施工。

聚氯乙烯防水卷材，根据基料的组分及其特性分为两种类型，即 S 型和 P 型。S 型是以煤焦油与聚氯乙烯树脂混溶料为基料的柔性卷材；P 型是以增塑聚氯乙烯为基料的塑性卷材。S 型防水卷材厚度为：1.80mm，2.00mm，2.50mm；P 型防水卷材厚度为：1.20mm，1.50mm，2.00mm。卷材宽度为：1000mm，1200mm，1500mm，2000mm。

10.3.3 氯化聚乙烯防水卷材

氯化聚乙烯防水卷材，是以含氯量为 30%～40% 的氯化聚乙烯树脂为主要原料，掺入适量的化学助剂和大量的填充材料，采用塑料（或橡胶）的加工工艺，经过捏合、塑炼、压延等工序加工而成，属于非硫化型高档防水卷材。

氯化聚乙烯防水卷材分为两种类型：Ⅰ型和Ⅱ型。Ⅰ型防水卷材是属于非增强型的；Ⅱ型是属于增强型的。其规格厚度可分为 1.00mm，1.20mm，1.50mm，2.00mm；宽度为 900mm，1000mm，1200mm，1500mm。

10.3.4 氯化聚乙烯-橡胶共混防水卷材

氯化聚乙烯-橡胶共混防水卷材是以氯化聚乙烯树脂与合成橡胶为主体，加入硫化剂、促进剂、稳定剂、软化剂及填料等，经塑炼、混炼、过滤、压延或挤出成型及硫化等工序制成的防水卷材。

这类卷材既具有氯化聚乙烯的高强度和优异的耐久性，又具有橡胶的高弹性和高延伸性以及良好的耐低温性能。其性能与三元乙丙橡胶卷材相近，使用年限保证10年以上，但价格却低得多。与其配套的氯丁粘结剂，较好地解决了与基层粘结问题。属中、高档防水材料，可用于各种建筑、道路、桥梁、水利工程的防水，尤其是适用寒冷地区或变形较大的屋面。单层或复合使用，冷粘法施工。

10.3.5 氯磺化聚乙烯防水卷材

氯磺化聚乙烯防水卷材是以氯磺化聚乙烯橡胶为主，加入适量的软化剂、交联剂、填料、着色剂后，经混炼、压延或挤出、硫化等工序加工而成的弹性防水卷材。

氯磺化聚乙烯防水卷材的耐臭氧、耐老化、耐酸碱等性能突出，且拉伸强度高、耐高低温性好、断裂伸长率高，对防水基层伸缩和开裂变形的适应性强，使用寿命为15年以上，属于中、高档防水卷材。氯磺化聚乙烯防水卷材可制成多种颜色，用这种彩色防水卷材做屋面外露防水层可起到美化环境的作用。氯磺化聚乙烯防水卷材特别适宜用于有腐蚀介质影响的部位做防水与防腐处理，也可用于其他防水工程。

氯磺化聚乙烯防水卷材的技术要求主要有不透水性、断裂伸长率、低温柔性、拉伸强度等。

10.3.6 聚氨酯防水涂料

聚氨酯防水涂料有单组分和双组分两类。其中单组分涂料的物理性能和施工性能均不及双组分涂料，故我国自20世纪80年代聚氨酯防水涂料研制成功以来，主要应用双组分聚氨酯防水涂料。双组分聚氨酯防水涂料产品，甲组分是聚氨酯预聚体，乙组分是固化剂等多种改性剂组成的液体；按一定的比例混合均匀，经过固化反应，形成富有弹性的整体防水膜。

聚氨酯防水涂料又分为有焦油型和无焦油型。有焦油型即是以焦油等填充剂、改性剂组成固化剂。有焦油型的耐久性和反应速度、性能稳定性及其他性能指标低于无焦油型聚氨酯防水涂料。

这两类聚氨酯防水涂料形成的薄膜具有优异的耐候性、耐油性、耐碱性、耐臭氧性、耐海水侵蚀性，使用寿命为10～15年，而且强度高、弹性好、延伸率大（可达350%～500%）。

聚氨酯防水涂料与混凝土、马赛克、大理石、木材、钢材、铝合金粘结良好，且耐久性较好。其中无焦油聚氨酯防水涂料色浅，可制成铁红、草绿、银灰等彩色涂料，且涂膜反应速度易于控制，属于高档防水涂料。主要用于中高级建筑的屋面、外墙、地下室、卫生间、贮水池及屋顶花园等防水工程。焦油聚氨酯防水涂料，因固化剂中加入了煤焦油，使涂料粘度降低，易于施工，且价格相对较低，使用量大大超过无焦油聚氨酯防水涂料。但煤焦油对人体有害，不能用于冷库内壁和饮用水防水工程，其他适用范围同无焦油聚氨酯防水涂料。

10.3.7 丙烯酸酯防水涂料

丙烯酸酯防水涂料是以丙烯酸树脂乳液为主，加入适量的颜料、填料等配置而成的水乳型防水涂料。具有耐高低温性好、不透水性强、无毒、无味、无污染、操作简单等优点，可在各种复杂的基层表面上施工，并具有白色、多种浅色、黑色等颜色，使用寿命10~15年。丙烯酸酯防水涂料广泛应用于外墙防水装饰及各种彩色防水层。丙烯酸酯涂料的缺点是延伸率较小，可加入合成橡胶乳液予以改性，使其形成橡胶状弹性涂膜。

10.3.8 硅橡胶防水涂料

硅橡胶防水涂料是以硅橡胶乳液以及其他乳液的复合物为基料，掺入无机填料及各种助剂配制而成的乳液型防水涂料。该涂料兼有涂膜防水和渗透性防水材料的优良特性，具有良好的防水性、渗透性、成膜性、弹性、粘结性、延伸性、耐高低温性、抗裂性、耐氧化性和耐候性，并且无毒、无味、不燃、使用安全。适用于地下室、卫生间、屋面以及地上地下构筑物的防水防渗和渗漏水修补等工程。

硅橡胶防水涂料共有Ⅰ型涂料和Ⅱ型涂料两个品种。Ⅱ型涂料加入了一定量的改性剂，以降低成本，但性能指标除低温韧性略有升高以外，其余指标与Ⅰ型涂料都相同。Ⅰ型涂料和Ⅱ型涂料均由1号涂料和2号涂料组成，涂布时进行复合使用，1号、2号均为单组分，1号涂布于底层和面层，2号涂布于中间加强层。

10.3.9 丙烯酸酯建筑密封膏

丙烯酸酯建筑密封膏是以丙烯酸乳液为胶粘剂，掺入少量表面活性剂、增塑剂、改性剂及颜料、填料等配制而成的单组分水乳型建筑密封膏。这种密封膏具有优良的耐紫外线性能及耐油性、粘结性、延伸性、耐低温性、耐热性和耐老化性能，并且以水为稀释剂，粘度较小，无污染、无毒、不燃，安全可靠，价格适中，可配成各种颜色，操作方便，干燥速度快，保存期长；但固化后有15%~20%的收缩率，应用时应予事先考虑。该密封膏应用范围广泛，可用于钢、铝、混凝土、玻璃和陶瓷等材料的嵌缝防水以及用作钢窗、铝合金窗的玻璃腻子等，还可用于各种预制墙板、屋面板、门窗、卫生间等的接缝密封防水及裂缝修补。

10.3.10 聚氨酯建筑密封膏

聚氨酯建筑密封膏是由多异氰酸酯与聚醚通过加聚反应制成预聚体后，加入固化剂、助剂等在常温下交联固化成的高弹性建筑用密封膏。这类密封膏分单、双组分两种规格。按产品的流变性分为非下垂型（N型）和自流平型（L）两类。聚氨酯建筑密封膏的标记为PU，按拉伸-压缩循环性能分级别。产品外观应为均匀膏状物，无结皮凝胶或不易分散的固体物。

这类密封膏弹性高，延伸率大，粘结力强，耐油、耐磨、耐酸碱、抗疲劳性和低温柔性好，使用年限长。适用于各种装配式建筑的屋面板、楼地板、墙板、阳台、门窗框、卫生间等部位的接缝及施工密封，也可用于贮水池、引水渠等工程的接缝密封、伸缩缝的密封、混凝土修补等。

10.3.11 聚硫建筑密封膏

聚硫建筑密封膏是以液态聚硫橡胶为主剂和金属过氧化物等硫化剂反应，在常温下形成的弹性体。有单组分和双组分两类。我国制定了双组分型《聚硫建筑密封膏》（JC/T 483—2006）的行业标准。产品按伸长率和模量分为 A 类和 B 类。A 类是指高模量低伸长率的聚硫密封膏；B 类是指高伸长率低模量的聚硫密封膏。这类密封膏具有优良的耐候性、耐油性、耐水性和低温柔性，能适应基层较大的伸缩变形，施工适用期可调整，垂直使用不流淌，水平使用时有自流平性，属于高档密封材料。除适用于标准较高的建筑密封防水外，还用于高层建筑的接缝及窗框周边防水、防尘密封；中空玻璃、耐热玻璃周边密封；游泳池、贮水槽、上下管道、冷库等接缝密封。

10.3.12 有机硅密封膏

有机硅密封膏分单组分与双组分。单组分硅橡胶密封膏是以有机硅氧烷聚合物为主，加入硫化剂、硫化促进剂、增强填料和颜料等成份；双组份的主剂虽与单组份相同，但硫化剂及其机理却不同。该类密封膏具有优良的耐热性、耐寒性和优良的耐候性。硫化后的密封膏可在 -20～250℃范围内长期保持高弹性和拉压循环性。并且粘结性能好，耐油性、耐水性和低温柔性优良，能适应基层较大的变形，外观装饰效果好。

按硫化剂种类，单组分型有机硅密封膏又分为醋酸型、醇型、酮肟型等。模量分为高、中、低三档。高模量有机硅密封膏主要用于建筑物结构型密封部位，如高层建筑物大型玻璃幕墙粘结密封，建筑物门、窗、柜周边密封等。中模量的有机硅密封膏，除了具有极大伸缩性的接缝不能使用之外，在其他场合都可以使用。低模量有机硅密封膏，主要用于建筑物的密封部位，如预制混凝土墙板的外墙接缝卫生间的防水密封等。

10.4 防水卷材的技术性能检测

防水卷材技术性能检测内容包括弹性体改性沥青防水卷材的拉力、耐热度、不透水性、低温柔度四项重要指标。

10.4.1 采用标准

（1）《沥青和高分子防水卷材抽样规则》（GB/T 328.1—2007）。

（2）《沥青防水卷材拉伸性能》（GB/T 328.8—2007）。

（3）《沥青和高分子防水卷材不透水性》（GB/T 328.10—2007）。

（4）《沥青防水卷材耐热性》（GB/T 328.11—2007）。

（5）《沥青防水卷材低温柔性》（GB/T 328.14—2007）

（6）《弹性体改性沥青防水卷材》（GB 18242—2008）。

10.4.2 抽样方法与数量

抽样根据相关方协议的要求，若没有这种协议，抽样方法可按图 10-5 进行，抽样数量可按表 10-6 所示进行，不要抽取损坏的卷材。

表 10-6　抽样数量（GB/T 328.1—2007）

批量/m²		样品数量/卷	批量/m²		样品数量/卷
以上	直至		以上	直至	
—	1000	1	2500	5000	3
1000	2500	2	5000	—	4

10.4.3　仪器设备

（1）电子拉力机。有足够的量程（至少 2000N）和夹具的移动速度［(100 ± 10) mm/min］，夹具夹持宽度不小于 50mm。

（2）鼓风干燥箱。温度范围为 0 ~ 300℃，精度为 ± 2℃。

（3）热电偶。连接到外面的电子温度计，在规定范围内能测量到 ± 1℃。

（4）悬挂装置。至少 100mm 宽，能夹住试件的整个宽度在一条线，并被悬挂在检测区域。

（5）光学测量装置（如读数放大镜）。刻度至少 0.1mm。

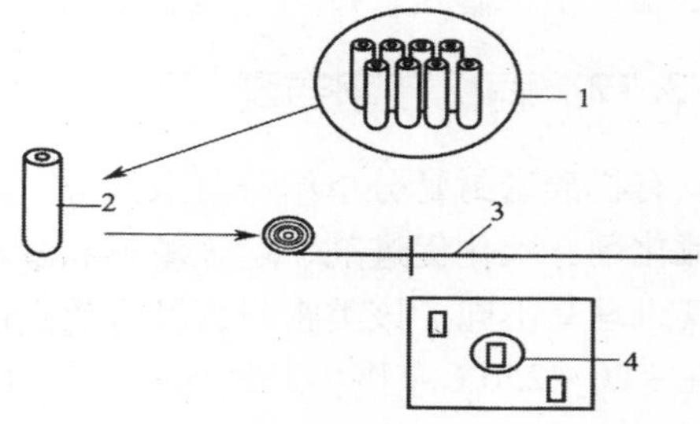

图 10-5　抽样方法

1—交付批　2—样品　3—试样　4—试件

（6）油毡不透水仪。主要由液压系统、测试管路系统、夹紧装置和三个透水盘等部分组成，透水盘底座为 92mm，透水盘金属压盖上有 7 个均匀分布的直径 25mm 透水孔。压力表测量范围为 0 ~ 0.6MPa，精度 2.5 级。其测试原理如图 10-6 所示。

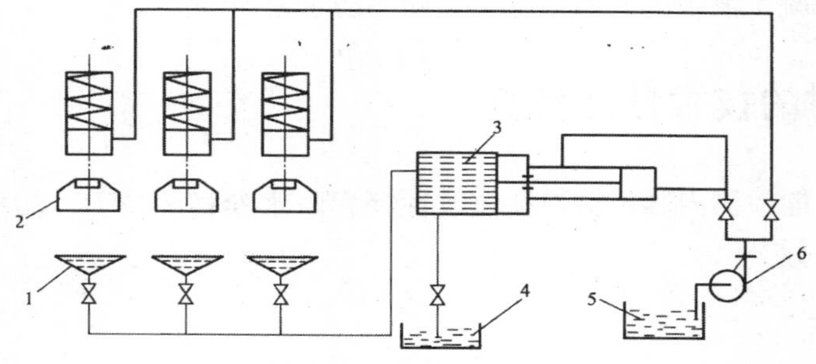

图 10-6　不透水仪测试原理图

1—试座　2—夹脚　3—水缸　4—水箱　5—油箱　6—油泵

（7）低温柔度检测装置。如图 10-7 所示，该装置由两个直径（20 ± 0.1）mm 不旋转的圆筒、一个直径（30 ± 0.1）mm 的圆筒或半圆筒弯曲轴组成（可以根据产品规定采用其他直径的弯曲轴，如 20mm、50mm），该轴在两个圆筒中间，能向上移动。两个圆筒间的距离可以调节，即圆筒和弯曲轴间的距离能调节为卷材的厚度。

整个装置浸入能控制温度在 ± 20 ~ －40℃、精度 0.5℃温度条件的冷冻液中。冷冻液用任一混合物；试件在液体中的位置应平放且完全浸入，用可移动的装置支撑，该支撑装置应至少能放一组 5 个试件。

检测时，弯曲轴从下面顶着试件以360mm/min的速度升起，这样试件能弯曲180°，电动控制系统能保证在每个检测过程和检测温度的移动速度保持在（360 ±40） mm/min。裂缝通过目测检查，在检测过程中不应有任何人为的影响。

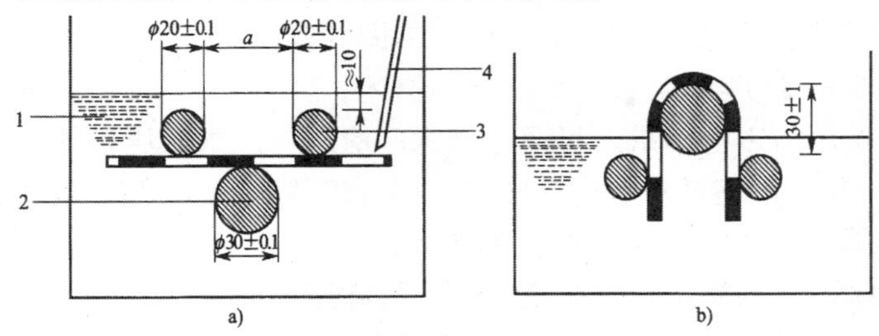

图10-7　检测装置原理和弯曲过程（单位：mm）

a）开始弯曲　b）弯曲结束

1—冷冻液　2—弯曲轴　3—固定圆筒　4—半导体温度计（热敏探头）

10.4.4　检测方法

1. 拉伸性能及延伸率的检测

（1） 试件制备

1） 整个拉伸检测应制备两组试件，一组纵向5个试件，一组横向5个试件。试件在试样上距边缘100mm以上任意截取，用模板或用裁刀，矩形试件宽为（50 ±0.5） mm，长为（200mm +2 ×夹持长度），长度方向为检测方向。表面非持久层应去除。

2） 试件检测前在（23 ±2)℃和相对湿度30% ~70%的条件下至少放置20h。

（2） 检测步骤。将试件紧紧地夹在电子拉力机的夹具中，注意试件长度方向的中线与拉力机夹具中心在一条线上。夹具间距离为（200 ±2） mm，为防止试件从夹具中滑移，应作标记。当用引伸仪时，检测前应设置标距间距离为（180 ±2） mm。为防止试件产生任何松弛，推荐加载不超过5N的力。检测在（23 ±2)℃进行，夹具移动的恒定速度为（100 ±10） mm/min，连续记录拉力和对应的夹具间距离。

（3） 结果计算及评定

1） 记录得到的拉力和距离，或数据记录最大的拉力和对应的由夹具间距离与起始距离的百分率计算所得的延伸率。

2） 去除任何在夹具10mm以内断裂或拉力机夹具中滑移超过极限值的试件的检测结果，用备用件重测。

3） 最大拉力单位为N/50mm，对应的延伸率用百分率表示，作为试件同一方向结果。

4） 分步记录每个方向5个试件的拉力值和延伸率，计算平均值。

5） 拉力的平均值修约到5N，延伸率的平均值修约到1%。

2. 不透水性检测

（1） 试件制备

1） 试件在卷材宽度方向均匀截取，最外一个距卷材边缘100mm。试件的纵向与产品的纵向平行并标记。

2） 试件直径不小于盘外径（约130mm）。

3） 检测前试件在（23 ±5)℃下放置至少6h。

（2）检测步骤

1）将洁净水注满水箱，将仪器压母松开，3 个截止阀逆时针方向开启，启动油泵或用气筒加压，将管路中空气排净，当 3 个试座充满水并连接溢出状态时，关闭 3 个截止阀。

2）安装试件：注满水后依次把“O”形密封圈、制备好的试件、透水盖板、压圈对中放在透水盘上，然后把 U 形卡插入透水盘上的槽内，并旋紧 U 形卡上的方头螺栓，各压板压力要均匀。如产生压力影响结果，可通过排水阀泄水，达到减压目的。

3）压力保持：打开试座进水阀门，按照试样标准规定压力值加压到规定压力，保持压力值在规定压力范围，并开始记录时间。在测试时间内出现一块试件有渗透时，记录渗水时间，关闭相应的进水阀。当测试达到规定时间即可卸压取出试件。

4）检测完毕后，打开放水阀将水放出，而后将透水盘、密封圈、透水盖板及压圈擦拭干净，关闭机器。

（3）结果评定。当 3 个试件均无透水现象时评定为不透水性合格。

3. 低温柔度检测

（1）试件制备

1）用于低温柔性、冷弯温度测定的试件尺寸（150 ±1）mm ×（25 ±1）mm，试件从试样宽度方向均匀地截取，长边在卷材的纵向，试件截取时应距卷材边缘不少于 150mm，试件应从卷材的一边开始做连续的记号，同时标记卷材的上表面和下表面。

2）去除表面的保护膜。适宜的方法是常温下用胶带粘在上面，冷却到接近假设的冷弯温度，然后从试件上撕去胶带，另一方法是用压缩空气吹；假若上面的方法均不能除去保护膜，那么可以用火焰烤，但注意要用最少的时间破坏膜而不损伤试件。

3）试件检测前应在（23 ±2）℃的平板上放置至少 4h，并且相互之间不能接触，也不能粘在板上。

（2）检测步骤

1）在开始检测前，两个圆筒间的距离（图 10-7）应按试件厚度调节，即：弯曲轴直径 +2mm + 两倍试件的厚度。然后装置放入已冷却的液体中，并且圆筒的上端在冷却液面下约 10mm，弯曲轴在下面的位置（弯曲轴直径根据产品不同可以为 20mm、30mm、50mm）。

2）冷冻液达到规定的温度，误差不超过 0.5℃，试件放于支撑装置上，且在圆筒的上端，保持冷却液完全浸没试件。试件放入冷却液达到规定温度后，开始保持在该温度 1h ± 5min。半导体温度计的位置靠近试件，检查冷冻液温度，然后进行检测。

3）两组各 5 个试件，全部试件按以上规定温度处理后，一组是上表面检测，另一组是下表面检测，检测时将试件放置在圆筒和弯曲轴之间，检测面朝上，然后设置弯曲轴以（360 ±40）mm/min 速度顶着试件向上移动，试件同时绕轴弯曲。轴移动的终点在圆筒上面（30 ±1）mm 处（图 10-7）。试件的表面明显露出冷冻液，同时液面也因此下降。

4）在完成弯曲过程中，在适宜的光源下用肉眼检查试件有无裂缝，必要时，采用辅助光学装置。假若有一条或更多的裂纹从涂盖层深入到胎体层，或完全贯穿无增强卷材，即存在裂缝。一组 5 个试件应分别检测。假若装置的尺寸满足，可以同时检测几组试件。

5）假若沥青卷材的冷弯温度要测定，应按照上述和下面的步骤进行检测。

6）冷弯温度的范围（未知）最初测定，从期望的冷弯温度开始，每隔 6℃检测每个试件，因此每个检测温度都是 6℃的倍数（如 -12℃、-18℃、-24℃等）。从开始导致破坏的最低温度开始，每隔2℃分别检测每组5个试件的上表面和下表面，连续地每次2℃地改变温度，直到每组5个试件分别检测后至少有4个无裂缝，这个温度记录为试件的冷弯温度。

（3）结果评定

1）规定温度的柔度结果。一个检测面5个试件在规定温度至少4个无裂缝为通过，上表面和下表面的检测结果要分别记录。

2）冷弯温度测定的结果。测定冷弯温度时，检测得到的温度应5个试件至少4个通过，此冷弯温度是该卷材检测面的，上表面和下表面的结果应分别记录。

4. 耐热度检测

（1）试件制备

1）矩形试件尺寸（115±1）mm×（100±1）mm，试件均匀地在试样宽度方向裁取，长边是卷材的纵向。试件应距卷材边缘150mm以上，试件从卷材的一边开始连续编号，卷材上表面和下表面应标记。

2）去除任何非持久保护层。适宜方法是常温下用胶带粘在上面，冷却到接近假设的冷弯温度，然后从试件上撕去胶带；另一方法是用压缩空气吹（压力约0.5MPa，喷嘴直径约0.5mm）。若上述方法均不能除去保护膜，那么可以用火焰烤，但注意要用最少的时间破坏膜而不损坏试件。

3）在试件纵向的横断面一边，去除上表面和下表面的大约15mm一条的涂盖层直至胎体，若卷材有超过一层的胎体，去除涂盖料直到另一层胎体，在试件的中间区域的涂盖层也从上表面和下表面的两个接近处去除，直至胎体。为此，可采用热刮刀或类似装置，小心地去除涂盖层不损坏胎体。两个内径约4mm的插销在裸露区域穿过胎体。任何表面浮着的矿物料或表面材料通过轻轻敲打试件去除。然后标记装置放试件两边插入插销定位于中心位置，在试件表面整个宽度方向沿着直边用记号笔垂直画一条线（宽度约0.5mm），操作时试件平放。

4）试件检测前至少放置在（23±2）℃的平面上2h，相互之间不要接触或粘住，有必要时，将试件分别放在硅纸上防止黏结。

（2）检测步骤

1）烘箱预热到规定检测温度，温度通过与试件中心同一位置的热电偶控制。整个检测期间，检测区域的温度波动不超过±2℃。

2）制作一组3个试件，露出的胎体处用悬挂装置夹住，涂盖层不要夹到。必要时，用如硅纸的不粘层包住两面，便于在检测结束时除去夹子。

3）制备好的试件垂直悬挂在烘箱的相同高度，间隔至少30mm。此时烘箱的温度不能下降太多，开关烘箱门放入试件的时间不超过30s。放入试件后加热时间为（120±2）min。

4）加热结束，试件和悬挂装置一起从烘箱中取出，相互间不要接触，在（23±2）℃自由悬挂冷却至少2h。然后去除悬挂装置，在试件两面画第二个标记，用光学测量装置在每个试件的两面测量两个标记底部间最大距离ΔL，精确到0.1mm。

（3）结果评定。计算卷材每个面3个试件的滑动值的平均值，精确到0.1mm。在此温度下，卷材上表面和下表面的滑动平均值不超过2.0mm认为该卷材的耐热性合格。

思考题与习题

1. 石油沥青的主要技术性质是什么？这些性质相应的指标各是什么？如何测定？

2. 工程中选用石油沥青牌号的原则是什么？在地下防潮工程中，如何选择石油沥青的牌号？

3. 某防水工程需石油沥青30t，要求软化点不低于80℃，现有60号和10号石油沥青，测得它们的软化点分别是49℃和98℃，这两种牌号的石油沥青如何掺配？

第 11 章　装饰工程材料

学 习 要 求

了解建筑装饰材料的装饰特性、分类方法，掌握常用装饰材料的主要品种、选用要求及应用。

11.1　装饰材料

装饰材料一般是指主体结构工程完工后，进行室内外墙面、顶棚、地面的装饰和室内外空间布置所需的材料，它是既起到装饰目的，又可以满足一定使用要求的功能性材料。

装饰材料是集材性、工艺、造型设计、色彩、美学于一体的材料。一个时代的建筑物很大程度上受到建筑材料，特别是受到装饰材料的制约。因此，装饰材料是建筑物的重要物质基础。

11.1.1　装饰材料的装饰特性

建筑装饰材料的装饰特性如下。

1. 颜色、光泽度、透明性

颜色是材料对光谱选择吸收的反映。不同颜色的材料给人以不同的感觉，如：红色、橘红色的材料给人一种温暖、热烈、喜庆的感觉；绿色、蓝色的材料给人一种宁静、清凉、寂静的感觉。

光泽度是材料表面方向性反射光线的性质。材料表面越光滑，则光泽度越高。当光线为定向反射时，材料表面具有镜面特征，称镜面反射。不同的光泽度，可改变材料表面的明暗程度，并可以扩大视野或创造不同的虚实对比。

透明性是光线能够透过材料的性质，分为透明体（可透光、透视）、不透明体（既不透光也不透视）和半透明体（介于透明体和不透明体之间）。利用不同的透明度可隔断或调整光线的明暗，造成特殊的光学效果，也可使物象清晰或模糊。

2. 花纹图案、形状、尺寸

利用不同的工艺将材料的表面做成各种不同的表面组织，如：粗糙、平整、光滑、镜面、凹凸、麻点等，或将材料的表面制作成各种花纹图案（或拼镶成各种图案），如山水风景画、人物画、动植物图案、木纹、石纹、陶瓷壁画、拼镶陶瓷锦砖等。

建筑装饰材料的形状和尺寸对装饰效果有很大的影响。改变材料的形状和尺寸，并配合花纹、颜色、光泽等可以拼镶出各种线形和图案，从而获得不同的装饰效果，以满足不同的建筑型体和线形的需要，最大限度地发挥材料的装饰性。

3. 质感

质感是材料的表面组织结构、花纹图案、颜色、色泽、透明性等给人的一种综合感觉，如钢材、陶瓷、木材、玻璃、呢绒等在人的感官中有软硬、轻重、粗犷、细腻、冷暖等不同的感觉。组成相同的材料，可以有不同的质感，如普通玻璃与压花玻璃、镜面花岗石板与剁斧花岗石板材等都有不同的质感。

相同的表面处理形式往往具有相同或类似的质感，但有时并不完全相同，如人造花岗石和仿木纹制品，一般均没有天然的花岗石和木材亲切、真实，而略显得单调、呆板。

4. 其他特性

装饰材料的其他特性主要有耐沾污性、易洁性和耐擦性等。

材料表面抵抗污物作用，保持其原有颜色和光泽的性质，称为材料的耐沾污性。材料易于清洗洁净的性质，称为材料的易洁性。它包括在风、雨等作用下的易洁性（又称自洁性）及在人工清洗作用下的易洁性。

良好的耐沾污性和易洁性是建筑装饰材料历久常新、长期保持其装饰效果的重要保证。用于地面、台面、外墙以及卫生间、厨房等的装饰材料，必须考虑耐沾污性和易洁性。

材料的耐擦性就是材料的耐磨性，分为干擦（称为耐干擦性）和湿擦（称为耐洗刷性）。耐擦性越高，则材料的使用寿命越长。内墙涂料常要求具有较高的耐擦性，地面材料就要求有较好的耐磨性。

11.1.2 装饰材料的分类

1. 根据化学性质分类

从化学性质上，装饰材料可分为有机装饰材料（如木材、塑料、有机涂料等）、无机装饰材料（如天然石材、石膏制品、金属等）和有机—无机复合装饰材料（如铝塑板、彩色涂层钢板等）。无机装饰材料又可分为金属（如铝合金、铜合金、不锈钢等）和非金属（如石膏、玻璃、陶瓷、矿棉制品等）两大类。

2. 根据材质不同分类

根据材质不同，装饰材料可以分为石材类、陶瓷类、玻璃类、木质类、塑料类、有机和无机纤维类、涂料类、金属类、无机胶凝类等。

3. 根据装饰部位分类

按照装饰部位，装饰材料可分为如表 11-1 所示的类别。

表 11-1　装饰材料按装饰部位的分类

序号	类型	举例	
1	墙面装饰材料	涂料类	无机类涂料（石灰、石膏、碱金属硅酸盐、硅溶胶等） 有机类涂料（乙烯树脂、丙烯树脂、环氧树脂等） 有机—无机复合类（环氧硅溶胶、聚合物水泥、丙烯酸硅溶胶等）
		壁纸、墙布类	塑料壁纸、玻璃纤维贴墙布、织锦缎、壁毡等
		软包类	真皮类、人造革、海绵垫等
		人造装饰板	印刷纸贴面板、防火装饰板、PVC 贴面装饰板、三聚氰胺贴面装饰板、胶合板、微薄木贴面装饰板、铝塑板、彩色涂层钢板、石膏板等
		石材类	天然大理石、花岗石、青石板、人造大理石、美术水磨石等
		陶瓷类	彩釉砖、墙地砖、马赛克、大规格陶瓷饰面板、劈离砖、琉璃砖等
		玻璃类	饰面玻璃板、玻璃马赛克、玻璃砖、玻璃幕墙材料等

（续）

序号	类型	举例	
1	墙面装饰材料	金属类	铝合金装饰板、不锈钢板、铜合金板材、镀锌钢板等
		装饰抹灰类	斩假石、剁斧石、仿石抹灰、水刷石、干粘石等
2	地面装饰材料	地板类	木地板、竹地板、复合地板、塑料地板等
		地砖类	陶瓷墙地砖、陶瓷马赛克、缸砖、大阶砖、水泥花砖、连锁砖等
		石材板块	天然花岗石、青石板、美术水磨石板等
		涂料类	聚氨酯类、苯乙烯丙烯酸酯类、酚醛地板涂料、环氧类涂布地面涂料等
3	吊顶装饰材料	吊顶龙骨	木龙骨、轻钢龙骨、铝合金龙骨等
		吊挂配件	吊杆、吊挂件、挂插件等
		吊顶罩面板	硬质纤维板、石膏装饰板、矿棉装饰吸声板、塑料扣板、铝合金板等
4	门窗装饰材料	门窗框扇	木门窗、彩板钢门窗、塑钢门窗、玻璃钢门窗、铝合金门窗等
		门窗玻璃	普通窗用平板玻璃、磨砂玻璃、镀膜玻璃、压花玻璃、中空玻璃等
5	建筑五金配件	门窗五金、卫生水暖五金、家具五金、电气五金等	
6	卫生洁具	陶瓷卫生洁具、塑料卫生洁具、石材类卫生洁具、玻璃钢卫生洁具、不锈钢卫生洁具等	
7	管材、型材	管材	钢质上下水管、塑料管、不锈钢管、铜管等
		异型材	楼梯扶手、画（挂）镜线、踢脚线、窗帘盒、防滑条、花饰等
8	胶结材料	无机胶凝材料	水泥、石灰、石膏、水玻璃等
		胶粘剂	石材胶粘剂、壁纸胶粘剂、板材胶粘剂、瓷砖胶粘剂、多用途胶粘剂等

11.1.3 装饰材料的选用原则

1. 满足使用功能

在选用装饰材料时，首先应满足与环境相适应的使用功能。对于外墙应选用耐大气侵蚀、不易褪色、不易沾污、不泛霜的材料；地面应选用耐磨性、耐水性好，不易沾污的材料；厨房、卫生间应选用耐水性、抗渗性好，不发霉、易于擦洗的材料。

2. 满足装饰效果

装饰材料的色彩、光泽、形体、质感和花纹图案等性能都影响装饰效果，特别是装饰材料的色彩对装饰效果的影响非常明显。因此，在选用装饰材料时要合理应用色彩，给人以舒适的感觉。例如：卧室、客房宜选用浅蓝或淡绿色，以增加室内的宁静感；儿童活动室应选用中黄、蛋黄、橘黄、粉红等暖色调，以适应儿童天真活泼的心理；医院病房要选用浅绿、淡蓝、淡黄等色调，以使病人感到安静和安全，利于早日康复。

3. 材料的安全性

在选用装饰材料时，要妥善处理装饰效果和使用安全的矛盾，要优先选用环保型材料和不燃或难燃等安全型材料，尽量避免选用在使用过程中感觉不安全或易发生火灾等事故的材料，努力给人们创造一个美观、安全、舒适的环境。

4. 有利于人的身心健康

建筑空间环境是人们活动的场所，进行建筑装饰可以美化生活、愉悦身心、改善生活质量。建筑空间环境的质量直接影响人们的身心健康，因此，在选用装饰材料时应注意以下几点：尽量选用天然的装饰材料；选择色彩明快的装饰材料；选择不易挥发有害气体的材料；选用保温隔热、吸声隔声的材料。

5. 合理的耐久性

不同功能的建筑及不同的装修档次，所采用的装饰材料耐久性要求也不一样。尤其是新型装饰材料层出无穷，人们的物质精神生活要求也逐步提高，很多装饰材料都有流行趋势。因此，有的建筑装修使用年限较短，就要求所用的装饰材料耐用年限不一定很长。但也有的建筑要求其耐用年限很长，如纪念性建筑物等。

6. 经济性原则

原则上应根据使用要求和装饰等级，恰当地选择材料；在不影响装饰工程质量的前提下，尽量选用优质价廉的材料；选用工效高、安装简便的材料，以降低工程费用。另外，在选用装饰材料时，不但要考虑一次性投资，还应考虑日后的维修费用，以达到总体上经济的目的。

7. 便于施工

在选用装饰材料时，尽量做到构造简单、施工方便。这样既缩短了工期，又节约了开支，还为建筑物提前发挥效益提供了前提。应尽量避免选用有大量湿作业、工序复杂、加工困难的材料。

11.2 常用的装饰材料

11.2.1 装饰石材

1. 天然石材

在装饰材料中，一般把天然岩石，经过加工制成块状或板状、粒状的材料，统称为天然石材。

天然石材的主要优点有：蕴藏量丰富、分布很广，便于就地取材；石材结构致密，抗压强度高，大部分石材的抗压强度可达100MPa以上；耐水性好；耐磨性好；装饰性好。天然石材具有纹理自然、质感稳重、庄严、雄伟的艺术效果；耐久性好，使用年限可达一百年以上。其主要缺点是：自重大、质地坚硬导致的加工困难、抗弯强度低、开采和运输不方便等。

常用的天然石材有天然大理石和天然花岗石。

2. 人造石材

其主要品种是人造大理石，其次还有彩色水磨石等品种。其花纹图案可以人为控制，胜过天然石材，且质量轻、强度高、耐腐蚀、耐污染、施工方便，因此广泛应用于各种室内外装饰、卫生洁具、大型壁雕、工艺品制作等方面，是现代建筑的理想装饰材料。

11.2.2 陶瓷装饰材料

1. 陶瓷

传统陶瓷的定义是使用粘土类及其他天然矿物（瓷土粉）等为原料经粉碎加工、成型、煅烧等过程而得到的产品；现代陶瓷的概念是指用传统陶瓷生产方法制成的无机多晶产品，其原料除了传统材料外，还包括化工矿物原料等。

陶瓷产品按组成的原料成分与工艺的不同，可分为陶器、瓷器和炻器三种。

（1）陶器。主要是以陶土、河砂为主要原料配以少量的瓷土或熟料等，经高温（1000℃左右）烧制而成，可施釉或不施釉。其制品具有孔隙率较大、强度较低、吸水率大、断面粗糙无光、不透明、敲之声音喑哑等特点。

陶器又分为粗陶和精陶两种。粗陶一般由一种或多种含杂质较多的粘土组成坯料，经过烧制后的成品一般带有颜色，建筑工程中使用的砖、瓦、陶管等都属于此类。精陶一般经素烧和釉烧两次烧成，通常呈白色或象牙色，吸水率为9%～12%，高的可达18%～22%，建筑饰面用的彩陶、美术陶瓷、釉面砖等均属于此类。精陶按其用途不同，可分为建筑精陶、日用精陶和美术精陶。

（2）瓷器。瓷质制品结构致密，基本上不吸水，颜色洁白，具有一定的半透明性，其表面通常均施有釉层。瓷器按其原料的化学成分与工艺制作的不同，分为粗瓷和细瓷两种。

（3）炻器。它是介于陶器和瓷器之间的一类陶瓷制品，也称为半瓷，其构造比陶瓷致密，一般吸水率较小，但又不如瓷器那么洁白，其坯体多带有颜色，而且无半透明性。炻器按其坯体的致密程度不同，又分为粗炻器和细炻器。粗炻器的吸水率一般为4%～8%，建筑饰面用的外墙面砖、地砖和陶瓷锦砖（马赛克）等均属于粗炻器；细炻器的吸水率小于2%，日用器皿、化工及电器工业用陶瓷等均属细炻器。

2. 有釉陶瓷砖

有釉陶瓷砖具有许多优良性能，它强度高、表面光滑、防潮、易清洗、耐腐蚀、变形小、抗急冷急热。陶瓷表面细腻，色彩和图案丰富，风格典雅，极富有装饰性。

有釉陶质砖按正面形状可分为正方形、长方形和异形配件砖。

（1）技术要求

1）尺寸偏差。异型配件砖的尺寸允许偏差在保证匹配的前提下由生产厂家自定。长、宽度测量要测量砖的四边，取每种类型的10块整砖测量，正方形的平均尺寸取四边测量结果的平均值，试样的平均尺寸是40次测量的平均值。长方形砖以对边两次测量的平均尺寸作为相应的平均尺寸，试样的长度和宽度的平均值各为20个测量值的平均值。厚度是采用测头直径为5～10mm的螺旋测微卡，每种类型的砖取10块进行测量。

2）表面质量。检验陶质砖的表面质量，陶质砖分为优等品和合格品两个等级。检验陶质砖的表面是否有釉裂、裂纹、缺釉等缺陷时，应在距式样1米处抽至少30块以上组成不小于1平方米的式样，在照度为300lx的照明下，目测检验。表面质量以表面无缺陷砖的百分数表示。优等品：至少有95%的砖距0.8米远处垂直观察表面无缺陷；合格品：至少有95%的砖距1米远处垂直观察表面无缺陷。

3）物理性质：

吸水率大于10%，单个小于9%。当平均值大于20%时，生产厂家应说明。

（2）有釉陶瓷砖的应用。有釉陶瓷砖常用于医院、实验室、游泳池、浴池、厕所等要求耐污、耐腐蚀、耐清洗性强的场所，既有明亮清洁之感，又可保护基体，延长使用年限。

3. 炻质砖（彩色釉面陶瓷墙地砖）

炻质砖是指适用于建筑物墙面、地面装饰的，吸水率大于6%而小于10%的陶瓷面砖，亦称彩色釉面陶瓷墙地砖。按产品的尺寸偏差分为优等品和合格品。

（1）技术要求

1）尺寸偏差。炻质砖的长度、宽度和厚度的允许偏差应符合要求。

2）表面质量：优等品应至少有95%的砖距0.8m远处垂直观察表面无缺陷；合格品应至少有95%的砖距离1m远处垂直观察表面无缺陷。

3）物理力学与化学性能。炻质砖的吸水率应不大于10%。耐热震性能应满足经3次热震性试验不出现炸裂或裂纹。抗冻性能应经抗冻性试验后不出现剥落或裂纹。炻质砖的破坏强度，当厚度≥7.5mm时破坏强度平均值不小于800N；当厚度≤7.5mm时破坏强度平均值不小于500N。

炻质砖的断裂模数（不适用于破坏强度的砖）平均值不小于18MPa，单个值不小于16MPa。铺地用炻质砖应进行耐磨性试验，根据耐磨性试验结果分为：0、1、2、3、4、5等五个等级，分别用于不同的使用环境。耐化学腐蚀性能应根据耐酸、耐碱性能各分为AA、A、B、C、D等五个等级。

（2）炻质砖的应用　炻质砖的表面有平面和立体浮雕面的，有镜面和防滑亚光面的，有纹点和仿大理石、花岗岩图案的，有使用各种装饰釉作釉面的，色彩瑰丽，丰富多变，具有极强的装饰性和耐久性。广泛应用于各类建筑物的外墙和柱的饰面及地面装饰，一般用于装饰等级较高的工程。用于不同部位的墙地砖应考虑其特殊的要求，如用于铺地时应考虑彩色釉面砖的耐磨类别；用于寒冷地区的应选用吸水率尽可能小、抗冻性能好的墙地砖。

11.2.3　玻璃装饰材料

1. 玻璃的基本性质

（1）表观密度。玻璃的表观密度与其化学成分有关，故变化很大，而且随温度升高而减小。普通硅酸盐玻璃的表观密度在常温下大约是2500kg/m^3。

（2）力学性质。玻璃的力学性质决定于化学组成、制品形状、表面性质和加工方法。凡含有未熔杂物、结石、节瘤或具有微细裂纹的制品，都会造成应力集中，从而急剧降低其机械强度。

在建筑中玻璃经常承受弯曲、拉伸、冲击和振动，很少受压，所以玻璃的力学性质的主要指标是抗拉强度和脆性指标。玻璃的实际抗拉强度大致为30~60MPa，脆性是玻璃的主要缺点，普通玻璃的脆性指标（弹性模量与抗拉强度之比）为1300~1500（橡胶为0.4~0.6），脆性指标越大说明材料的脆性越大。

（3）热物理性质。玻璃的导热性很小，在常温时其导热系数仅为铜的1/400，但随着温度的升高将增大。另外，它还受玻璃的颜色和化学组成的影响。玻璃的热膨胀性也决定于化学组成及其纯度，纯度越高热膨胀系数越小。玻璃的热稳定性决定于玻璃在温度剧变时抵抗破裂的能力。玻璃的热膨胀系数越小，其热稳定性越高。玻璃制品越厚、体积越大、热稳定性越差。因此须用热处理方法提高玻璃制品的热稳定性。

（4）化学稳定性。玻璃具有较高的化学稳定性，但长期遭受侵蚀性介质的腐蚀，也能导致变质和破坏。

（5）玻璃的光学性能。玻璃既能透过光线，又能反射光线和吸收光线，所以厚玻璃和多层重叠玻璃，往往是不易透光的。玻璃反射光能与投射光能之比称为反射系数。反射系数的大小决定于反射面的光滑程度、折射率、投射光线入射角的大小、玻璃表面是否镀膜及膜层的种类等因素。玻璃吸收光能与投射光能之比称为吸收系数，透射光能与投射光能之比称为透射系数。反射系数、投射系数和吸收系数之和为100%。普通3mm厚的窗玻璃在太阳光垂直投射的情况下，反射系数为7%，吸收系数为8%，透射系数为85%。将透过3mm厚标准透明玻璃的太阳辐射能量作为1.0，其他玻璃在同样条件下透过太阳辐射能的相对值称为遮蔽系数。遮蔽系数越小说明通过玻璃进入室内的太阳辐射能越少，冷房效果越好，光线越柔和。

2. 玻璃的分类

玻璃的种类很多，按其化学成分可分为钠钙玻璃、铝镁玻璃、钾玻璃、铅玻璃、硼硅玻璃和石英玻璃等；按功能和加工工艺分为普通窗用玻璃（普通平板玻璃）、热反射玻璃、异形玻璃、钢化玻璃、夹层（丝）玻璃、太阳能玻璃、光致变色玻璃、泡沫玻璃、中空玻璃、压花玻璃、彩色玻璃、釉面玻璃、玻璃砖和玻璃马赛克等。

3. 玻璃的表面处理方法

玻璃的表面处理具有十分重要的意义，不但可以改善玻璃的外观和表面性质，还可对玻璃进行装饰。主要的处理方法有化学蚀刻、机械磨（喷）砂、机械抛光、化学抛光、表面金属涂层、表面着色（扩散着色）、表面贴膜等。

11.2.4 装饰木材

木材作为装饰材料，具有许多优良的性能，如轻质高强，即比强度高；有较高的弹性和韧性，耐冲击和振动；易于加工；保温性好；大部分木材都具有美丽的纹理，装饰性好等。但木材也有缺点，如内部结构不均匀，对电、热的传导极小；易随环境湿度变化而改变含水量，引起膨胀或收缩；易腐蚀及虫蛀；易燃烧；天然疵病较多等。然而，由于高科技的参与，这些缺点将逐步消失，可将优质、名贵的木材旋切成片，与普通材质复合，变劣为优，满足消费者的需求。

1. 木材的分类

（1）按树种分类。木材是由树木加工而成，虽然树木种类繁多，一般按树种将木材分为针叶树类和阔叶树类两大类。

针叶树的树叶细长如针，多为常绿树，树干一般通直高大，纹理平顺，材质均匀，易得大材。其木质较软而易于加工，故又称为软木材。针叶树木材的主要特点是：表观密度和胀缩变形较小，强度较高，树脂含量高，耐腐蚀性强，建筑工程中广泛用作承重构件和家具用材。针叶树常用品种有红松、落叶松、云杉、冷杉、柏木等。

阔叶树的树叶宽大，叶脉成网状，大都为落叶树，树干一般通直部分较短，材质较硬，较难加工，故又称为硬木材。其主要特点是：强度高，纹理显著，图案美观；胀缩变形较大，易翘曲、干裂等。建筑工程中常用作尺寸较小的构件及室内装饰。阔叶树木常用品种有榆木、桦木、柞木、山杨、青杨等。

（2）按材种分类。木材按材种可分为原木、原条、板枋材及木质人造板材。

原木是除皮、根、树梢的木材，并已按一定尺寸加工成规定直径和长度的材料。建筑工程中直接使用原木制做屋架、檩等，还用于加工胶合板。

原条是除皮、根、树梢的木材，但尚未按一定尺寸加工成规定的种类。工程中常用做脚手架、建筑装修用材等。

板方材是已加工成一定规格的木材。截面宽度为厚度3倍或3倍以上的木材为板材；截面宽度不足厚度3倍的木材为方材。

木质人造板是利用木材、木质纤维、木质碎料或其他植物纤维为原料，加胶粘剂和其他添加剂制成的板材。如胶合板、细木工板、纤维板、刨花板等。

2. 木材的构造

（1）木材的宏观构造。木材有三个切面，分别是横切面、径切面、弦切面。髓心在树干的中心，质松软、强度低、易腐蚀、易开裂。对材质要求高的用材不得带有髓心。木质部是木材的主要部分，靠近髓心颜色较深的部分，称为心材；靠近横切面外部颜色较浅的部分，称为边材；在横切面上深浅相同的同心圆称为年轮。根据年轮可将木材分为春材和夏材。

（2）木材的微观结构。木材的微观结构是指在显微镜下能观察到的木材组织。在显微镜下可以观察到，木材是由无数管状细胞结合而成的，每个细胞有细胞壁和细胞腔。细胞壁是由若干层细纤维组成，其间微小的孔隙能吸收和渗透水分。细纤维在纵向联结牢固，横向松弱。木材的细胞壁越厚，细胞腔越小，木材越致密，体积密度和强度也越大，但胀缩也大。春材细胞壁薄腔大，夏材则壁厚腔小。

木材中纵向排列的细胞按功能可分为管胞、导管和木纤维。

针叶树与阔叶树在微观构造上有较大差异，如图11-1和图11-2所示。

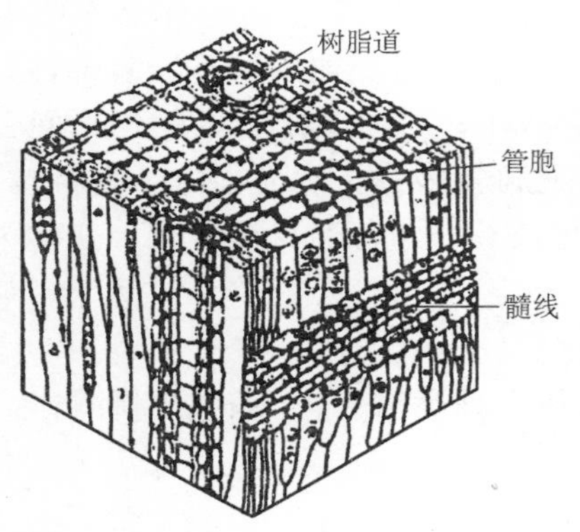

图11-1　针叶树马尾松微观构造

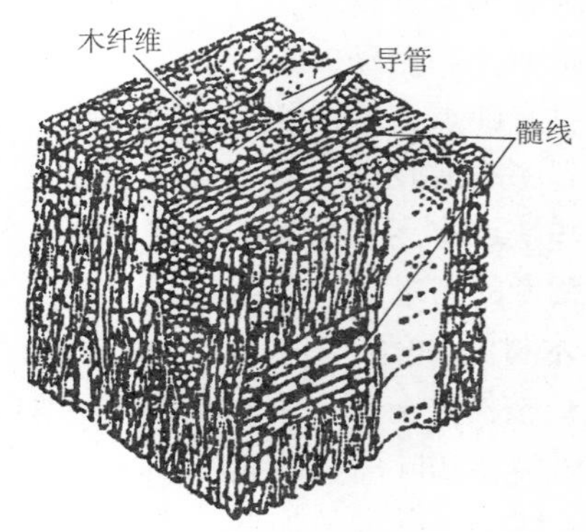

图11-2　阔叶树柞木微观构造

针叶树显微构造是由管胞和髓线组成。管胞起支撑作用，为树木生长输送养分。针叶树的髓线不明显。在某些针叶树中，夏材管胞之间有充满树脂的通道，称为树脂道，流出的树脂对树木起保护作用。

阔叶树显微构造是由导管、木纤维及髓线组成的。木纤维是由壁厚腔小的细胞组成，起支撑作用。导管是由壁薄腔大的细胞组成，起输送养分的作用。由于导管分布的不同，阔叶树又有散孔材和环孔材之分。散孔材的导管均匀分布在年轮上，如杨木、桦木等。环孔材的粗大导管都集中在早材上，如水曲柳、柞木等。

3. 木材的识别方法

（1）通过肉眼或借助放大镜进行观察，如带树皮的原木可直接通过树皮的形态及开裂情况作出判断；不带树皮的原木，可通过断面的形状，边材、心材的区分程度及宽窄进行区别，还可以通过年轮、木射线和髓心的形态作出判断；对于板材可通过径切板或弦切板的木材颜色、软硬程度、年轮花纹的形态及木射线、导管的分布情况来识别不同的树种。

（2）运用木材的宏观构造、木材的微观构造、木材的物理性质、木材的力学性能等理论来进一步识别。

4. 木材的密度和表观密度

由于木材的分子结构基本相同，因此，木材的密度几乎相同。

木材的表观密度因树种的不同差异很大，密度较大者可达 980kg/m^3，密度较小的仅 280kg/m^3。

5. 木材的导热性

木材具有较小的表面密度和较多的空隙，是一种良好的绝热材料，表现为导热系数较小；但木材的纹理不同，即各异性，使得导热系数也有较大的差异。

6. 含水率

木材所含水的质量与木材干燥后的质量的百分比值，称为木材的含水率。木材中的水分可分为细胞壁中的吸附水和细胞腔与细胞间隙中的自由水两部分，当木材细胞壁中的吸附水达到饱和时，而细胞腔与细胞间隙中无自由水时的含水率，称为纤维饱和点。纤维饱和点因树种而异。

7. 木材的湿胀与干缩

木材从潮湿状态干燥至纤维饱和点时，其尺寸并不改变。当干燥至纤维饱和点以下时，细胞壁中的吸附水开始蒸发，木材发生收缩，反之，干燥木材吸湿后，将发生膨胀，直到含水率达到纤维饱和点为止，此后木材含水率继续增大，也不再膨胀，由于木材构造的不均匀性，木材不同方向的干缩湿胀变形明显不同。

8. 木材的强度

建筑上通常利用的木材强度，主要有抗压强度、抗拉强度、抗弯强度和抗剪强度，并且有顺纹和横纹之分。每一种强度在不同的纹理方向上均不同，木材的顺纹强度与横纹强度差别很大。

9. 木材在建筑上的应用

在结构上，木材主要用于构架和屋顶，如梁、柱、望板、桁檩、椽、斗拱等，我国许多古建筑均为木结构，它在技术和艺术上都有很高的水平和独特的风格。

木材易于加工，性能优良，故又广泛用于房屋的门窗、天花板、扶手、栏杆、龙骨、隔断等。

木材表面经加工后，具有优良的建筑装饰性能，其自然美丽的花纹及特有的色泽，给人以淳朴、古雅、温暖、亲切的质感。因此木材又广泛用作室内装饰的墙裙、隔断、隔墙以及地板等。木地板一般又分条木地板和拼花木地板两类。

条木地板是最普遍的木质地板，分空铺和实铺两种。空铺条木地板是由龙骨、水平撑和地板三部分构成；实铺条木地板有单层和双层两种，双层者下层为毛板，面层为硬木板。普通条木地板（单层）的板材常选用松、杉等软木树材，而硬木条板多选用水曲柳、柞木、枫木、柚木、榆木等硬质木材。条木地板适用于办公室、会议室、会客室、休息室、旅馆客房、住宅起居室、卧室、幼儿园及实验室等场所的地面装修。

拼花木地板是较高级的室内地面装修材料，分双层和单层两种，二者面层均为拼花硬木板层，双层者下层为毛板层。面层拼花板材多选用水曲柳、柞木、核桃木、栎木、榆木、槐木、柳桉等质地优良、不易腐朽开裂的硬木树材。

拼花木地板可根据使用者个人的爱好和房间面积的大小，通过小木板条不同方向的组合，拼造出各种图案花纹。并且，均采用清漆进行油漆，以显露出木材漂亮的天然纹理。

拼花木地板纹理美观、耐磨性好，且拼花木地板一般均经过远红外线干燥，含水率恒定(约12%)，因而变形稳定，易保持地面平整、光滑而不翘曲变形。

拼花木地板分高、中、低三个档次，高档次产品适合于三星级以上中高级宾馆、大型会堂、会议室等室内地面装饰；中档产品适用于办公室、疗养院、托儿所、体育馆、舞厅、酒吧等地面装饰；低档产品适用于各类民用住宅地面的装饰。

10. 木材的综合加工利用

木材的综合利用，是提高木材利用率，避免浪费，物尽其用，节约木材的方向。而充分利用木材的边角废料，生产各种人造板材，则是对木材进行综合利用的重要途径。

(1) 胶合板。胶合板又称层压板，是将原木旋切成大张薄片，各片纤维方向相互垂直交错，用胶粘剂加热压制而成。胶合板一般是3~13层的奇数，并以层数取名，如三合板、五合板等。生产胶合板是合理利用木材、改善木材物理力学性能的有效途径，它能获得较大幅宽的板材，消除各向异性，克服木节和裂纹等缺陷的影响。

胶合板可用于隔墙板、天花板、门芯板，室内装修和家具等。

(2) 胶合夹心板。胶合夹心板有实心板和空心板两种。实心板内部将干燥的短木条用树脂胶拼成，表皮用胶合板加压加热粘结制成。空心板内部则由厚纸蜂窝结构填充，表面用胶合板加压加热粘结制成。

胶合夹心板板幅面宽、尺寸稳定、质轻且构造均匀，多用作门板、壁板和家具。

(3) 纤维板。将板皮、刨花、树枝等木材废料经破碎、浸泡、研磨成木浆，再经热压成型，干燥处理而制成纤维板。因成型时温度和压力不同，纤维板分为硬质、半硬质和软质三种。

纤维板使木材达到充分利用。它构造均匀，完全避免了木材的各种缺陷；胀缩小，不易开裂和翘曲。

硬质纤维板在建筑上应用很广，可代替木板用于室内墙壁、地板、门窗、家具和装修等。软质纤维板多用作吸声、绝热材料。

11.2.5 装饰塑料

塑料是指以合成树脂或天然树脂为主要原料，加入或不加添加剂，在一定温度、一定压力下，经混炼、塑化、成型、固化而制得的，可在常温下保持制品形状不变的一类高分子材料。在建筑上，塑料可作为结构材料、装饰材料、保温材料和地面材料等。

1. 塑料的分类

按组成成分的多少，塑料可分为单组分塑料和多组分塑料。单组分塑料仅含合成树脂，如“有机玻璃”就是由一种被称为聚甲基丙烯酸甲酯的合成树脂组成。多组分塑料除含有合成树脂外，还含有填充料、增塑剂、固化剂、着色剂、稳定剂及其他添加剂。建筑上常用的塑料制品一般都属于多组分塑料。

按组成塑料的基本材料合成树脂的热行为不同，塑料又分为热塑性塑料和热固性塑料两类。

按使用性能和用途不同，塑料又可分为通用塑料和工程塑料两类。通用塑料是指一般用途的塑料，其价格便宜、产量大、用途广泛，是建筑上使用较多的塑料。工程塑料是指具有较高机械强度和其他特殊性能的聚合物材料。

2. 塑料的基本组成

塑料是由起胶结作用的树脂和起改性作用的添加剂所组成。合成树脂是塑料的主要成分，其质量占塑料的40%以上。塑料的性质主要取决于所采用的合成树脂的种类、性质和数量，并且塑料常以所用合成树脂命名，如聚乙烯塑料（PE），聚氯乙烯塑料（PVC）。

塑料中常用的添加剂有填充料、增塑剂、稳定剂、固化剂着色剂等。

填充料又称为填料、填充剂或体质颜料，其种类很多。按其外观形态特征，可将其分为粉状填料、纤维状填料和片状填料三类。一般来说，粉状填料有助于提高塑料的热稳定性，降低可燃性，而片状和纤维状填料则可明显提高塑料的抗拉强度、抗磨强度和大气稳定性等。

增塑料是可使树脂具有较大可塑性以利于塑料的加工的添加剂。少量的增塑剂还可降低塑料的硬度和脆性，使塑料具有较好的柔韧性。

稳定剂是为了稳定塑料制品的质量，延长使用寿命而加入的添加剂。常用的稳定剂有抗氧剂、光屏蔽剂、紫外光吸收剂及热稳定剂等。

固化剂又称为硬化剂或熟化剂。其主要作用是使某些合成树脂的线型结构交联成体型结构，从而使树脂具有热固性。不同品种的树脂应采用不同品种的固化剂。

着色剂是为了使塑料制品具有特定的色彩和光泽，从而改善塑料制品的装饰性，加入的添加剂。常用的着色剂是一些有机和无机颜料。颜料不仅对塑料具有着色性，同时也兼有填料和稳定剂的作用。

此外，根据建筑塑料使用及成型加工中的需要，有时还加入润滑剂、抗静电剂、发泡剂、阻燃剂及防霉剂等。

3. 塑料的特性

塑料具有加工性能好、质轻、比强度高、导热系数小、化学稳定性好、电绝缘性好、装饰性好等优点。其缺点是易老化、耐热性差、易燃、刚度小及可能具有一定的毒性。

11.2.6 建筑装饰涂料

涂料是指涂敷于物体表面，与基体材料能很好地粘结并形成完整而坚韧的保护膜的物质。由于在物体表面结成连续性干膜，故又称涂膜或涂层。建筑涂料则是指能涂于建筑物表面，对建筑物起到保护、装饰作用，或者能改善建筑物的使用功能的涂装材料。

1. 涂料的基本组成

涂料最早是以天然植物油脂，天然树脂如亚麻子油、桐油、松香、生漆等为主要原料，故以前称为油漆。目前，许多新型涂料已不再使用植物油脂。合成树脂在很大程度上已取代了天然树脂。因此，我国已正式采用涂料这个名称，而油漆仅仅是一类油性涂料而已。

涂料的基本组成包括：基料（成膜物质）、颜料、液体（分散介质）以及辅料（助剂）。

1）基料。基料又称成膜物质，在涂料中主要起到成膜及粘结颜料的作用，使涂料在干燥或固化后能形成连续涂层。常用的成膜物质有油料、天然树脂和合成树脂。

油料是涂料工业中的一种主要原料，目前，植物油仍占较大比例。

建筑涂料常用的树脂有聚乙烯醇、聚乙烯醇缩甲醛、丙烯酸树脂、环氧树脂、醋酸乙烯-丙烯酸酯共聚物（乙-丙乳液）、聚苯乙烯-丙烯酸酯共聚物（苯-丙乳液）、聚氨酯树脂等，以及无机聚合物水玻璃、硅溶胶等。

2）颜料。按所起作用，颜料又分为着色颜料和体质颜料（又称填料）两类。

建筑涂料中使用的着色颜料一般为无机矿物颜料。常用的有氧化铁红、氧化铁黄、氧化铁绿、氧化铁棕、氧化铬绿、钛白、锌钡白、群青蓝等。

体质颜料，即填料，主要起到改善涂膜的机械性能，增加涂膜的厚度，降低涂料的成本等作用，常用的填料为重晶石粉、轻质碳酸钙、重质碳酸钙、高岭土及各种彩色小砂粒等。

3）分散介质

分散介质（液体）包括溶剂和水，是液态建筑涂料的主要成分，主要起溶解或分散基料、改善涂料施工性能的作用，对保证涂膜质量也有较大作用。涂料应具有一定的流动能力，以便于施工，因此涂料应具有足够的分散介质。涂料涂装后，一部分分散介质被基底吸收，大部分分散介质挥发掉或蒸发掉，并不保留在涂膜中。涂料常用的有机溶剂有醇类、酮类、醚类、酯类和烃油类。

涂料按分散介质及其对成膜物质作用的不同分为溶剂型涂料、水溶性涂料和乳液型涂料（又称乳胶漆或水乳型涂料）。水溶性涂料和乳液型涂料又称水性涂料。

4）辅料。辅料，又称助剂或添加剂，是为了进一步改善或增加涂料的某些性能，而加入的少量物质。通常使用的有增白剂、防污剂、分散剂、乳化剂、稳定剂、润湿剂、增稠剂、消泡剂、流平剂、固化剂、催干剂等。

2. 涂料的分类与命名

涂料分类方法很多，如根据涂料使用部位，分为外墙涂料、内墙涂料、地面涂料；根据涂料功能分为防水涂料、防火涂料、防霉涂料等；根据涂料使用成膜物质的类型及涂料的分散特性，分为油性涂料、溶剂型涂料、无机建筑涂料、有机-无机复合型建筑涂料。其中，水性涂料又分为乳液型涂料和水溶性涂料。

由于建筑涂料的分类不统一，建筑涂料的命名也就相应地显得比较混乱。目前一般多采用习惯命名法，即由成膜物质的名称、涂料的类型、涂料的特点三项顺序构成涂料的名称。如过氯乙烯外墙涂料、钾水玻璃无机建筑涂料、醋酸乙烯-丙烯酸酯乳液涂料（乙-丙乳液涂料）、苯乙烯-丙烯酸酯乳液涂料（苯丙乳液涂料）、丙烯酸外墙复层花纹涂料、聚氨酯地面弹性涂料、苯丙外墙浮雕涂料等。

3. 涂料的技术性质

涂料的技术性质，一般包括三个方面的内容，即涂料涂饰前，呈液态时的性能，如：透明度、颜色、比重、不挥发性、细度、粘度、流变性、结皮性、贮存稳定性等；涂料涂到物体表面上时的施工性能，如：流平性、打磨性、遮盖力、使用量、干燥时间等；涂料硬化后的涂膜质量，如：漆膜厚度、光泽、颜色、硬度、冲击强度、柔韧性、附着力、耐磨性、耐洗刷性、耐变黄性等。现择要介绍如下：

1）流变性。涂料是一种复杂的具有各种不同流变性质的液体。其流变性包括粘度、触变性和屈服值等。

在某些涂料中，存在着这样的性质，即当搅拌或摇动时，涂料粘度降低，出现“变薄”的现象；但在停止搅拌静置一段时间后，粘度又上升，发生“变厚”的现象，这种性质就是触变性。涂料在贮存过程中，单凭粘度的稳定性并不能防止颜料的沉降和结块，而具有一定程度的触变性就能得到良好的稳定性。同样在涂料施工时，要想得到理想的涂刷性能，就需加入稀料，降低粘度，然而过多的稀料将导致漆膜厚度减薄，且易造成流挂等弊病。一定程度的触变性，就能使涂刷容易，且随触变结构的恢复而有足够的时间使涂层流平。

2）干燥时间。涂料从液态层变成固态涂膜所需时间称为干燥时间，根据干燥程度的不同，又可分为表干时间、实干时间和完全干燥时间三项。每一种涂料都有其一定的干燥时间，但实际干燥过程的长短还要受到气候条件、环境湿度等的影响。

3）流平性。流平性是指涂料被涂于基层表面后能自动流展成平滑表面的性能。流平性好的涂料，在干燥后不会在涂膜上留下刷痕，这对于罩面层涂料来讲是很重要的。

4）遮盖力。遮盖力是指有色涂料所成涂膜遮盖被涂表面底色的能力。遮盖力的大小，与涂料中所用颜料的种类、颜料颗粒的大小和颜料在涂料中的分散程度等有关。涂料的遮盖力越大，则在同等条件下的涂装面积也越大。

5）附着力。附着力是指涂料涂膜与被涂饰物体表面间的粘附能力。附着强度的产生是由于涂料中的聚合物与被涂表面间极性基团的相互作用。因此，一切有碍这种极性结合的因素都将使附着力下降。

6）硬度。硬度是指涂膜耐刻划、刮、磨等的能力大小，它是表示涂膜机械强度的重要性能之一。一般来说，有光涂料比各种平光涂料的硬度高，而各种双组分涂料的硬度更高。

7）耐磨性。耐磨性是那些在使用过程中经常受到机械磨损的涂膜的重要特性之一，其指的是涂膜经反复磨擦而不脱落和褪色的能力。耐磨性实际上是涂膜的硬度、附着力和内聚力综合效应的体现，与底料种类、表面处理、涂膜在干燥过程中的温度和湿度有关。

4. 选择涂料的主要考虑因素

由于涂料的品种繁多且性能各不相同，不同的工程对涂料性能的要求也不尽相同，因此，如何选择既满足工程需要又经济合理的涂料品种，是一个非常值得注意的问题。下面是选用涂料时需要考虑的一些主要因素。

（1）基层材料。基层材料的性质是涂料选择的重要影响因素，应根据各种建筑材料的不同特性而分别选择适用的涂料。例如：用于混凝土、水泥砂浆等基层的涂料，具有较好的耐碱性是其最基本的要求。

（2）环境条件。因为各种涂料具有各不相同的耐水性、耐候性、成膜温度等。所以选择涂料时应考虑使用时的环境条件，即应按照地理位置和施工季节的不同而分别选择合适的涂料。

（3）使用部位。内墙与外墙、墙面与地面等不同的部位对涂料的要求是不一样的，应根据不同部位的性能要求选择合适的涂料。

（4）建筑标准及其造价。涂料的选用，除满足上述几方面的要求及建筑标准外，还要考虑建筑物的造价。在保证工程技术性能及质量要求的前提下，应根据建筑物的造价，选择经济适用的涂料。

5. 常用建筑涂料

建筑涂料的品种繁多，性能各异，下面按涂料的使用部位不同，分别就外墙涂料、内墙涂料及地面涂料的常用品种作一介绍。

外墙涂料的品种主要有苯乙烯-丙烯酸酯乳液涂料、丙烯酸酯系外墙涂料、聚氨酯系外墙涂料、合成树脂乳液砂壁状外墙涂料等。

内墙涂料的主要品种主要有聚醋酸乙烯乳液涂料、醋酸乙烯-丙烯酸酯乳液涂料、多彩涂料等。

地面涂料主要有聚氨酯厚质弹性地面涂料、环氧树脂厚质地面涂料、聚醋酸乙烯水泥地面涂料等。

11.2.7 建筑胶粘剂

1. 胶粘剂的基本概念及其分类

当将两种固体材料（同类的或不同类的）通过另一种介于两者表面之间的物质的作用而连接在一起时，这种现象称为粘结，将这种中介粘结物质称之为胶粘剂。

随着有机合成高分子材料的发展，胶粘剂越来越广泛地用于建筑构件、材料等的连接，且品种越来越多。使用胶粘剂粘接各种材料、构件等具有工艺简单、省工省料、接缝处应力分布均匀，密封性好和耐腐蚀等优点。

胶粘剂的品种很多，分类方法各异，常用的有以下几种分类方法。

（1）按胶粘剂的热行为分类，可分为热塑性胶粘剂和热固型胶粘剂。

（2）按粘接接头的受力情况分类，可分为结构型胶粘剂和非结构型胶粘剂两类。结构型胶粘剂具有较高的粘结强度，其粘接接头可以承受较大荷载。而非结构胶粘剂一般用于粘接接头不承受较大荷载的场合。一般来说，热固性胶粘剂多为结构型，而热塑性胶粘剂则多为非结构型。

（3）按固结温度分类，可分为低温硬化型、室温硬化型和高温硬化型胶粘剂三类。

（4）按胶粘剂的化学性质分类，主要以合成胶粘剂的聚合物性质分为有机型和无机型胶粘剂。

2. 胶粘剂的基本要求

为将材料牢固地粘接在一起，无论哪一类胶粘剂都必须具备以下基本要求：

（1）在室温下，或者通过加热、加溶剂或加水而具有适宜的粘度，可成为易流动的物质。

（2）具有良好的浸润性，能充分浸润被粘物的表面，以使胶粘剂能够均匀地铺展和填没被粘物。

（3）在一定的温度、压力、时间等条件下，可通过物理和化学作用而固化，从而将被粘材料牢固地粘接在一起。

（4）具有足够的强度和较好的其它物理力学性质。

3. 胶粘剂的粘接强度及其影响因素

就作用机理而言，胶粘剂能够将材料牢固地粘接在一起，是因为胶粘剂与材料间存在有粘附力以及胶粘剂本身具有内聚力。粘附力和内聚力的大小，直接影响胶粘剂的粘接强度。当粘附力大于内聚力时，粘接强度主要取决于内聚力；当内聚力高于粘附力时，粘接强度主要取决于粘附力。一般认为粘附力主要来源于以下几个方面：

（1）机械粘接力。胶粘剂涂敷在材料表面后，能渗入材料表面的凹陷处和表面的孔隙内，胶粘剂在固化后如同镶嵌在材料内部。正是靠这种机械锚固力将材料粘接在一起。对非极性多孔材料，机械粘接力常起主要作用。

（2）物理吸附力。胶粘剂分子和材料分子之间存在着物理吸附力，即范德华力和静电吸引力。

（3）化学键力。某些胶粘剂分子与材料分子间能发生化学反应，即在胶粘剂与材料间存在有化学键力，是化学键力将材料粘接对一个整体。

对不同的胶粘剂和被粘材料，粘附力的主要来源也不同，当机械粘附力、物理吸附力和化学键力共同作用时，可获得很高的粘接强度。

就实际应用而言，一般认为影响粘接强度的因素主要有：胶粘剂性质、被粘物性质、被粘物的表面粗糙度、被粘物的表面处理方法、被粘物表面被胶粘剂浸润的程度、被粘物表面含水状况、粘结层厚度及粘结工艺等。

4. 胶粘剂的基本组成材料

胶粘剂一般由以下几种组分组成：

（1）粘剂。粘剂主要起基本的粘结作用，是胶粘剂的主要成分。胶粘剂的粘结性能主要由粘剂所决定。粘剂可由一种或几种聚合物构成。常用粘剂有天然高分子化合物、合成高分子化合物和无机化合物。

（2）固化剂与硫化剂。固化剂用于热固性树脂，使线型分子转变为体型分子。硫化剂用于橡胶，使橡胶形成网型结构。固化剂与硫化剂的品种应按粘剂的品种、特性以及对固化后或硫化后的胶膜性能（如硬度、韧性、耐热性等）的要求来选择。

（3）填料。填料的作用在于改善胶粘剂的某些物理力学性能及降低成本。如在胶粘剂中加入填料后，可增加胶粘剂的粘度、强度和耐热性，并可降低热膨胀系数和收缩率等。常用的填料有石英粉、石棉粉、滑石粉等。

（4）稀释剂。稀释剂为调节胶粘剂粘度，增强其涂敷润湿性，便于使用操作而加入的溶剂。稀释剂有活性和非活性两类。前者参与固化与硫化反应，后者仅起稀释作用。根据所用溶剂的不同，又可将胶粘剂分为溶剂型和水乳型两类，后者以水为分散介质。

除了上述的四种主要组分外，为了满足对粘结材料性能的某些特殊要求，还可加入一些其他添加剂，如增塑剂、防霉剂、稳定剂、促进剂、抗老剂和乳化剂等。

5. 建筑胶粘剂的性能及应用

（1）结构型胶粘剂。结构型胶粘剂的组成材料一般为合成树脂、固化剂、填料、稀释剂、增韧剂等。

结构型胶粘剂主要有环氧树脂胶粘剂和不饱和聚酯树脂胶粘剂。

（2）非结构型胶粘剂。非结构型胶粘剂的组成与结构型胶粘剂基本相同，但由于所用树脂多为热塑性树脂，因此一般只能用于在室温条件工作的非结构性粘接。

非结构型胶粘剂主要有聚醋酸乙烯胶粘剂、聚乙烯醇缩脲甲醛胶粘剂。

（3）橡胶型胶粘剂。建筑工程中广泛使用的橡胶型胶粘剂，既可在室温下固化，也可在高温高压条件下固化；既可作非结构粘接，也可用于结构型粘接。

橡胶型胶粘剂主要有氯丁橡胶胶粘剂和丁腈橡胶胶粘剂等。

11.2.8 其他装饰材料

1. 壁纸

壁纸是一种薄型饰面材料，它由面层材料与基纸复合而成，主要通过胶粘剂贴到具有一定强度的平整基层上，如贴到水泥砂浆基层、胶合板基层、石膏板基层等。

选择壁纸要根据环境、场合、地区、民族风俗习惯和个人性格等方面的因素全面考虑，往往同一种壁纸使用在不同的场合，会产生完全不同的效果。有些选用原则，并不是绝对的，最重要的是具体情况具体分析。

壁纸品种繁多，有各种各样的分类方法，从而使同一种产品有几个名称。如按外观装饰效果分类，有印花壁纸、压花壁纸、浮雕壁纸等；从功能分类，有装饰性壁纸、耐水壁纸、防火壁纸等；从施工方法分类，有现场刷胶裱贴壁纸和背面预涂压敏胶直接铺贴壁纸；按壁纸所用的材料分类，有纸面纸基壁纸、织物壁纸、天然材料面壁纸和塑料壁纸等。

2. 地毯

根据不同的分类方法，地毯有不同的分类。按地毯材质分类有纯毛地毯、混纺地毯、合成纤维地毯、塑料地毯、橡胶地毯和植物纤维地毯；按图案类型可分为京式地毯、美术式地毯、仿古式地毯、彩花式地毯和素凸式地毯等；按编制工艺分类有手工编织地毯、簇绒地毯、无纺地毯等；地毯按供应方式的不同又可以分为整幅整卷地毯、方块地毯、花式方块地毯、小块地毯以及草垫等。

除了橡胶地毯和塑料地毯外，无论是毛、麻等天然纤维构成的地毯，还是由化学纤维构成的地毯，均由面层、防松涂层、初级背衬和次级背衬几个部分组成。面层是地毯的装饰面，通常以面层用料的品种作为地毯的名称，它决定地毯的防污能力、脚感、耐磨性、质感等主要性能。我国生产的地毯面层采用机织法和簇绒法制作。防松涂层是涂在初级被衬上的涂料层，其目的是使织物针脚附着牢固，面层纤维不易脱落，增强面层纤维绒、圈的圈结强度，要求涂层涂料有良好的防湿性能。初级背衬是任何一种地毯均具有的基本组成部分，其作用为固着绒圈和易于加工。有用黄麻制成的平织网，也有用聚丙烯机织布或无纺布作初级背衬的，要求有一定的耐磨性。次级背衬是用胶粘剂将麻布复合在经涂层处理过的初级背衬上，其目的是增强地毯背面的耐磨性和步履轻快感。

3. 壁毡

毡类制品不是通过机织或针织成的，而是靠物理的、化学的或机械的作用使纤维或长丝的集合体和薄膜相结合。其原料有天然纤维，也可以是化学纤维，常用的有聚酯、尼龙、丙烯腈类、改性聚丙烯腈、聚氯乙烯、聚丙烯、粘胶纤维、毛、麻、无机纤维等，其中以粘胶纤维用量较多。从结构方面可将毡分为机织毡、压呢毡、针刺毡等。机织毡是把一种或两种以上纤维混纺纱进行织造、缩绒整理后的织物。压呢毡用一种或两种以上的纤维（以羊毛、牛毛为主），利用毛的缩绒性，用水和热进行机械的加工使纤维交络。针刺毡以化学纤维为主要原料，用带刺的针使纤维在厚度方向进行交络。

壁毡是室内装饰中的高档材料，不仅具有良好的装饰效果，而且还具有一定的吸声功能，使室内显得非常宁静、高雅。所以，一些档次高的建筑室内装饰可选用壁毡作为饰面材料，也可以作为吸声、隔声材料，用于有特殊要求的房间。

4. 挂毯（壁毯）

挂毯（壁毯）是一种供人们欣赏的室内墙挂艺术品。采用壁毯装饰建筑室内，不仅产生高雅艺术的美感，还可增添室内的安逸平和气氛。壁毯要求图案花色精美，为此，常采用纯羊毛和蚕丝等上等纤维材料制作而成。壁毯的图案题材十分广泛，多为动物花鸟、山水风光等，这些图案往往取材于优秀的绘画名作或成功的摄影作品。

思考题与习题

1. 建筑装饰材料的装饰特性有哪些？有哪些分类方法？
2. 常用建筑装饰材料的品种有哪些？
3. 木材具有哪些构造特点？木材的综合加工利用特点是什么？
4. 涂料的组成及各组分的作用是什么？常用的建筑涂料有哪些？
5. 对建筑胶粘剂的基本要求是什么？

第 12 章　建筑节能材料简介

12.1　建筑节能的基本概念

1. 建筑节能的含义

建筑节能是指在建筑材料生产、房屋建筑施工及使用过程中，合理地使用和有效地利用能源，在满足同等需要或达到相同目的的条件下，尽可能降低能耗，以达到提高建筑舒适性和节省能源的目标。在我国，现在通称的建筑节能，是指在建筑中合理地使用和有效地利用能源，不断提高能源利用效率。

2. 建筑节能材料

建筑节能材料是指通过采取合理的建筑设计，选用符合节能要求的墙体材料、屋面隔热材料、门窗、空调等材料，在保证相同的室内舒适环境条件下，可以提高建筑电能利用效率，减少建筑能耗。

其中，建筑能耗是指建筑使用能耗，包括采暖、通风、空调、热水、炊事、照明、家用电器、电梯和建筑有关的设备等方面的能耗，目前我国这部分能耗约占全国社会终端总能耗的 27.6%。随着人们生活质量的改善、居住舒适度要求的提高，建筑能耗比例还将不断上升。预测十年后，我国建筑能耗占全国社会终端总能耗的比例将上升到 32% 以上，它与工业、农业、交通运输能耗并列，是主要的民生能耗之一。

世界上关于“建筑节能”的概念曾有过不同的含义，在 1973 年发生世界性石油危机之后的 30 年里，在发达国家，“建筑节能”的说法已经经历了三个发展阶段：最初就叫“建筑节能”；但不久即改为“在建筑中保持能源”，意思是减少建筑中能量的散失；近来则被普遍称作“提高建筑中的能源利用效率”。在我国，现在仍然通称为建筑节能，但其含义为第三层意思，即在建筑中合理使用和有效利用能源，不断提高能源利用效率。

12.2　建筑节能的基本内容

建筑节能涉及内容广泛，工作面广，是一项系统工程。它包含：

（1）根据建筑技术，建筑节能包含众多技术，如围护结构保温隔热技术、建筑遮阳技术、太阳能与建筑一体化技术、新型供冷供热技术、照明节能技术等。

（2）根据建设规划，建筑节能与规划、设计、施工、监理等过程都密切相关，不可分割。建筑物的朝向、布局、地面绿化率、自然通风效果等与规划有关的性能都能带来良好的节能效果。

（3）根据建筑材料，建筑节能包含了墙体材料、保温材料、节能型门窗、节能玻璃等。

12.3 常用基本建筑节能材料

建筑节能以发展新型节能建材为前提，以足够的保温隔热材料作基础。近年来，我国保温隔热材料的产品结构发生了明显的变化：泡沫塑料类保温隔热材料所占比例逐年增长；矿物纤维类保温隔热材料的产量增长较快，但其所占比例基本维持不变；硬质类保温隔热材料制品所占比例逐年下降。

1. 新型墙体材料

新型墙体材料是指以非粘土为原料生产制造的墙体材料，主要是用混凝土、水泥、砂等硅酸质材料，掺加部分粉煤灰、煤矸石、炉渣等工业废渣或建筑垃圾，经过压制或烧结、蒸养、蒸压等制成的非粘土砖、建筑砌块及建筑墙板。

国家规定，孔洞率大于25%的非粘土烧结多孔砖、空心砖、混凝土空心砖及空心砌块、加气混凝土砌块、多种轻型墙板及原料中不少于30%的工业废渣的墙体材料为新型墙体材料。

2. 保温隔热材料

建筑中，将不宜传热的材料，即对热流有显著阻抗作用的材料或材料复合体称为绝热材料。绝热材料是保温、隔热材料的总称。绝热材料应具有较小的传导热量的能力，主要用于建筑物的墙壁、屋面、热力设备及管道的保温，以及制冷工程的隔热。

热导率是衡量保温、隔热材料性能优劣的主要指标。热导率越小，则通过材料传送的热量越少，保温、隔热性能越好。材料的热导率决定于材料的成分、内部结构、表观密度等，也决定于传热时的平均温度和材料的含水量等。建筑绝热材料是建筑节能的物质基础。其成分、结构类型见表12-1。

表12-1　绝热材料的成分、结构类型

分类			品种
纤维状	无机质	天然	石棉纤维与石棉制品
		人造	矿物纤维（矿渣棉、岩棉、玻璃棉、硅酸铝棉等）
	有机质	天然	棉麻纤维、稻草纤维、草纤维等
		人造	软质纤维板类（木纤维板、草纤维板、稻壳板、蔗渣板等）
微孔状	无机质	天然	硅藻土、沸石岩
		人造	加气混凝土、泡沫水泥、泡沫石膏、泡沫水玻璃、泡沫粘土、泡沫玻璃、微孔硅酸钙、微孔铝酸钙、微孔碳酸镁等
	有机质	天然	炭化木材、软木
		人造	泡沫聚苯乙烯塑料、泡沫聚氨酯塑料、泡沫酚醛树脂、泡沫脲醛树脂、泡沫橡胶、泡沫塑料、钙塑绝热板等
散粒状	无机质	人造	膨胀珍珠岩及其制品、膨胀蛭石及其制品、陶粒及其制品、空心氧化铝球及其制品、防水隔热粉
	有机质	天然	浮石、火山渣、硅藻土、炉渣
		人造	植物碎屑等

（续）

分类			品种
层状	无机质	人造	铝箔、锡箔等
	有机质	天然	木板
		人造	塑料板、吸热玻璃板、镀膜玻璃、中空玻璃、蜂窝夹芯板、空腹门窗

表12-1所示的绝热材料基本上属于多孔结构绝热体系，这些材料虽然均具有良好的绝热性能，但强度普遍偏低，安装时常需要其他材料作支撑或加强。研究结果表明，绝大多数微孔材料的表面发射率 $\varepsilon>0.9$，在一般气象条件下，辐射传热约占整个热损失的25%以上。在垂直的空气夹层中，由于辐射产生的热损失可占到整个热损失的60%。为了减少热辐射损失，在层状绝热材料中常用到反射性薄膜。因此，凡是有热反射膜的材料，无论该薄膜是独立层，还是依附于其他材料表面，均归为层状材料。按照绝热层的结构，可以分为中空状、夹芯状、覆膜状三大类。

3. 节能型门窗材料

从目前节能门窗的发展来看，门窗的制造材料从单一的木、钢、铝合金等发展到了复合材料，如铝合金-木材复合、铝合金-塑料复合、玻璃钢等。目前我国市场主要的节能门窗有：PVC门窗、铝木复合门窗、铝塑复合门窗、玻璃钢门窗等。

PVC塑料型材或断热铝合金型材，由于窗框（扇）的断面形式不同，做成的外窗传热系数差别很大，一般PVC塑料框材的传热系数 K 为 $1.9\mathrm{W/m^2\cdot K}$，在选择节能窗框（扇）材料时也应加以重视。若采用中空玻璃塑料窗，其传热系数 K 可达 $2.5\sim2.8\mathrm{W/m^2\cdot K}$，甚至更小，这是塑料窗作为节能外窗的有利条件之一。

4. 节能玻璃材料

（1）中空玻璃。中空玻璃是同尺寸两片或多片平板玻璃、镀膜玻璃、彩色玻璃、压花玻璃、钢化玻璃等，四周用高强、高气密性粘结剂将其与铝合金框或橡皮条、玻璃条胶结密封而成的，是一种很有发展前途的新型节能建筑装饰材料。具有优良的保温、隔热和降噪性能。

（2）热反射镀膜玻璃。热反射镀膜玻璃是在玻璃表面镀金属或金属化合物膜，使玻璃呈现丰富的色彩并具有新的光、热性能。其主要作用就是降低玻璃的遮阳系数，限制太阳辐射的直接透过。热反射膜层对远红外线没有明显的反射作用。

5. 屋面工程材料

屋面工程材料包括膨胀聚苯板、聚氨酯硬泡体、蒸压加气混凝土砌块、泡沫混凝土、矿（岩）棉板或玻璃棉板、挤塑聚苯板、现浇泡沫混凝土、胶粉聚苯颗粒保温浆料、陶粒混凝土、复合硅酸岩板（抗压强度大于0.5MPa）。

12.4 围护结构节能的基本技术潜力及措施

（1）围护结构（门窗、外墙和屋面）的节能技术主要通过低导热系数框材、高性能密封、多层或中空玻璃、热反射和低发射率镀膜玻璃、保温隔热窗帘、复合保温隔热结构，采用加气混凝土、多孔砖、空心砌块、聚苯乙烯、聚氨酯泡沫塑料、胶粉、聚苯颗粒、膨胀珍珠岩、岩棉、玻璃棉等来实现。目前，围护结构商业化的技术节能潜力已达到50%~80%。

（2）墙体采用岩棉、玻璃棉、聚苯乙烯塑料、聚氨酯泡沫塑料及聚乙烯塑料等新型高效保温绝热材料以及复合墙体，降低外墙传热系数。

（3）门窗采用增加玻璃层数，窗上加贴透明聚酯膜、加装门窗密封条，使用低辐射玻璃（Low-E 玻璃）、封装玻璃和绝热性能好的塑料窗等措施，改善门窗绝热性能，有效阻挡室内空气与室外空气的热传导。

（4）屋面采用高效保温材料保温屋面、架空型保温屋面、浮石砂保温屋面和倒置型保温屋面等节能屋面。

综合考虑建筑物的通风、遮阳、自然采光等建筑围护结构，优化集成节能技术。

思考题与习题

1. 建筑节能和建筑节能材料有什么不同?
2. 为什么说建筑节能是一项系统工程?
3. 绝热材料的成分、结构类型有哪些特点?
4. 围护结构节能的技术措施有哪些?

参 考 文 献

[1] 李国新，等. 建筑材料［M］. 北京：机械工业出版社，2008.
[2] 宋岩丽，等. 建筑与装饰材料［M］. 2版. 北京：中国建筑工业出版社，2007.
[3] 范红岩，等. 建筑与装饰材料［M］. 北京：机械工业出版社，2010.
[4] 魏鸿汉，等. 建筑材料［M］. 北京：中国建筑工业出版社，2004.
[5] 周明月，等. 建筑材料与检测［M］. 北京：化学工业出版社，2010.
[6] 李业兰，等. 建筑材料［M］. 2版. 北京：中国建筑工业出版社，2009.
[7] 王昌辉，等. 建筑材料［M］. 北京：机械工业出版社，2010.
[8] 建筑施工现场专业人员培训教材组编. 建筑材料［M］. 北京：中国环境科学出版社，2010.
[9] 何雄，等. 建筑材料质量检测［M］. 2版. 北京：中国广播电视出版社，2009.
[10] 高琼英，等. 建筑材料［M］. 3版. 武汉：武汉理工大学出版社，2006.

教材使用调查问卷

尊敬的老师：

您好！欢迎您使用机械工业出版社出版的教材，为了进一步提高我社教材的出版质量，更好地为我国教育发展服务，欢迎您对我社的教材多提宝贵的意见和建议。敬请您留下您的联系方式，我们将向您提供周到的服务，向您赠阅我们最新出版的教学用书、电子教案及相关图书资料。

本调查问卷复印有效，请您通过以下方式返回：

邮寄：北京市西城区百万大庄街22号机械工业出版社建筑分社（100037）
张荣荣　　（收）

传真：010-68994437（张荣荣收）　　Email:21214777@qq.com

一、基本信息

姓名：________职称：________职务：________

所在单位：________

任教课程：________

邮编：________地址：________

电话：________电子邮件：________

二、关于教材

1. 贵校开设土建类哪些专业？

□建筑工程技术　□建筑装饰工程技术　□工程监理　□工程造价

□房地产经营与估价　□物业管理　□市政工程　□园林景观

2. 您使用的教学手段：□传统板书　□多媒体教学　□网络教学

3. 您认为还应开发哪些教材或教辅用书？________

4. 您是否愿意参与教材编写？希望参与哪些教材的编写？

课程名称：________

形式：□纸质教材　□实训教材（习题集）　□多媒体课件

5. 您选用教材比较看重以下哪些内容？

□作者背景　□教材内容及形式　□有案例教学　□配有多媒体课件

□其他________

三、您对本书的意见和建议（欢迎您指出本书的疏误之处）________

____

____

____

四、您对我们的其他意见和建议________

____

____

请与我们联系：

100037　北京百万庄大街22号

机械工业出版社·建筑分社　张荣荣　收

Tel:010—88379777(O),68994437(Fax)

E-mail:21214777@qq.com

http://www.cmpedu.com(机械工业出版社·教材服务网)

http://www.cmpbook.com(机械工业出版社·门户网)

http://www.golden-book.com(中国科技金书网·机械工业出版社旗下网站)